沪派江南营造系列丛书

上海乡村聚落
风貌调查纪实
上海卷

上海市规划和自然资源局 ｜ 编著

上海文化出版社

青浦区金泽镇雪米村 (2024 年 4 月陈文澜摄)

前言

　　6000年前,活动在上海古海岸线"冈身"地带的早期先民,开创了发祥于崧泽文化、广富林文化的上海古代文明。历史长河漫漫,千百年沧海桑田,在万里长江滚滚东流、奔涌向海和海岸潮汐的共同作用下,陆海交融、消长共生,海岸带持续向东延展,逐渐形成如今上海脚下的土地;伴随"三江入海"到"一江一河"的地理格局变迁,勤劳的上海先民耕耘稼作、治水营田,在这片土地上留下了依水而生、人水共荣、特征明显、丰富多元的江南水乡印迹,创造了独具特色、底蕴深厚的江南水乡文化。"滩水林田湖草荡"的蓝绿空间、落庠屋绞圈房的田舍人家、浦江上游的三泖九峰、本土特点的历史文化和风土人情,绵延千百年始终保持着独特的个性和魅力,成为镌刻上海乡村文明形成、变化和演进的轨迹与年轮。

　　2023年6月初,在上海高校智库关于《"传承海派江南民居文化基底,构建上海特色的新时代农村村容村貌"专家建议》中,上海财经大学城乡发展研究院张锦华研究员、上海交通大学设计学院建筑学系黄华青副教授提出要保护传承上海江南水乡基因和民居文化基底,塑造富有时代特征、彰显区域特色、蕴含传统文化价值的乡村特色风貌。市委、市政府高度重视专家建议,明确要深入学习贯彻习近平生态文明思想和文化思想,落实党的二十大精神,聚焦中国传统文化传承和上海特色水乡风情文化保护,守正创新,提高认识,专题部署开展上海江南水乡特色风貌和乡村传统文化保护传承调研和规划工作。按照市委、市政府总体工作部署,7月起,上海市规划和自然资源局会同市级相关部门、各涉农区政府,组织开展全市特色民居和村落风貌调研普查工作。

　　调查范围覆盖全市9个涉农区、108个镇(乡、街道)、1548个行政村,调查内容涵盖村域空间、聚落肌理、建筑风貌、历史文化等乡村要素,同时还重点关注乡风民俗、传统手工、匠作流派等非物质文化遗存。调研普查工作团队由上海市城市规划设计研究院牵头,包括上海同济城市规划设计研究院有限公司、中国城市规划设计研究院上海分院、上海市浦东新区规划设计研究院,中国建筑上海设计研究院有限公司、华建集团华东建筑设计研究院有限公司、华建集团上海建筑设计研究院有限公司、同济大学建筑设计研究院(集团)有限公司,同济大学、上海交通大学、上海大学,上海市测绘院,以及乡村责任规划师,共计约300人,组成4个空间规划团队、4个建筑设计团队、3个高校团队联合测绘团队和乡村责任规划师团队分组展开调研。每个调查小分队至少有1名规划师、1名建筑师、1名高校学生共同参与,各个村庄的乡村责任规划师均全程参与调研普查。

　　调研普查正值盛夏,在市、区、镇(乡、街道)、村精心组织和保障支持下,各团队克服高温、暴雨、台风等恶劣天气影响,各展其长,协同配合,经过2个月的努力,通过现场踏勘、资料收集、问卷调查、专题研讨、座谈交流等多种形式,访谈村民4000余人,召开座谈会1600余场,拍摄照片5万余张,最终形成1548个行政村调查报告、村庄"写真集"、9个涉农区"一区一册"普查成果、200G地理资料数据,并通过全景三维影像制作和三维建模等技术手段,多维度呈现调查成果。

调研普查过程中,规划师、建筑师、高校学生深入上海郊野乡村、田间地头,用一篇篇调查笔记、手记,记录了一处处特色风貌,捕捉到一个个生动画面。在风土感知、文史溯源、访谈座谈、交流研讨、观点碰撞、驻村工作中,发现了一批具备典型沪派特征的自然风貌、村庄聚落、乡村建筑和非物质文化遗存,形成了以古村、古建筑、古树、古河道、古街、古井、古庙、古风等"八古"特点的风物传奇系列成果,孕育、回溯、记忆、存留、传承、孵化、创新了上海乡村风貌文化发展和振兴的理想与信念。

在调研普查取得宝贵的第一手资料基础上,我们集中研究编制了《上海市特色村落风貌保护传承专项规划》,明确保护传承的目标任务和要求,并集中开展行动。同时,我们组织力量进一步提炼总结,编撰完成《沪派江南营造系列丛书》之《上海乡村聚落风貌调查纪实》,包括1本全市总卷和9本涉农区分卷。其中,总卷描绘了上海乡村地区发展的历史成因和地理空间基因,全景勾勒上海特色村落格局、建筑风貌、历史要素、风俗人文,以及调研组织概况;9本分卷聚焦9个涉农区自身特色特征,生动展示上海乡村丰富多元的景观人文风貌。书籍编写的过程,既是对此次调研普查从组织到成果编制技术方法的归纳,更是对上海乡村经济价值、美学价值、生态价值、社会价值等多元价值的再认识和再发掘。

习近平总书记多次强调,乡村文明是中华民族文明史的主体,村庄是这种文明的载体。党的二十届三中全会指出,中国式现代化是物质文明和精神文明相协调的现代化;必须增强文化自信,传承中华优秀传统文化。深入学习贯彻党的二十届三中全会精神,按照十二届市委五次全会要求,进一步全面深化改革、在中国式现代化中充分发挥龙头带动和示范引领作用,切实践行习近平生态文明思想,全面推进各项工作落地行动。在城市文明高度发达的今天,我们怀着敬畏之心,以朴实的手法、真切的调研,真实记录现代化进程中上海乡村依然保留着的特色肌理地脉和鲜活历史文脉,为每个特色乡村聚落及要素留下一张"写真画像",以期为后续学术研究、决策咨询和各类规划编制提供依据和参考。

上海乡村历史悠久、志记繁杂、要素多元,限于编者的视野和专业能力,难免有以偏概全、疏漏错误之处,敬请批评指正。在此,谨以此丛书向所有参与、支持此项工作的专家、学者、设计师、个人以及各相关单位和社会各界表示真诚的感谢!向参与此工作的市、区、镇(乡、街道)、村各有关方面和广大村民给予的大力支持表示衷心感谢!

上海特色民居和村落风貌调研普查工作只是一个起点,一片充满独特魅力和活力的土壤,一颗即将破土萌发沪派江南的种子。我们期待同社会各方一道,携手共进,共同塑造上海水乡意象,守好上海乡村历史文脉,在传承和弘扬乡村文化和中华文明的大道上不断前进,守正创新,繁花似锦。

丛书编写组
2024年8月1日

目
录

前　言

第1章　　　　　　　　　　　　13
陆水相生：历史地理沿革

1.1　成陆历史　　　　　　　　　　14
1.2　建置沿革　　　　　　　　　　16
1.3　区域辨识　　　　　　　　　　20
1.4　水系溯源　　　　　　　　　　22
　　1.4.1　江南太湖流域水系脉络　　22
　　1.4.2　乡村水系的兴衰与发展　　25
　　1.4.3　乡村聚落的蓝绿生态基底　30

第2章　　　　　　　　　　　　33
陆海共荣：乡村人文脉络

2.1　与水共生的生产生活方式　　　34
　　2.1.1　生产方式　　　　　　　　34
　　2.1.2　生活方式　　　　　　　　36
　　2.1.3　交通方式　　　　　　　　39
2.2　以水为脉的民俗文化发展脉络　41
　　2.2.1　上海乡村民俗文化的形成脉络　41
　　2.2.2　作为乡村风貌组成部分的民俗文化　42
　　2.2.3　与乡村空间紧密互动的民俗文化　44
2.3　生产生活视角下的民俗文化内涵　45
　　2.3.1　自然环境与生产生活　　　45
　　2.3.2　聚落空间与社会生活　　　46
　　2.3.3　民居建筑与家庭生活　　　47

第3章　　　　　　　　　　　　51
依水分型：乡村风貌格局

3.1　三大地理分区（三区）　　　　52
　　3.1.1　冈身线以西区域：湖积平原　53
　　3.1.2　冈身线以东区域：滨海平原　54
　　3.1.3　长江以北区域：三角洲平原　56
3.2　六类地貌片域（六域）　　　　57
3.3　十二型空间意象（十二意象）　57
3.4　多类型乡村风貌要素　　　　　59
　　3.4.1　多姿的水　　　　　　　　59
　　3.4.2　各异的田　　　　　　　　63
　　3.4.3　丰富的林　　　　　　　　67
　　3.4.4　多样的村　　　　　　　　75

第4章　　　　　　　　　　　　81
湖沼荡田

4.1　自然地貌特征　　　　　　　　82
4.2　典型风貌意象：珠链意象　　　83
4.3　典型村庄聚落　　　　　　　　85
　　4.3.1　青浦区金泽镇双祥村　　　85
　　4.3.2　青浦区金泽镇钱盛村　　　90
　　4.3.3　青浦区练塘镇联农村　　　93
　　4.3.4　青浦区练塘镇叶港村　　　96
4.4　建筑特征　　　　　　　　　　98
　　4.4.1　落库屋　　　　　　　　　98
　　4.4.2　绞圈房　　　　　　　　　102
　　4.4.3　建筑细部　　　　　　　　102
4.5　特色要素与场景　　　　　　　103
　　4.5.1　古桥　　　　　　　　　　103
　　4.5.2　古树　　　　　　　　　　105
4.6　典型民俗文化　　　　　　　　107
　　4.6.1　田山歌　　　　　　　　　107
　　4.6.2　青苗会　　　　　　　　　107
　　4.6.3　摇快船　　　　　　　　　108
　　4.6.4　簖具制作技艺　　　　　　108
　　4.6.5　阿婆茶　　　　　　　　　109
　　4.6.6　宣卷　　　　　　　　　　109

第5章　　　　　　　　　　111
曲水泾浜

5.1 自然地貌特征　　　　　　112
5.2 典型风貌意象　　　　　　113
　　5.2.1 纤网意象　　　　　113
　　5.2.2 星络意象　　　　　115
5.3 典型村庄聚落　　　　　　117
　　5.3.1 青浦区白鹤镇青龙村　117
　　5.3.2 嘉定区外冈镇葛隆村　119
　　5.3.3 嘉定区嘉定工业区娄东村　122
　　5.3.4 嘉定区徐行镇伏虎村　124
　　5.3.5 宝山区罗店镇远景村　126
　　5.3.6 宝山区罗店镇罗溪村　128
　　5.3.7 宝山区罗泾镇洋桥村　131
5.4 建筑特征　　　　　　　　133
　　5.4.1 建筑类型　　　　　133
　　5.4.2 平面布局与组合　　136
　　5.4.3 结构体系　　　　　138
　　5.4.4 建筑色彩　　　　　141
　　5.4.5 建筑门窗　　　　　142
　　5.4.6 建筑细部　　　　　144
5.5 特色要素与场景　　　　　146
　　5.5.1 冈身遗址　　　　　146
　　5.5.2 传统老街　　　　　147
　　5.5.3 古桥　　　　　　　150
　　5.5.4 古塔　　　　　　　152
　　5.5.5 古树　　　　　　　153
　　5.5.6 红色遗迹　　　　　154
5.6 典型民俗文化　　　　　　155
　　5.6.1 徐行草编　　　　　155
　　5.6.2 安亭药斑布　　　　155
　　5.6.3 罗泾十字挑花　　　156
　　5.6.4 沪剧　　　　　　　156
　　5.6.5 江南丝竹　　　　　157
　　5.6.6 南翔小笼馒头　　　157

第6章　　　　　　　　　　159
河口沙岛

6.1 自然地貌特征　　　　　　160
6.2 典型风貌意象　　　　　　161
　　6.2.1 鱼脊意象　　　　　161
　　6.2.2 螺纹意象　　　　　163
6.3 典型村庄聚落　　　　　　165
　　6.3.1 崇明区三星镇草棚村　165
　　6.3.2 崇明区新村乡新浜村　167
　　6.3.3 崇明区建设镇浜东村、浜西村　169
　　6.3.4 崇明区堡镇米行村　170
6.4 建筑特征　　　　　　　　172
　　6.4.1 湾港商贸古镇时期的建筑　172
　　6.4.2 崇明农场聚落时期的建筑　176
　　6.4.3 乡村公共建筑　　　178
6.5 特色要素与场景　　　　　181
　　6.5.1 传统老街　　　　　181
　　6.5.2 水闸　　　　　　　185
　　6.5.3 水桥　　　　　　　186
　　6.5.4 古树　　　　　　　187
6.6 典型民俗文化　　　　　　188
　　6.6.1 崇明糕　　　　　　188
　　6.6.2 崇明土布　　　　　188
　　6.6.3 崇明老白酒　　　　189
　　6.6.4 崇明竹编　　　　　190
　　6.6.5 崇明天气谚语　　　190
　　6.6.6 崇明鸟哨　　　　　191

第7章   193
滨海港塘

7.1 自然地貌特征   194
7.2 典型风貌意象   195
    7.2.1 横波意象   195
    7.2.2 羽扇意象   197
    7.2.3 年轮意象   199
7.3 典型村庄聚落   201
    7.3.1 闵行区浦江镇正义村   201
    7.3.2 闵行区浦锦街道塘口村   204
    7.3.3 浦东新区三林镇临江村   206
    7.3.4 浦东新区周浦镇棋杆村   210
    7.3.5 浦东新区新场镇新场村   214
    7.3.6 浦东新区川沙新镇纯新村   218
    7.3.7 浦东新区唐镇小湾村   223
    7.3.8 奉贤区四团镇拾村村   227
    7.3.9 奉贤区青村镇陶宅村   229
7.4 建筑特征   231
    7.4.1 绞圈房子   231
    7.4.2 混合式民居   239
    7.4.3 宗教类建筑   240
7.5 特色要素与场景   242
    7.5.1 传统老街   242
    7.5.2 古桥   244
7.6 典型民俗文化   247
    7.6.1 浦东说书   247
    7.6.2 灶花文化   247
    7.6.3 卖盐茶   248
    7.6.4 打（造）船技艺   249

第8章   251
泾河低地

8.1 自然地貌特征   252
8.2 典型风貌意象   253
    8.2.1 疏枝意象   253
    8.2.2 川流意象   255
    8.2.3 棋盘意象   257
8.3 典型村庄聚落   259
    8.3.1 金山区枫泾镇韩坞村   259
    8.3.2 金山区亭林镇后岗村   262
    8.3.3 金山区曹泾镇金光村   266
    8.3.4 金山区曹泾镇阮巷村   268
    8.3.5 奉贤区柘林镇法华村   271
8.4 建筑特征   273
    8.4.1 民居建筑   273
    8.4.2 老街建筑   279
    8.4.3 滨海建筑   280
8.5 特色要素与场景   281
    8.5.1 冈身遗址   281
    8.5.2 古海塘   281
    8.5.3 传统老街   283
    8.5.4 船舫   284
    8.5.5 古桥   285
8.6 典型民俗文化   288
    8.6.1 小白龙舞   288
    8.6.2 打莲湘   288
    8.6.3 金山农民画   289
    8.6.4 奉贤滚灯   289
    8.6.5 庄行土布染色经布工艺   289

第9章 291

九峰三泖

9.1 自然地貌特征 292
9.2 典型风貌意象:峰泖意象 293
9.3 典型村庄聚落 295
    9.3.1 松江区石湖荡镇洙桥村 295
    9.3.2 松江区新浜镇鲁星村 298
    9.3.3 松江区佘山镇刘家山村 301
    9.3.4 松江区佘山镇横山村 303
9.4 建筑特征 305
    9.4.1 民居建筑 305
    9.4.2 宗教类建筑 311
9.5 特色要素与场景 314
    9.5.1 传统老街 314
    9.5.2 铁路桥遗迹 316
    9.5.3 古树 317
    9.5.4 古塔 318
9.6 典型民俗文化 319
    9.6.1 顾绣 319
    9.6.2 舞草龙 319
    9.6.3 花篮马灯舞 319

第10章 321

循水觅迹：特色村落风貌调查组织和技术方法

10.1 多元协同，精诚合作 322
    10.1.1 市区协同，构建高效工作机制 322
    10.1.2 镇村参与，全程支撑深入调研 322
10.2 多样方法，重塑认知 323
    10.2.1 田野调查法，深入田间地头 323
    10.2.2 座谈访谈法，聆听大众心声 326
    10.2.3 文献研究法，寻根觅迹溯源 327
    10.2.4 数字技术法，赋能高效调研 328
10.3 普查纪实，构建乡村风貌档案 329
    10.3.1 访谈资料纪实 329
    10.3.2 数字影像资料 329
    10.3.3 调研感悟思考 329

附录 331

附录A 上海乡村老街列表（部分） 332
附录B 上海乡村传统风貌建筑列表（部分） 334
附录C 上海乡村古桥列表（部分） 358
附录D 上海乡村古树名木列表（部分） 369
附录E 上海乡村古河道列表（部分） 377
附录F 上海乡村其他历史遗存列表（部分） 378
附录G 上海非物质文化遗产分类明细表 382
附录H 调研感悟 388
附录J 参考文献 399
附录K 后记 402

青浦区金泽镇雪米村（2024 年 4 月陈文澜摄）

01

陆水相生
历史地理沿革

成 陆 历 史
建 置 沿 革
区 域 辨 识
水 系 溯 源

江南太湖流域水系脉络
乡村水系的兴衰与发展
乡村聚落的蓝绿生态基底

1.1 成陆历史

上海位于陆海相互作用的河口海岸地区，属于长江三角洲东南翼，几乎全部由松散沉积物组成。上海的形成是陆海不断相互作用的结果，经历了数次陆海交替。距今7000万至300万年前，今上海大部分地区为广袤的陆地。闵行南部的北桥地区是一个断陷盆地，并在盆地内断续沉积第三纪地层。300万年前，普遍进入缓慢的沉降阶段，由于古气候冷暖交替变化，引起海水多次进退，在前第四纪地层基底上沉积厚达180~300米的第四纪地层。7500年前进入最后一次海侵最盛期，今上海范围全被海水淹没，处于茫茫大海之中。随着时间的推移，长江和钱塘江携带的泥沙在出海口处不断沉积，使得长江三角洲不断地扩大、延伸，形成许多大小不一的内陆湖和滨海平原陆地。

从成陆过程来看，上海成陆始于约6500年前。大约在距今6500至3000年前，长江来沙尚少，海岸线推展缓慢，长江带来的泥沙及介壳开始大量沉积，自西向东依次形成"沙冈"（距今约6000多年）、"紫冈"和"竹冈"（距今约5000多年）三列南北向的贝壳沙堤，构成纵贯南北的"冈身"，是上海最早的东部边界。"冈身"是古代上海的岸线，比附近地面高出几米，走向略似弓形，东西最宽处达"10里"（约5公里），最窄为"4里"（约2公里）。冈身纵贯现在上海郊区的嘉定、青浦、松江、闵行、金山五个区，是上海滩沉积成陆的标志。

冈身带的形成，使沙带以西地区与海水隔绝，成为潟湖，后又逐渐淡化为湖泊。由于湖泊萎缩、淤浅，形成今马桥乡西部地势低平的湖积平原，成为今上海除冈身外最早形成的陆地。在古冈身的捍卫下，上海地区开始有了人类活动的历史。距今5000余年，崧泽、福泉山、查山等古村落已经有农耕活动的痕迹；距今4000余年，上海地区的良渚文化遗址显示"方国"开始形成；距今3000余年，上海地区的马桥文化遗址显示，浙南、闽北的古文

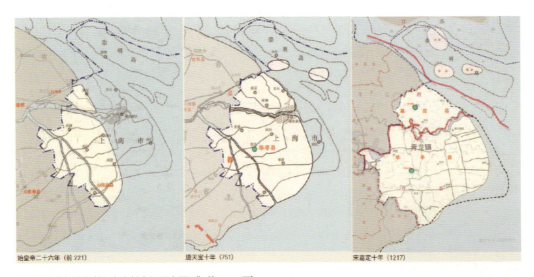

上海成陆演变过程（《上海乡村空间历史图记》，第24，25页）

化进入上海地区；后来，吴越文化、楚文化先后主宰这一地区，历经越灭吴、楚灭越的历史，最终成为春申君的属地，故上海又有"申"的简称。

至秦、西汉时期，现上海所在地区是会稽郡的一部分，但大部分区域仍未露出海面。距今 3000 年以来，尤其是六朝以后，长江流域开发日盛，河水夹带的泥沙显著增加，以致海滩迅速淤涨，逐步形成宽广的滨海平原。在唐以前，现今上海所属的区域内人烟稀少，处于江南的边缘地带。唐中叶，因青龙港船务繁忙，上海开始兴起。明代吴淞江航运淤塞，明永乐元年至二年（1403—1404），户部尚书夏原吉(1366—1430)导吴淞江水由浏河白茅入海，史称"掣淞入浏"。他采纳叶宗行（明华亭鲁汇叶家行人，今闵行区浦江镇正义村人）之见，开浚河道，组成大黄浦—范家浜—南跄浦水系，

浚范家浜引浦（大黄浦）入海，史称"黄浦夺淞"，黄浦江水系形成，吴淞江成为黄浦江支流。上海的入海水道由长江口航道和黄浦江航道组成，"浦东"的地理概念开始出现。

浦东区域陆地是由泥沙淤积、海岸线外拓逐次成陆，依托传统制盐业、捕鱼业、耕织业，区域滨海经济特征明显。在相当长时期内，盐场制盐是该地区最重要的经济生产活动，因此许多地名都带有灶、团、场、仓等字眼，如六灶、三灶、大团、六团、新场、盐仓等。

位于上海最东边的崇明岛是我国最大的冲积岛，它的雏形出现于 7 世纪，长兴岛和横沙岛出露于 19 世纪中叶，它们都是在经历复杂的自然演变和人为作用后才逐步奠定现今的轮廓。

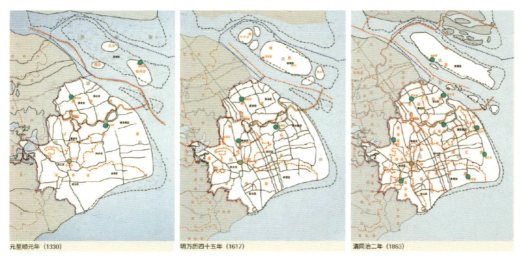

元至顺元年（1330）　　明万历四十五年（1617）　　清同治二年（1863）

上海成陆演变过程（《上海乡村空间历史图记》，第24, 25页）

1.2 建置沿革

上海地区的市镇，萌发于唐，兴起于宋元，至明清渐趋繁盛。唐中叶，一条西起海盐、东抵吴淞江南岸的捍海塘修建完成，上海地区的生存环境有了可靠的保障。因航运便利，坐落于吴淞江出海口的青龙港开始成形。因吴淞江东连出海口，西溯江南重镇，位于枢纽之地的青龙镇渐因"吴之裔壤，负海枕江"的优越区位而商贸繁荣。唐天宝十载（751），华亭县治设立，其县城（即后来的松江府城）随即成为上海地区的商业中心，迅速发展起来。那时，

今天吴淞江以南区域属松江府城，而吴淞江以北区域属于嘉定县境域。嘉定县于南宋嘉定十年（1217）自平江府（后改称苏州府）析置。

宋元时期，松江府日益繁荣，其中最著名的是吴淞江边的青龙镇，被称为江南第一贸易大镇。北宋元丰三年（1080），主事两浙市舶司的周宣懦曾在青龙镇设官职掌市舶。政和三年（1113），在秀州华亭县（县治设于今松江区）设置市舶务。宣和元年（1119），青龙镇重置监官一员，恢复市舶场。上述市舶

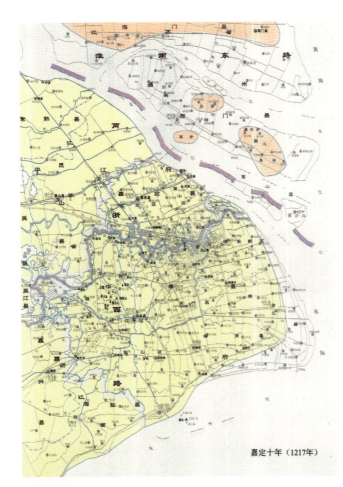

嘉定十年（1217年）

南宋上海行政区划（《上海历史地图集》）

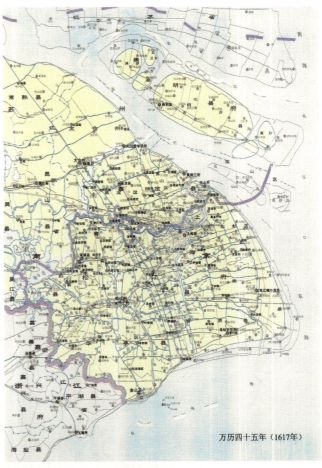

万历四十五年（1617年）

明代上海行政区划（《上海历史地图集》）

乾隆元年（1736年）　　　　　　　　　　同治二年（1863年）

清代上海行政区划变化示意图（《上海历史地图集》）

务（场）均为两浙市舶司的下属。南宋绍兴二年（1132），两浙市舶司从临安（今杭州）移驻华亭县，并在青龙镇设立分司。

上海镇建置于北宋熙宁七年（1074）。元代以后，吴淞江的河道因泥沙淤积越来越狭窄，而当时的上海镇依托上海浦（今黄浦江十六铺段和虹口港）港口优越的水运条件，成为华亭东北的巨镇。宋景定五年（1264），青龙镇市舶分司移驻上海镇。元至元十四年（1277），华亭县升格为府，次年（1278）改称松江府，隶属于江淮行省嘉兴路；同年（1277）在姚刘沙岛（今崇明）置崇明州，隶属于江淮行省扬州路，并在上海镇设市舶司。元至元二十九年（1292），松江府分设上海县。

明嘉靖二十一年（1542），由于耕地、户丁急剧增加，松江府分设青浦县。至此时，今上海地区实包括松江府下辖三县（华亭、上海、青浦）与苏州府下辖两县（嘉定、崇明）。

清雍正年间（1723—1735），上海港的贸易量日益增大。随着海岸线的东扩，上海地区的盐场逐渐东移，由下沙起，新场、大团、八团等盐商集镇不断兴起。上海地区主要包含当时松江府下辖的七县一厅（上海县、华亭县、青浦县、娄县、奉贤县、南汇县、金山县及川沙厅）与苏州下辖三县（嘉定、宝山、崇明）的境域范围。

清道光二十五年（1845）起，上海地区出现租界。是年，规定上海县城北面洋泾浜（今延安东路）以北、李家厂（今北京东路）以南、黄浦江以西的地区划为英租界。二十八年（1848），以吴淞江北岸虹口一带为美租界。二十九年（1849）上海县城以北、英租界以南地区划为法租界。同治二年八月初九（1863年9月21日），英、美租界合并为英美公共租界，称外人租界。光绪二十五年三月二十九日（1899年5月8日），又改名为上海国际公共租界，简称公共租界。

1912年1月，裁松江府、太仓州；撤娄县，并入华亭县；川沙抚民厅改为川沙县；遂上海地区的上海、华亭、嘉定、宝山、川沙、南汇、奉贤、金山、青浦、崇明等10县隶江苏省。1914年1月，华亭县改名松江县；5月，江苏省划分为沪海等5道，沪海道驻上海县，辖上海、松江、南汇、青浦、奉贤、金山、川沙、嘉定、宝山、崇明、太仓、海门等12县。

1927年7月7日，上海特别市政府成立，列为国民政府直辖市。1930年7月，上海特别市改称上海市。1937—1945年，上海市伪政府成立，行政区划多有变动。至1945年抗战胜利前，上海地区行政建制有上海市属江湾、沪北、沪西、浦东南、浦东北五区和申江、宝山、嘉定、崇明、奉贤、南汇、川沙七县，伪市政府直辖地区（原租界及南市区）及江苏省属松江、金山、青浦三县。

1949年5月27日，上海解放。次日，上海市人民政府成立，时辖20个市区和10个郊区，共30个区，被列为中央直辖市。1958年1月和11月，江苏省的10个县划入上海市。这是上海建市以来规模最大的行政区划调整，奠定了现今行政区域的基础。

1964年，经行政区划调整，上海市辖20个区县（10个市区和10个郊县）。1982年恢复闵行区。1988年撤销宝山县和吴淞区，设立宝山区。1992年闵行区与上海县合并，成立新的闵行区。1993年1月设立浦东新区。1992—2016年间，嘉定、金山、松江、青浦、奉贤、南汇和崇明先后撤县设区，上海城市发展进入新阶段。另外在中心城区，2000年，南市区撤销并入黄浦区，设立新的黄浦区。2011年5月20日，卢湾区撤销并入黄浦区，设立新的黄浦区。2015年，静安区和闸北区撤销，成立新的静安区。如今，上海市辖有浦东新区和黄浦、徐汇、长宁、静安、普陀、虹口、杨浦、闵行、宝山、嘉定、金山、松江、青浦、奉贤、崇明，共16个区。

20世纪上半叶上海行政区划变化示意图（《上海历史地图集》）

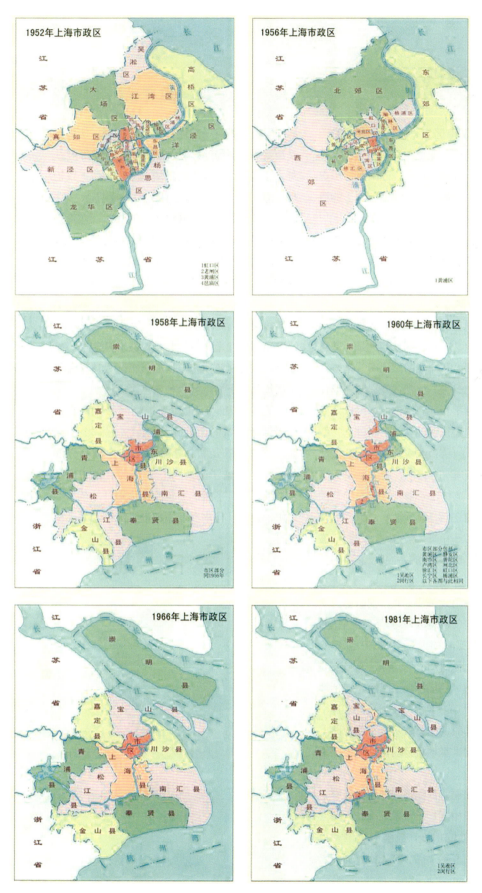

1949年后上海行政区划变化示意图(《上海历史地图集》)

1.3 区域辨识

上海所在的江南区域，是一个变动的历史概念，不同的朝代、依据不同的划分标准，"江南"的地理范围各不相同。江南既是历史上某些行政区划的名称，又是地理区域上的概念，同时还具有文化的内涵。

从时间维度来看，江南一直是个不断变化的范围，经历了由西到东、从大到小、从泛指到特指的变化。在古代文献中，"江南"通常指长江以南，是一个与中原、边疆等词并立的方位概念。如《史记·秦本纪》记载："秦昭襄王三十年（前277），蜀守若代楚，取巫郡及江南为黔中郡。"文中的"江南"指长江以南的湖南、湖北一带。显然，先秦时期的江南与今天的江南并不相同。历史上最早以江南为行政区划名称的是王莽朝代，当时朝廷"改夷道县为江南县"（夷道县实指今日湖北宜都地区）。唐贞观元年（627），唐太宗将天下分设10道，其中就有江南道。江南道的范围包括长江中下游的江西、湖南及长江以南的湖北地区。唐开元二十一年（733），江南道被分为江南东道、江南西道和黔中道。其中的江南东道主要包括江苏南部、浙江，江南西道主要包含今江西、湖南大部及湖北、安徽南部地区（除徽州）。宋代将道改为路，江南路主要指江西的赣江流域。其中，江南东路包括宣州、池州、太平州、徽州、饶州（上饶）、信州（鹰潭）、抚州、洪州（南昌）；江南西路包括袁州（宜春）、吉州（吉安）、江州（九江）、虔州（赣州）。同时期的苏杭则属于两浙路。明清时期有江南省，其地域范围包括今日的江苏省和安徽省。

自空间维度来看，依据不同的划分标准，江南的范围也各不相同。从气象角度认为，江南是夏初梅雨覆盖的地域，范围包括淮河以南、南岭以北，大约东经110°以东的大陆区域，其气候特点具有一致性：春雨、梅雨、伏旱，以及冬季的阴沉细雨和阴冷。从地理角度认为，江南是长江以南的丘陵地区，大体上以相对高度小于100米的丘陵为主，范围大致在湘江、赣江中上游。从经济角度认为，江南是太湖周边有着内在经济联系和共同点的区域整体，包括苏州、松江、常州、嘉兴、湖州诸府地区，往往以五府乃至七府（加上镇江、杭州）并称该地区，其核心是太湖平原。从历史文学角度认为，江南以长江南岸为基准线，该线以南都是江南，与江北相对应。从方言的角度认为，江南与南方方言的分布区大体重合，包括长江中下游以南六种方言区。

无论是从时间维度还是空间维度，上海都是江南区域的重要组成部分，是一个多维度、浓缩版的江南。江南绵密的水网和充沛的水资源保证了上海农业经济发展和交通贸易便利，孕育了发达富足的经济和开放儒雅的文化，造就了与水乡环境和谐相处的沪派江南乡村。

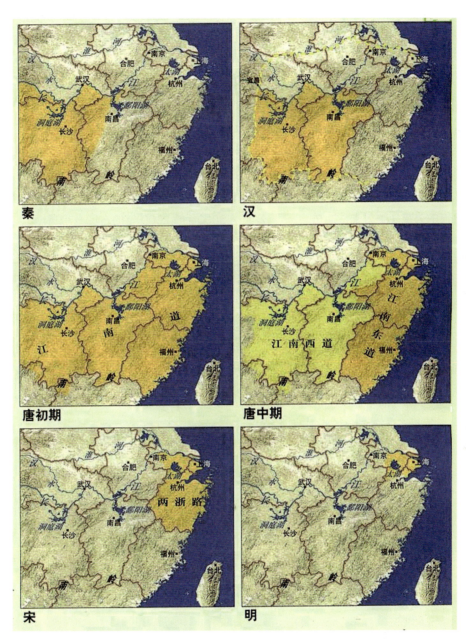

时间维度上"江南"范围的演变(《中国国家地理》2007年3月,第61页)

1.4 水系溯源

受地理环境变迁和人类生产活动的影响，上海地区水系曾发生过较大的变化，从初期的三江入海逐步演变为吴淞江水系和黄浦江水系。历史悠久的吴淞江，以及明初整治后的黄浦江是上海地区生产、生活及航运的主要河道。

1.4.1 江南太湖流域水系脉络

长江三角洲是江河湖海、水沙交融产生的独特自然空间，有长江流域、淮河流域、东南诸河流域三大流域，以及多个淡水湖泊。其中，长江为根，太湖为心。长江是三角洲之根，携泥沙奔腾六千公里一脉入海，冲击着古海岸并不断向东拓展岸线，为三角洲生长出独特的水土基底。太湖是三角洲的淡水之心，将源源不断的淡水有力地送向江海。太湖入海为三角洲镌刻了无数辐射向海的水脉肌理。

太湖位于长江三角洲南翼碟形洼地中心，湖岸西南部呈半圆形、东北部曲折多岬湾，蓄纳苏南茅山山脉荆溪诸水和浙北天目山山脉苕溪诸水。由于环太湖平原的江阴、常熟、太仓、嘉定、金山一线滨岸滩脊（沙冈）的塑造，从而形成从东部包围太湖平原的碟缘高地，奠定了太湖地区碟形洼地中的潟湖地貌。

公元前3000—前2000年的古冈身带贯穿上海中部，以此为界，西、东两边分别受太湖流域与长江流域影响，呈现"冈身高势、西部碟形洼地、东部河口推展、北岸淤、南岸冲"的自然水动力特征。

两千多年来，太湖地区持续沉降，平而浅的太湖水面得以不断扩大。同时，由于长江和杭州湾边滩的加积，促使碟缘高地高程增高，以及冈身以东地区快速成陆，三江在缩窄

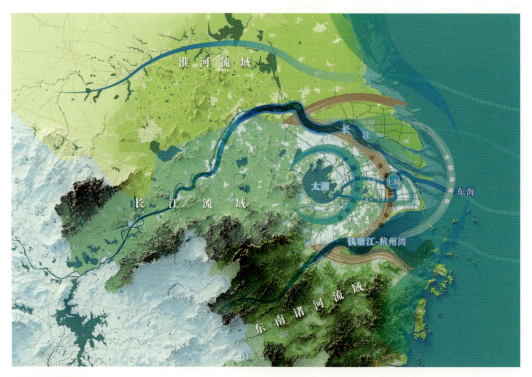

太湖周边地形图

的过程中不断淤塞，导致太湖排水不畅。自从江南运河开凿，特别是唐元和五年（810）苏州至平望数十里长"吴江塘路"的兴筑，塘路以东、冈身以西的东太湖地区，成为一个对水体较为敏感的低洼平原地域。

唐宋时期，东江、娄江先后湮废，太湖仅靠延长、束狭、淤塞中的松江（今吴淞江）泄水，导致太湖水面再度扩展；更因为松江之水不能径趋于海，太湖下泄之水积蓄加剧，大量溢入南北两翼的原东江、娄江流域低地，从而促使东太湖地区湖群的大量涌现，水域因之显著扩大。

东太湖地区湖群其中一部分位于上海西部，包括与太湖流域邻近地带，即青浦、松江、金山地区，地处太湖湖荡平原的最低洼区，平均地面高程仅 2.5 米。这一带湖荡较为密集，

目前最大的湖泊为淀山湖。从淀山湖出土的新石器时代的各种遗物及陶片表明，淀山湖地区湖泊群的形成，可能由于海潮倒灌、河道淤塞、宣泄不畅，并受区域性气候变化的影响。淀山湖等大小湖荡形成的地区多被称为"谷水"和"三泖"。宋代以前记载较少，宋代前的图籍也无淀山湖之名。据北宋《祥符图经》载："谷泖……周一顷三十九亩；古泖……周四顷三十九亩。"三泖在青浦境西南沈巷、练塘间，西北至东南流向，为古代谷水的一部分。有说法是，因古时三源地区秦时陆沉为谷，称曰谷水，下通松江（今吴淞江）。又谓谷水即三泖，一水而二名。后谷水渐湮塞，大部分淤涨成陆。今三泖已无存，仅存一条泄水道，就是泖河，仅是圆泖的一小部分。淀山湖古代称为薛淀湖。此湖记载较晚，直到北宋元丰七年（1084）

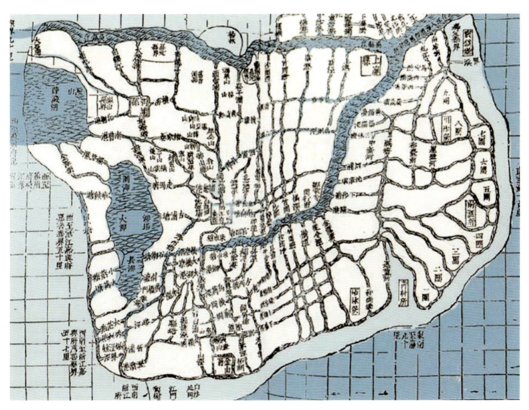

清康熙《松江府志》水系图（《上海乡村空间历史图记》，第26页）

《吴郡图经》才有薛淀湖的记载，"在县西北七十二里，有山居其中"，当时形容"山形四出如鳌，上建浮图，下有龙洞，屹立湖中，昔人比之落星浮玉"。推测薛淀湖又称淀山湖，古代确有山在湖中。按青浦当地描述，其时，淀山湖实乃马腾湖、谷湖等相连形成，与泖湖之间仅隔一小湖。宋后，三泖逐渐淤塞，又经围垦成田。后因泥沙沉积，有的地方渐成泥沼，三泖遂形成众多的大小湖泊。清代中叶，淀山湖也被围垦缩小。清光绪刊《青浦县志》关于淀山湖写道："……后潮沙淤淀，渐成围田。元初，湖去山西北已五里余。"湖泖被围垦，有部分淤塞，但淀山湖四周之鼋荡、任屯荡、封漾荡、大莲湖、大淀湖、西漾淀等，大小连绵，人们描述"湖水依然浩瀚"。

嘉定、闵行、金山地区所处的冈身地势高耸，承受海潮冲刷，成为最古老、最稳固的基岸，是孕育新生土地的起点。冈身带以东的奉贤、浦东及崇明地区，历经数千年河口海岸发育与人类围垦历史交融，海岸线不断向东推展，旧海塘与新海岸交替，呈现清晰的、随时间阶段划分的肌理。一千年前，受吴淞江、黄浦江两江分流变化的影响，江南地区范围向太湖流域收缩、重心由西向东迁移，该区域的生产生活方式也随之变迁。

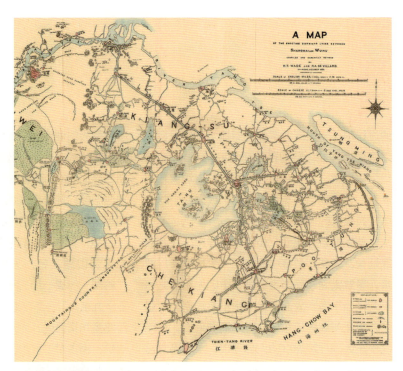

1893年太湖区域（H. T. Wade; R.A. de Villard, *A map of the shooting districts lying between Shanghai and Wuhu*局部）

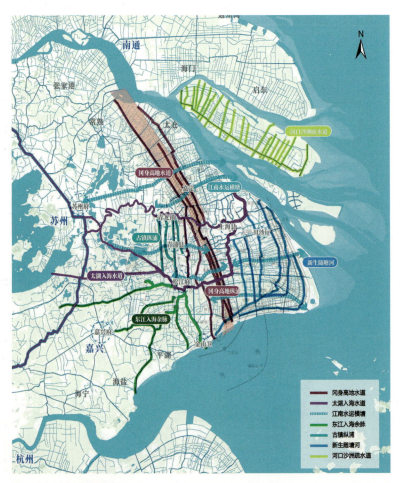

区域历史水系肌理示意图

1.4.2 乡村水系的兴衰与发展

上海地区的水系是自然天工与人类文明共同作用的结果。从太湖长江流域自然孕育的太湖入海水道、冈身高地水道、东江入海余脉，还有伴随江南水利与生产方式不断发展而来的塘、浦、港等，这些水系保障地区水土安澜、生产技术更新迭代、交通往来便利、聚落繁荣开放，逐步孕育海上丝路文明与江南文明。

从时间维度整体上看，上海乡村河道水系网络发达，塘浦纵横，靠近冈身地带、冈身以东的乡村地区水体面积逐渐减少。除了崇明沙岛地区较为特殊以外，以吴淞江、黄浦江为主要东西向江河，可以把明清时期的上海乡村水

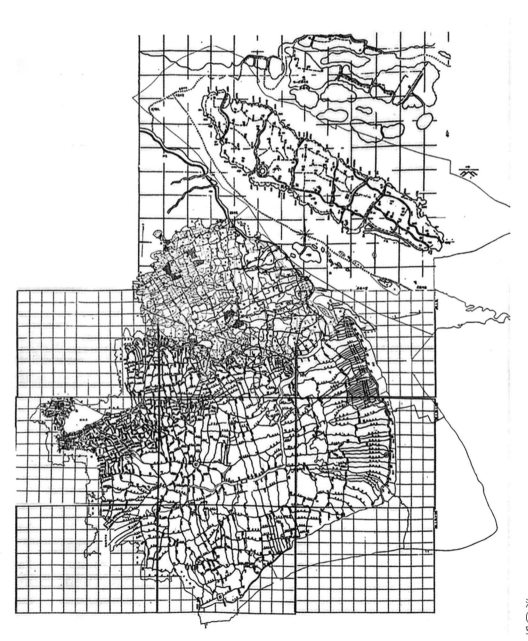

25

系划分为北、中、南三大片区。南部片区为松江府金山、奉贤、南汇市镇，以及黄浦江东流北折后划出浦东区片，属于沿海滩涂逐步淤积成陆地带；中部片区主要为松江府府治及华亭、青浦、上海等县镇；北部片区主要为苏州府嘉定县地区。在这三大片区中，骨干河流多南北走向，尤其在中部片区，纵浦横塘特征最为明显，以五里一纵浦（赵屯、大盈、盘龙、崧子、顾会等）为代表，是除了吴淞江和黄浦江外的主要内河，沿这些河道分布的有重固、盘龙、白鹤、泗泾、七宝、枫泾、黄渡、南翔等镇村，水乡风貌仍存。

乡村生产、生活往来是形成集市最初的动力，再逐步发展成为重要的市镇甚至城镇。因此市镇与四周乡村、其他市镇之间，必须具备方便往来的交通条件。在近代公路、铁路交通尚未出现时，上海乡村地区主要的交通是水系河道的"舟楫便利"。

然水能载舟，亦能覆舟，临江临河既便利通航，也使乡村受洪、涝、潮、渍、旱、盐碱之苦。历史记载，苏州府嘉定县境"东濒长江口，历来因防御海潮倒灌和避免浑潮夹带泥沙淤塞内河"。盐铁塘纵贯嘉定南北，并延伸至松江府，与顾会浦、沙冈塘、竹冈塘连接，可达黄浦江以南的南盐铁塘（今叶榭河）。盐铁塘在宋时曾建闸，明嘉靖年间（1522—1566）又建盐铁闸，清光绪年间（1875—1908）在南翔东港（即走马塘）为阻挡蕴藻浜浑潮又建石闸。由于技术的局限，每次建闸均不能持久，不能及时再建、重建，通航与挡潮的矛盾始终难以解决。因此江南水系，尤其是上海乡村，位于出海口江潮来往相间地带，河网水系的畅通是长期依靠人与自然力相互作用的结果。

乡镇因水相生，因水相融，水系、田地与营建的历史传统一直延续。水乡生活历史悠久，乡村各地人民坚持合作，治理经验越发丰富，包括开展围垦筑塘、联圩治水、排灌结合等。探索在维护传统水乡风貌理念下的新技术，不仅能为乡村的经济发展提供良好的土地资源、水资源，更为引领建设更加美好的田园水乡环境作出示范。

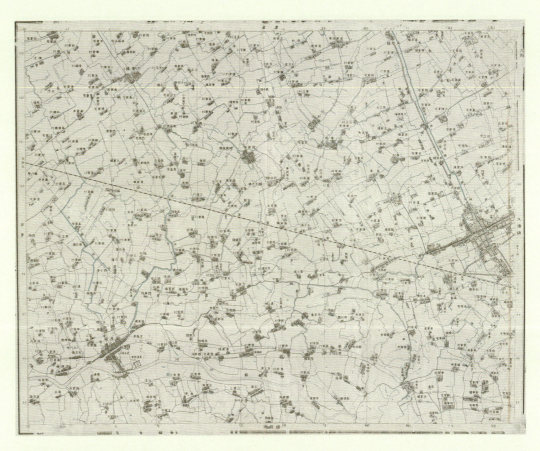

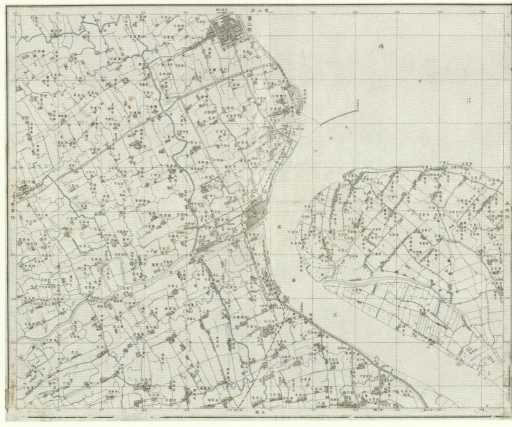

上海北部片区乡村水系肌理：
南翔与宝山局部
（1932年《二万五千分一空中
写真测图上海近傍》）

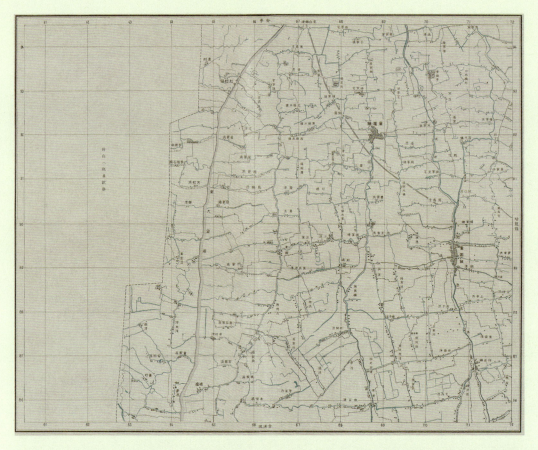

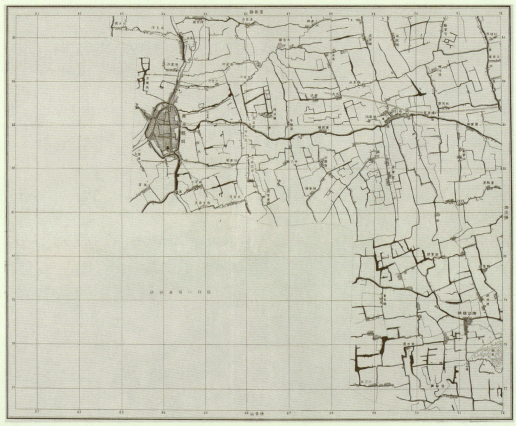

中部片区乡村水系肌理：
重固与青浦局部
（1932年《二万五千分一空
中写真测图上海近傍》）

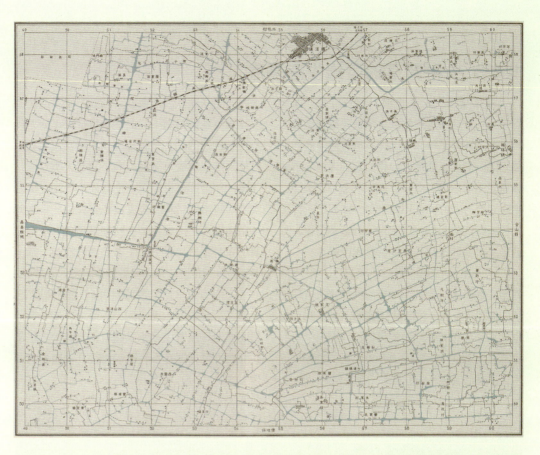

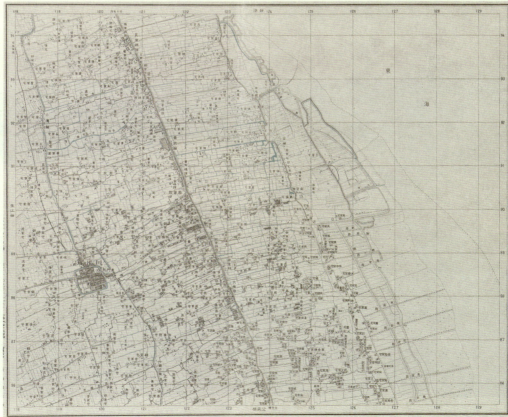

南部片区乡村水系肌理：
枫泾与川沙局部
（1932年《二万五千分一空
中写真测图上海近傍》）

1.4.3 乡村聚落的蓝绿生态基底

湖荡交错、水道纵横、田园村舍，以及如经脉一样遍布连通的大小水系，构成上海江南水乡的独特意象，是上海乡村风貌中最浓墨重彩的一笔。上海地区如诗如画的江南水乡风貌是江南地域自然气候、地理环境、文化要素、生活生产方式共同作用的结果，体现了一代又一代人们适应自然、改造自然的奋斗历程，凝结了乡村地区农耕习俗的智慧和传统。

"人家尽枕河，水巷小桥多"，以河道作为交通要道与公共活动空间的独特风俗与传统，体现了上海乡村地区空间环境的独特魅力，也是人与自然和谐相处的典范。作为一个水系丰富且发达的地区，上海乡村水系的主要特征为：通过河流这一线形要素，连接湖泊、湿地、水库、海洋等非线形要素，形成多层次连接的干支流体系；根据不同的地貌特征、水动力以及地质构造活动，呈现出树状、辫状、羽状、扇状、网状等流域形态；为了满足人类饮水、灌溉、排污等多种需求，形成泾浜圩田、荡泊溇港等复杂的结构和丰富的场景。依托丰富的水系类型，又形成各种乡村聚落模式。水系记录了乡村生产、生活、生态演进的痕迹，是上海郊野乡村地区中最为重要的环境资源要素。

上海河道水系密布，其中由长江、黄浦江、吴淞江、金汇港、大治河、蕴藻浜、浦东运河和油墩港等八条主干水系组成"八脉"，是串联乡村聚落与塑造乡村风貌特征、最重要的骨架和主脉。

水是上海乡村聚落的底色：青浦区金泽镇山深村

上海市乡村蓝绿生态基底图

青浦区金泽镇双祥村（2023 年 10 月王鼎平摄）

02

陆海共荣
乡村人文脉络

与 水 共 生 的
生 产 生 活 方 式

生产方式　生活方式　交通方式

以 水 为 脉 的
民 俗 文 化 发 展 脉 络

上海乡村民俗文化的形成脉络
作为乡村风貌组成部分的民俗文化
与乡村空间紧密互动的民俗文化

生 产 生 活 视 角 下 的
民 俗 文 化 内 涵

自 然 环 境 与 生 产 生 活
聚 落 空 间 与 社 会 生 活
民 居 建 筑 与 家 庭 生 活

上海是长江三角洲前缘的城市，浓缩了长江三角洲一江一湖的水基因，形成"内溯太湖、外联江海"的特殊地理格局。上海所有河湖皆可通海，周边皆是大水，北为江，西为湖，东为海，南为湾。太湖、长江诞生了太湖碟形洼地、古海岸冈身、新河口海岸三类地貌带。窥上海的大地景观，可阅这三类地貌的独特印记。太湖入海入江的主道从吴淞江变黄浦江，上海数千年来正是立长江入海之洲，乘太湖入海之潮，不断向海而生，留下丰富的与自然和谐共生的文明历史。

2.1 与水共生的生产生活方式

在自然环境、地形地貌条件等多因素影响下，人们因地制宜地发展农业生产并营建乡村聚落，逐步形成上海林田水交融的独特乡村生产生活方式，具有质朴的乡土特色。

2.1.1 生产方式

历史上，农、渔、盐作、商业等生产活动的地区分布和发展，是在不同的自然环境、地形特征影响下因地制宜的结果。

1.农、渔、盐作生产活动

湖荡平原最普遍的开发模式是在积水与缓流的水环境下进行圩田开发，以稻米粮食种植为主。人们在湖沼淤积区将田围于水中，挡水于堤外开垦，这种方式在明清时期较为常见。

冈身及以东地区由于水流不畅，且土壤多为夹沙泥，土体疏松，加之水质含盐略高，不利于农作物生长，因此以棉代粮的生产活动较多。历史上，棉纺织业主要分布于嘉定县、松江府等冈身以东的集镇。随着海岸线的东扩，盐场逐渐东移之后，许多地区逐步改为植棉，塘浦疏浚与棉业种植并行。

浦东在清代属川沙厅、南汇县，由于靠近沿海，主要以滩涂为主，历史上以盐业生产为主。盐业生产活动推动了灶、团等独特生产设施的建设。

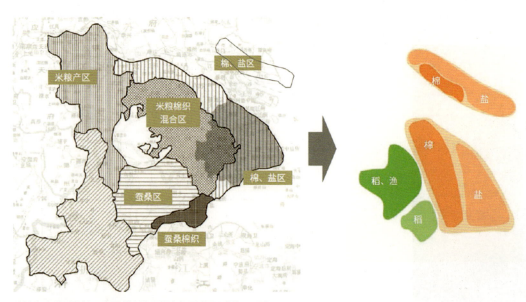

传统生产类型分析示意图（《上海乡村空间历史图记》第127页）

2.传统手工业、商业贸易

　　得益于棉花种植和桑蚕养殖的兴盛，江南蚕桑业、棉纺织业发达，促进了家庭手工业生产的发展。上海曾是历史上江南的重要棉产区，明清时期松江府、嘉定县是吴地棉纺织区之一，与常熟、吴县共享"苏布名重四方"之誉，其时土纺土织遍及家家户户，产品远销大半个中国，衍生出罗泾十字挑花、嘉定徐行草编、安亭药斑布、练塘茭草手工艺等具有上海特色的传统手工艺制品。

　　手工业的繁盛，促进了商业和商品贸易的发展。明末清初，纺织工艺达到巅峰，棉农生产出丰富的布艺产品，布商纷纷前来嘉定、松江各地以及昆山、太仓、苏州等地采购，运往各地销售。在四通八达的水路交通支撑下，商品贸易促成丰富发达的水路交通贸易路线，在沿河道的重要节点形成商业繁荣的各类市场和市镇。

农业耕种：青浦区朱家角镇张马村（2017年12月）

渔业养殖：青浦区朱家角镇淀山湖一村（2017年8月）

罗泾十字挑花技艺

嘉定徐行草编

安亭药斑布

传统手工艺（《上海乡村空间历史图记》第135页）

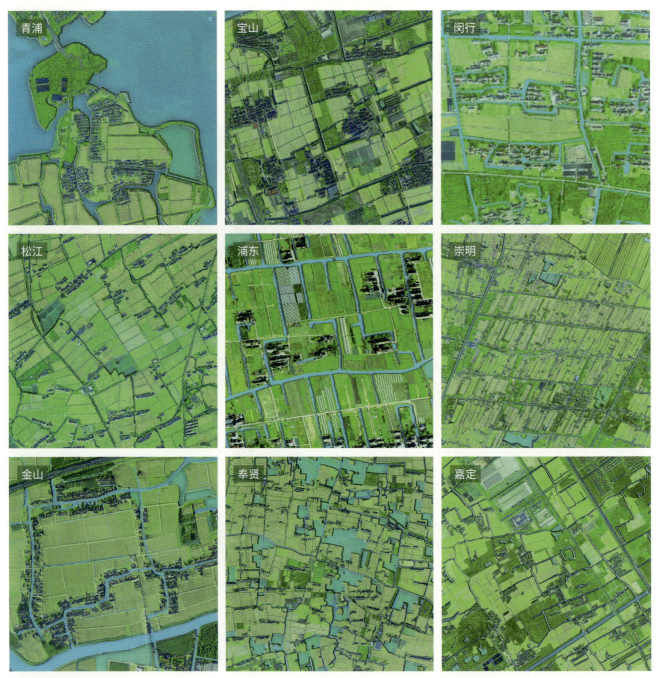

各区乡村肌理图

2.1.2 生活方式

1.依水而居的聚落生活

发达的水系为人们提供了灌溉和生活用水，也易于舟楫出行，因此上海地区大部分的乡村聚落在空间格局上呈现出"依水而生"的特征。乡村聚落的发展和延伸多依托水系走向，沿水展开。宅第、庙宇建筑依水而建，数量繁多、风格各异的桥梁、埠头、水闸是水乡聚落风貌的典型代表。白墙黑瓦、石板铺地、廊桥步道也是适应江南水乡多雨气候而生的乡村聚落风貌特质元素。

依水而建的乡村聚落促成乡村居民向水而居的独特生活方式。桥梁、埠头、码头既是乡村居民日常使用的重要设施，也是乡村社会日常交往和活动的重要场所，桥头的休憩交谈

崇明区新村乡新乐村

嘉定区徐行镇伏虎村

青浦区金泽镇山深村

松江区叶榭镇井凌桥村

奉贤区庄行镇杨溇村

浦东新区唐镇大众村

闵行区浦江镇汇东村

金山区枫泾镇新元村

宝山区罗店镇罗溪村

依水而建的乡村聚落

奉贤区庄行集镇前街后河格局（2020年8月）

活动、水边的洗衣洗菜活动随处可见。河流水系、桥梁码头等物质要素，融合人们亲水用水的生产生活行为，展现了乡村聚落极为丰富的空间内涵，体现了人们治水理水的智慧和对自然环境的尊重。

2.聚商而兴的街道生活

　　水系是古代水乡地区粮食、棉布贸易的黄金通道。上海地区的水乡村镇大多沿河而起，其发展延伸也多依托水系的走向，各水乡集镇依托水系网络，因水成市，开展商业贸易活动。商铺云集于集镇中心的老街，老街通常与主要河道——"街河"并行，或街道临水形成"水街"，或以"陆街"为商业活动的主要空间，建筑一面临街一面临水，背后的河道充当交通运输功能，各自有河埠头或小码头。商业老街建筑一般采用前店后宅、下店上宅等形式，生活和生产经营紧密结合。汇集乡村生产原材料而后衍生出的加工产品、手工业及其生产场所都是地区经济文化的典型代表，如绸布、织绣、练塘古镇的酱园等。因商贸繁荣人流集聚而衍生的钱庄、茶楼、特色小吃则是地方传统经济、人文活动的侧面展现。

奉贤区庄行集镇商业街（2020年8月）

奉贤区庄行集镇商业街背后河道（2020年8月26日）

2.1.3 交通方式

上海地区河网密布，在陆路交通尚不发达的年代，水路交通是上海乡村地区最重要的出行方式。

上海地区水系通江达海，对内连接内陆运河体系，对外衔接广阔海洋，历史上就是区域贸易运输、南北航运中转、河海航运中转的重要枢纽，也是水上丝绸之路的重要港口。上海的主要河道以及为数众多的小泾小浜，不但把整个上海地区连接成舟楫便利的水路运输网，而且辐射四方与国内各大水系，其中最重

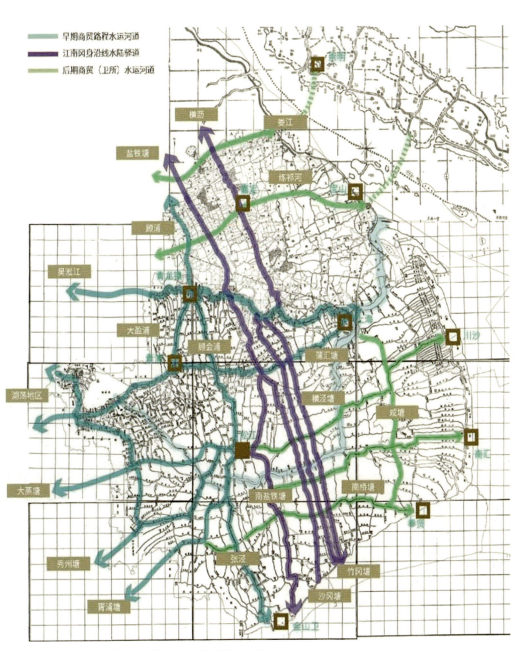

上海主要水运交通示意图（《上海乡村空间历史图记》第122页）

要的是江南运河和长江水系。上海地区连接运河水系的河道甚多，既可以溯湖泖从苏南进运河，也可以下浙西经秀州塘入运河。沿运河南可抵杭州、宁波，北可至苏州、常州、镇江以及更北之地。

发达的内河航运是上海地区各县城镇乡村之间的重要交通出行方式，沿河而建的码头、埠头鳞次栉比，乌篷船、驳船、渔船等水上交通工具在日常生活和商品贸易中扮演着重要角色。近代，上海发展为东方大港，发达的内河航运仍然是上海地区各县城镇乡村之间及其与上海及邻近城市主要的交通渠道。即使在有铁路经过的县乡，内河航运也因其价格低廉和招呼方便、停靠点多的优势，令"乡村中人犹乐就之"。

乌篷船：奉贤区柘林镇迎龙村（2019年10月）

埠头与小船：青浦区金泽镇钱盛村（2018年12月）

2.2 以水为脉的民俗文化发展脉络

2.2.1 上海乡村民俗文化的形成脉络

上海乡村的民俗文化，其深厚底蕴源自江南水乡独特的自然环境。水系作为连接区域内各处的纽带，不仅促进了文化的交流与融合，而且孕育了多样的文化现象。共同的自然基底塑造了上海乡村民俗文化的共同点，环境的差异形成它们之间的差异性，整体呈现丰富的面貌。

1.以水系为发展脉络的乡村民俗文化的共同点

尽管有"高乡"与"低乡"之分，但上海乡村地区皆属于江南水网地区的范畴，河网密布，形成独特的水乡文化。其文化底蕴源于传统农耕社会，通过水稻种植和渔业生产等与水紧密相关的生活方式，形成与水共生共荣的乡土民俗文化。如江南丝竹，作为江南地区特有的音乐形式，在湖沼荡田、曲水泾浜、河口沙岛等不同区域都有流传。这种音乐形式充分体现了水乡文化的特色，表现出江南地区人民的生活状态和情感。

上海乡村水系发达，形成不同地区之间的交流通道，促进了文化融合，并由此形成丰富多彩的民俗文化。如各种庙会、舞龙、舞狮等，都源自水乡文化的交流。庙会包含很多代表性的民俗活动，如宣卷。宣卷在上海乡村各地皆有流传，但其内容和表演形式在不同地区有差异，如青浦、松江、嘉定、浦东等地的宣卷，体现文化的传播及本地化、差异化过程。

上海乡村的农业生产与水系息息相关。传统的农业活动，如水稻种植、渔业等，都离不开水。这些农业活动产生了大量与水相关的习俗，如开耕、收割、渔猎等节庆活动。又如田山歌，具代表性的有青浦田山歌、金山卫田山歌等，都反映了水乡地区农业生产与农民生活的质朴状态。

2.以水系为发展脉络的乡村民俗文化的不同点

水系的不同形态造成同种民俗文化因地制宜的变化状态。以舞龙为例，在湖沼荡田、曲水泾浜等地形，水域丰富，有利于举办水上舞龙表演，还可利用河道进行龙船表演；在河口沙岛地区，一般利用开阔的河道和沙地广场进行大型广场舞龙表演；而在滨海港塘地区，则是在沿海岸线举办海滨舞龙活动。

2.2.2 作为乡村风貌组成部分的民俗文化

在沿水系传播的基本逻辑下，水乡地区的民俗文化在不同地区的历史文化积淀下形成各自的特色。

湖沼荡田区是上海乡村文化的发源地。早在唐宋时期，就有水乡文化的雏形，明清时期水乡文化逐渐繁荣。此地形成的代表性民俗文化有摇快船、阿婆茶、宣卷等，充分体现了江南水乡的自然景观和生活状态。

曲水泾浜区受吴淞江变迁影响，河道蜿蜒曲折，形成独特的泾浜文化。如江南丝竹、草编、皮影戏等地方文化形式在此区域广泛流传。

河口沙岛区在明清时期成陆，沙岛文化渐次成形，即独特的瀛洲古调派琵琶演奏技艺、崇明山歌等文化形式。

滨港海塘区始于明末清初开垦盐田，形成独特的滨海文化，民间艺术如灶花、卖盐茶等蓬勃发展。

泾河低地区历史上为太湖泄水道，水患问题突出，形成独特的泾河文化，如小白龙舞、滚灯等。

九峰三泖区受独特的地形地貌影响，形成丰富的山水文化，民俗文化如舞草龙、顾绣等得到蓬勃发展。

综上所述，水系是上海乡村民俗文化发展的重要轴线，塑造了民俗文化的共性。同时，不同区域在自然环境、历史文化影响下逐步演变发展，培育出各具特色的地域民俗文化。

上海乡村的民俗文化丰富多彩，包括传统音乐、舞蹈、曲艺、杂技竞技、民间文学、民间美术、传统手工技艺、民俗活动等，其中许多项目已列入各级非物质文化遗产名录。在本次乡村风貌调研中，非物质性的乡村民俗文化是和聚落形态、民居建筑等物质文化同等重要的调研对象。

1. 乡村民俗文化是传统乡村风貌的重要组成部分

乡村风貌具有物质性和非物质性的双重维度。在保护传承的过程中，聚落、建筑的风貌保护固然重要，而承载着乡村历史记忆与生活方式的民俗文化也是传统风貌不可或缺的组成部分，并与聚落形态的发展相辅相成。

例如，上海的很多乡村民俗文化由传统水乡农业衍生而来。水稻、桑树、棉花等经济作物皆依水为生，村落与水网交错相生，形成错落有致、有机生长、丰富多样的空间特色。同时，人们在日常农耕劳作过程中创造出独特的民俗文化艺术，如田间地头的劳动歌曲演变为青浦、松江、奉贤、金山等地的田山歌；渔业劳动行为衍生出的摇快船、打莲湘；还有祈求风调雨顺、农业丰收的各类庙会节庆活动等，皆表达了人民对于农业丰收的美好希冀。没有民俗文化的维度，便无法完全理解上海乡村风貌的形成机理与丰富内涵。

2.乡村民俗文化是传统生活方式的凝聚体现及传承抓手

乡村民俗文化是传统生活方式的结晶，无论是传统音乐、舞蹈、曲艺还是民间文学，如江南丝竹、沪剧、宣卷、皮影戏、锣鼓、腰鼓等，构成从历史到当下多姿多彩的乡村生活，是聚落和建筑的"布景"之上最鲜活生动的画笔。此外，乡村民俗文化中的生活方式，让聚落空间、建筑空间中有了鲜活的内容和紧密的联结。例如青浦商榻阿婆茶，作为一种在每家每户轮流茶聚闲谈的传统社交活动，让今天仍然生活在乡村的中老年人在聚落空间中获得鲜活的体验，建立真实的情感联系。

在当代乡村振兴和传统风貌重构的过程中，乡村民俗文化所承载的生活方式，也是乡村生活重新焕发活力、吸引更多青年人返乡、新村民进村的抓手。例如与特定时令节气结合的美食，如春节时吃焋（音状）糕、清明时吃青团、中秋时做糕团等，一年四季都有特色食品。这种顺应时令与自然的周期性乡村生活，是今天乡村生活的特色和吸引力所在，在传统风貌保护传承中应该重点保护。

3.乡村民俗文化是支撑乡村特色产业发展的持续动力

乡村民俗文化在乡村历史发展脉络中与农业生产相辅相成，其中大量珍贵的非遗匠作技艺，是今天乡村产业发展的动力来源。其中至少包括特色手工业和特色食品加工业。特色手工业如承袭于桑蚕养殖与纺织业传统的土布染织技艺、刺绣技艺、十字挑花技艺等；源于特色农产品的再加工，如芦苇、篾竹、茭白叶、干草等各类编织工艺；服务于建筑空间营造的匠作技艺，如花格榫卯制作、砖瓦生产等。特色食品加工业如承袭于江南制酒传统的上海黄酒酿造技艺、老白酒酿造技艺、酒酿制作技艺等；继承江南美食传统的涵大隆酱菜、闻万泰酱菜、青团等。

乡村传统手工业不仅与江南水乡的风土及物产紧密结合，更曾在上海乡村形成一定规模的乡镇企业，如沪西商榻双祥村烧窑加工，鼎盛时村内有土窑30余座，素有"千砖万瓦之村"之说；又如青浦练塘黄酒厂，仍保留传统酿造技艺和工业遗产建筑，具有较高的乡村风貌和产业价值。丰富的乡村非遗美食，如南翔小笼、上海米糕、下沙烧卖、枫泾丁蹄等，也是乡村发展旅游业等第三产业的持续动力。

上海各涉农区乡村仍流传着大量非物质文化遗产，异彩纷呈的非遗蕴含着探索上海乡村脉络的线索。

2.2.3 与乡村空间紧密互动的民俗文化

乡村民俗文化并不是孤立存在的，而是与其产生和传播的物质空间息息相关。因此，本次调研对于乡村民俗文化的关注，并不只是从非遗或民俗的视角，而是重点关注乡村聚落建筑空间与乡村民俗文化的互动作用，从空间与文化的视角解读乡村风貌的形成机理。具体而言，两者的互动作用有如下三个层面。

1.水乡聚落的独特空间肌理促成特色农业的形成

水乡独特的肌理形式来自于河道、圩田、鱼塘与街巷民居交织的空间结构，街巷、民居和河道通过不同的组合形式划分水乡的地块，与江南传统的生活场景结合，形成特色的画面感和肌理感。

2.江南水乡的地方物候和物产塑造了特色手工业

江南水乡所处长江三角洲和太湖水网地区，气候温和，季节分明，雨量充沛，因此形成依托当地物候和自然条件的特色手工业及食品加工体系，如桑蚕养殖、酿酒、茭白叶编织、簏具编织等。

3.扎根乡土的地方风俗与勤劳活泼的文化性格

区域地理分布和土壤特性决定了特定的生产活动，由此伴随形成具有地域特点的民俗文化。水乡生活中的饮食、节庆、信仰、民间工艺等领域的丰富文化形态皆来源于农业，如双祥青苗会中的摇快船、宣卷等风俗；农业生产方式及丰富的节庆活动与水乡居民勤劳活泼的文化性格密切相关。

在这种空间—文化的研究框架下，可以从自然环境、聚落空间和民居建筑三个层面讨论上海乡村特色民俗文化中蕴含的空间与社会内涵。

青浦区金泽镇双祥村空间艺术季田山歌表演（2023年9月27日）

2.3 生产生活视角下的民俗文化内涵

上海乡村民俗活动大多与农村自然环境、物产及农业生产息息相关。无论是适应江南水乡特定自然环境的生产方式，如稻作农业、桑蚕业与渔业，还是水乡农业伴随的特有物产，如蚕丝、水草、茭白等，都是上海乡村民俗文化形成的重要背景条件。理解民俗活动与农业生产、地方物产的关系，便能理解民俗文化与水、田相依的水乡聚落自然环境的密切关联，也揭示了乡村传统风貌形成的内在机理。

2.3.1 自然环境与生产生活

1.源于农业生产的民俗活动

上海乡村的农业生产主要是稻作农业（辅以基塘农业）与河湖渔业。稻作农业衍生出的民俗活动如田山歌，在青浦、松江、奉贤、金山等地皆有流传，是一种源于劳动场景的民歌；又如土布染织，是棉花种植农业下典型的地方手工艺；而河湖渔业带来诸多与水、船相关的民间信仰和庆典民俗，如摇快船、舞草龙等。

在与农业生产紧密相连的民俗活动中，田山歌是最典型的例子。田山歌是一种农民在耘稻、耥稻及休闲时演唱的地方民歌，在上海多地乡村可见，包括青浦田山歌、浦东山歌、松江新浜山歌、奉贤白杨村山歌、崇明山歌等。田山歌即兴发挥的成分很多，如今传唱下来的，大都是老一辈人流传下来的歌词和乐谱。关于田山歌的流传记载最早可追溯到清代。田山歌的很多歌词大意体现了农业生产、农业生活与水乡自然环境的关系，是一种淳朴的农业自然观的表达。

2.取自地方物产的手工技艺

江南水乡的地方物产作为原材料，形成一系列手工技艺，除了前面提到的直接面向生产的土布染织之外，还有很多辅助农业的或是面向农闲时期的手工艺产品，如采自稻草、芦苇、竹篾、茭白叶等地方物产的各类编织工艺，体现了当地人民心灵手巧、勤劳能干的品质。其中，青浦区练塘镇茭白叶编结是历史悠久的草编、柳编技艺的发展演变

与当地茭白种植业相结合而出现的民间手工编结技艺，见证了上海民间技艺的继承发展与创新发展，是上海民间智慧结晶。今天，青浦练塘的茭白叶编织作为一项基于传统手工艺的本地产业，依然构成当地农户家庭的补贴收入之一，也是社会关系的重要联结纽带。此外，青浦簏具制作技艺、嘉定徐行镇草编等，也颇具地方特色，有一定的代表性。

茭白叶编织（2023年8月张威摄）

2.3.2 聚落空间与社会生活

乡村的节日庆典习俗往往是围绕聚落空间展开的。这里的"聚落空间"既指向物质性的实体空间，如各类庙会在聚落中举办所使用的公共空间，如庙宇、广场、河堤、主街等；也指向非物质的社会空间，尤其是在日常生活化的节庆娱乐活动，如各种曲艺、歌舞等，乡村居民在日常展演过程中形成具有持续性的社会空间。因此，民俗文化成为聚落空间与社会生活之间的"活化剂"。

1.聚落空间中的庙会庆典

庙会是农村地区常见的庆典活动，大多数庙会始于宗教或民间信仰活动，但更多是寄托人民对美好生活的向往，如祈求风调雨顺、农业丰收、家人平安等；并且在其活动中加入越来越多世俗性的娱乐庆祝活动，最终演变为乡村重要的公共庆典和节日，是上海乡村居民生活不可或缺的精神寄托。

庙会庆典一般与聚落空间有着紧密联系。一方面，其举办时需要宽敞的室内外空间，一般在村落中的庙宇、祠堂、村民活动中心、村中心广场、主要街道等公共空间举办；另一方面，庙会经常涉及巡境、绕境等民俗活动，引导居民用步行丈量村中重要的边界、路网和空间节点，如青浦金泽庙会，围绕"桥桥有庙，庙庙有桥，桥庙一体"的聚落特色格局展开。反之，聚落中的公共空间也因庙会庆典的举办而被赋予象征意义。这就是庙会作为一种特殊的民俗活动，与传统乡村聚落空间的互相依存性。

2.庙会庆典中的文艺活动

庙会是民间曲艺、歌舞、杂技等文艺活动的发源和汇聚之地，大多数今天作为非物质文化遗产的文艺活动均发源于庙会，并通过庙会中的演绎传承而不断完善，成为一种具有独立美学价值的、乡村人民喜闻乐见的艺术表演形式。

如在金山与青浦都很流行的打莲湘，是一种传统民俗舞蹈，可由一人手拍竹板为唱，三四人手摇莲湘和之，舞时可由数人、数十人乃至上百人参加。表演时，男女青年各持莲湘做各种舞蹈动作，从头打到脚，从前打到后，边打边唱，唱词多据民间唱本。如宣卷，最初主要在庙会中表演，以讲故事的形式为主，仅以木鱼伴奏，称作"木鱼宣卷"；后演变出"丝弦宣卷"，有笛子、二胡、琵琶、铜铃等民乐伴奏，泛化为一种文艺活动。

3.日常生活化的娱乐活动

发源于庙会等民俗庆典的戏曲、歌舞、器乐等文艺娱乐活动，因广受乡村人民的喜爱，在历史演变中走向日常生活化，成为村民喜闻乐见的业余爱好和社交活动，也成为聚落中社会生活的构成要素。

沪剧的发展尤为典型。沪剧是形成于上海乡村地区的地方剧种，发源于吴淞江和浦江两岸的田头山歌和民间俚曲，青浦、宝山、浦东等地都是沪剧的发源地。沪剧有着源远流长的发展脉络，从对子戏、同场戏、幕表戏、申曲、本滩的逐步演化，是一种善于把不同时代的现实生活，通过形象的表演、浓厚乡土气息的演唱所展示的戏曲艺术。可以说，沪剧源于对乡野农业生活的歌颂。

2.3.3 民居建筑与家庭生活

1.民居营建与匠作流派

民居建筑是木作、砖作、石作、瓦作等传统匠作技艺的凝聚。上海乡村民居属于江南民居风格，民居建筑拥有精致的匠作技艺，也在民间培育了数量可观的匠人。

如奉贤的奉城木雕，原本是传统木建筑中的装饰构件，后逐步演化为独立的工艺品，以檀木、柚木、樟木、椴木为原料精雕细作，生产供寺院、宾馆用的各类物件、饰具。木雕工艺品的题材包括山水、人物、历史故事、飞禽走兽等，是民间木作艺人精湛技艺的体现。

2.居家生活与民间美术

如果说与建筑营建相关的匠作技艺是男性主导的世界，那么居家生活中的民间美术则往往是心灵手巧的女性的舞台，刺绣、挑花等，都是乡村女性居家生活的重要调剂因素。绘制灶花、瓷刻这些在家庭器物上的美术创作，也体现着淳朴的民间艺人对于乡村生活日常的美学理解。

以宝山罗泾十字挑花技艺的起源与发展为例。罗泾自元代起就广种棉花，盛行纺纱织布，土布成为人们衣着的主要原料。由于本色土布包头有不祥之嫌，便有人在布面上挑花插线以求改变原貌，此后逐渐发展成十字挑花技艺。在300多年的演变过程中，今天的罗泾十字挑花有二三十种独特的基础纹样，而纹样多以动植物为名，如八角花、六角花、蝴蝶花、鸟花等，表达人们对美和幸福的追求。

奉城木雕制作(奉贤区)

十字挑花(上海群众艺术馆)

3.时令文化与地方美食

遵循时令周期循环，就地取材，做出具有地方风味的乡村美食是乡村家庭生活的重要组成部分，同时也孕育出当代乡村最具民俗风情、持续吸引着旅行旅居人士的传统文化。乡村美食一方面代表了当地特有的物候和物产，传达出地方历史文化；另一方面彰显出农村生活与自然、天气、文化习俗的紧密关系。

如青团是上海地区在清明时节典型的时令美食。奉贤庄行青团俗名"麻花郎"圆子，又称"乌金蛋"，有着600多年的历史。青团的时令性体现在清明时期才产出的野菜之上，尤其在乡村，青团有着与城市中由食品工厂生产的青团截然不同的"韵味"。

黄酒则是上海及周边地区最受欢迎的酒类品种之一。黄酒的酿造也有很强的时令性，一般从每年立冬开始，到下一年立春结束，民间俗称"冬酿酒"。黄酒的饮用也与乡村家庭生活息息相关。各式各样的饮酒习俗与每个村民的人生阶段密不可分，有三朝酒、剃头酒、得周酒、寿酒等，酒中寄托着人们对美好生活的祈愿。

除时令特征以外，上海乡村美食也具有地域特色。上海的糕点文化丰富多彩，其中不乏一些具有地方特色的糕点，如金山的吕巷米糕、嘉定的徐行蒸糕、松江的叶榭软糕、崇明的崇明糕等。糕寓意"高"，是人们庆祝时节、寄托美好祝愿的时令美食，既有美食之味，也有观赏之美，在上海地区广受欢迎。

上海金山出产的枫泾丁蹄已有一百多年历史。它采用黑皮纯种"枫泾猪"的蹄子精制而成。这种黑皮猪骨细皮薄，肥瘦适中。丁蹄煮熟后，外形完整无缺，色泽红亮，肉嫩质细。热吃酥而不烂，汤质浓而不腻；冷吃喷香可口，另有一番风味。

上海奉贤的"进京乳腐"是全国著名的优质乳腐之一，品种有红乳腐、白乳腐和花色乳腐三种。红乳腐包括大红方和小红方。白乳腐包括糟乳腐、油乳腐和白方，花色乳腐品种更多，以配料而命名，如玫瑰乳腐、油辣乳腐火腿乳腐、虾子乳腐等等，其中以玫瑰乳腐最具江南特色。

同样颇具盛名的，还有上海浦东鸡、崇明和青浦的银鱼、松江鲈鱼、南汇水蜜桃、嘉定白蒜等地方食材，多不胜数。

青团　　徐行蒸糕　　叶榭软糕

崇明糕　　吕巷米糕　　南汇水蜜桃

黄酒　　枫泾丁蹄　　进京乳腐

上海乡村时令美食

金山区枫泾镇新元村（2024 年 3 月 20 日申旸摄）

03

依水分型
乡村风貌格局

三大地理分区（三区）

冈身线以西区域：湖积平原

冈身线以东区域：滨海平原

长江以北区域：三角洲平原

六类地貌片域（六域）

十二型空间意象
（十二意象）

多类型乡村风貌要素

多姿的水　　各异的田

丰富的林　　多样的村

水是上海地区地形地貌演变、人居空间构建、人文社会发展的时间和空间主线，水地人的长期交互作用形成上海乡村地区独特的风貌特征。本章综合历史地理学、空间类型学分析，结合调研普查结果为实证，总结提炼上海乡村风貌的三大地理分区、六类地貌片域、十二种空间意象和多类型乡村风貌要素，构建上海乡村地区风貌特征的基本认知框架。

3.1 三大地理分区（三区）

水是上海乡村地区最重要的地理要素，在水运交通节点形成一个个乡村聚落，进而形成星罗棋布的城镇，孕育江南水乡的空间肌理。水系环境的变动影响着围垦圩田等人工耕作和农业生产的方式类型，逐步形成上海各水系片区不同的肌理特点。

古冈身确立的古海岸线是塑造上海市域地理环境的重要分界线。冈身以西，大致与苏州的江南圩田区连成一片，自太湖东岸向东，水网特征逐渐由溇港、湖荡、大湖，过渡到河网，也就是通常所称的"低乡"湖沼平原。这一片地域地势低洼，湖荡密布，自春秋时期便发展出精耕细作的圩田体系，是典型的、蚕桑富足的江南水乡。

冈身以东，海岸线逐渐外推，沿江沿海地区地势较高，河渠纵横，有利于水、旱作物生长。沿海地区盐业发达，发展出人工干预下的灶港平直水网。由西向东，水网特征由平田、盐塘过渡到海塘，也就是通常所称的"高乡"滨海平原。

长江以北的崇明、长兴、横沙在上海地域环境中属于特殊类型——由北部长江口淤积成为沙岛。崇明岛地质结构不稳定、易坍塌。

1949年后经历大规模农场开垦改造，近现代人工干预构成的平直水网比较集中。同时，崇明岛还是上海独一无二的生态岛，湿地资源丰富，生态环境优越。

上海市域水系图（2021年10月）

上海三大地理分区及其特点

地理环境分区	俗称	地理区位	地形特征	传统作物	聚落形态
湖积平原	低乡	冈身以西	地势低洼、湖荡密布	利于水稻种植	岛状、团状、条状、散点
滨海平原	高乡	冈身以东	地势较高，河渠纵横	利于水、旱作物生长	团状、条状、散点
三角洲平原	沙岛	长江以北	江口淤积，常见咸卤	需要水土改良后种植	条状、散点

3.1.1 冈身线以西区域：湖积平原

冈身线以西区域属于湖积平原，分布于金山、青浦、松江和嘉定的西部，是上海最早成陆的地区，属于太湖低洼地的一部分。湖积平原进一步可细分为湖沼洼地、湖积低地、湖积高地和潟湖平原四种类型。数千年来，人类开渠围堤、挖泥施肥，将整个平原分割成圩堤重叠、河湖纵横交错的地貌。该区域与太湖流域腹地联系较密切，经济、文化发展起步较早。

1.水系特征

与海水隔绝的太湖洼地，拥有湖、江、河、港、塘、泾、浜、湾等多种水文地形。湖泊密布，后逐渐淤积，加之围圩排水，逐渐形成耕地。田、湖、塘、河之间既是生产系统，又是重要的乡土景观。河流形态自然弯曲，多为自然形网状结构。

2.生产活动

该地区土壤以青泥土、青黄土、青紫泥、黄泥、小粉土为主，以种植稻、麦、油菜为主。境内湖荡密布，河宽水深，沟渠交错，湖中捕鱼为生的太湖渔民数量众多。金山南部由于是潟湖平原，经历过由海成湖的过程，历史上经历过盐作，土壤改良后由种棉改为稻作。

湖沼洼地水系肌理

湖沼洼地实景

湖积低地水系肌理

湖积低地实景（2023年11月）

3.1.2 冈身线以东区域：滨海平原

冈身线以东区域属于滨海平原，包括宝山、浦东以及奉贤、嘉定冈身线以东的沿江、沿海地区。因长江挟带入海的大量泥沙经波浪、潮汐、河流、沿岸流的作用沉积，不断淤积成陆。按照成陆时间可细分为古滨海平原、早滨海平原、中滨海平原、杭州湾滨海平原、晚滨海平原和新滨海平原等六种类型。该地区历史上多为围海造盐田、官方驻兵屯守的聚居点，明清以后才逐渐衍生出一些盐商集镇，如下沙、新场等，也有因防卫倭寇而修筑的卫、所、堡等军事驻地。

1.水系特征

该地区大小河道纵横交织，拥有江、河、港、沔、泾、浜、塘等多种水文地形，其水系大多由于人工盐田开挖改造而成，呈90°交汇的井字形网状结构。杭州湾滨海平原由于经历海岸线反复坍塌的过程，呈现出鱼鳞状水系特征。

2.生产活动

该地区土壤以黄泥土、盐土、沙土为主，自身不适宜种植水稻。早期以制盐为主，制盐业衰落的同时土地熟化，土壤改良后先种植杂粮、棉花，后可种水稻。

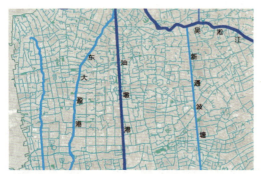

湖积高地水系肌理

湖积高地实景（2023年11月）

潟湖平原水系肌理

潟湖平原实景（2023年11月）

早滨海平原水系肌理

早滨海平原实景（2023年8月）

中滨海平原水系肌理

中滨海平原实景（2024年4月）

杭州湾滨海平原水系肌理

杭州湾滨海平原实景（2024年4月）

晚滨海平原水系肌理

晚滨海平原实景（2022年10月）

3.1.3 长江以北区域：三角洲平原

长江以北区域属于三角洲平原，位于上海东北部，包括长江河口、崇明、长兴、横沙等沙岛。按照成陆时间可细分为老三角洲河口沙坝、中三角洲河口沙坝汊道、新三角洲河口沙坝汊道和长江支流冲积平原等四种类型。长江以北的崇明沙岛成陆较晚，东沙、西沙等几番涨塌后，至元明时期，崇明岛逐渐稳定成陆。虽然20世纪50年代后仍有坍落，但总体上逐步形成河口沙洲淤积区。几经地理与行政区划变迁，长江出海口进入上海的地域范围内，上海开始拥有自长江上溯中国腹地、自出海口外通世界诸国的地理优势。

1.水系特征

该地区具有独特的滩、涂、荡等漫滩特征。历史记载崇明岛的水道有洪、港、潋、河、沟五种。两沙之间流水，日久渐狭，因势利导成渠的称"洪"；入江海之口，有潮汐涨落，可泊舟船的称"港"或"潋"（xiào，沪语读若yáo）；在两状交界处掘土成渠，以供蓄泄的称"河"；由乡民自开的田间水道称"沟"。现今沙岛连片，洪这种水道早已无存。"潋"是崇明当地独有的称谓，是早期崇明沙岛边缘潮沟地貌留下的独特景观，反映长江口区域江水径流与潮汐双重水文的交替作用，在崇明沙岛、海滩沙岸的边缘形成自然弯曲的河口形态。后期经过人工疏浚、水利改造，成为长江引水灌溉避潮可泊舟的河港。

2.生产活动

该地区海水冲刷，泥沙淤积形成，土壤以黄泥土、盐土、沙土为主。渔业水产资源丰富，农作物以棉花、玉米、麦、油菜轮作为主，土壤改良后可种水稻。

三角洲平原崇明岛水系肌理

三角洲平原崇明岛实景（2023年8月）

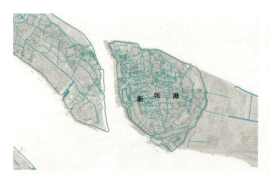

三角洲平原横沙岛水系肌理

三角洲平原横沙岛实景（2023年8月）

3.2 六类地貌片域（六域）

上海地区的地形地貌，是长时间水陆相争、人水交互作用下形成的。在以水为纲的三大地理分区的基础上，结合自然地理边界和调研普查实证分析，从类型学的角度可以将上海乡土空间进一步划分为六个各具特色、识别度较高的地貌特征域片，分别为：湖沼荡田、曲水泾浜、河口沙岛、滨海港塘、泾河低地和九峰三泖。各片区域表现出各异的风貌特征。湖沼荡田片域湖、湿、荡、塘连片交错，形成江南水乡的天然胜境；曲水泾浜片域河道形态曲折蜿蜒，泾浜绕村，形成湾塘绕村的田园佳境；河口沙岛片域水系如鱼骨螺纹状分布，民居依河整齐排列，形成广袤疏朗的海岛意境；滨海港塘片域水系呈横港纵塘肌理，交织如网，形成河港交错的原野妙境；泾河低地片域水系自由破碎、横纵交织，村落星罗棋布，形成有机自然的海塘生境；九峰三泖片域在市域范围内地势变化最大，兼具低浅山丘和黄浦江三大源流，形成烟波浩渺的山水画境。

3.3 十二型空间意象（十二意象）

各异的乡村风貌见证了上海的地理演变、农业生产、交通运输和城乡发展，是贯穿上海地区从水乡到都市这一嬗变过程的主线。在六类地貌片域的基础上，根据乡村水系典型形态的空间意象，将上海乡村风貌形态特征细分为十二型意象，分别是：珠链、纤网、星络、鱼脊、螺纹、横波、年轮、羽扇、川流、疏枝、棋盘和峰泖。

宏观 区域自然与人文结构	长江三角洲前缘演变					
	长江、太湖、冈身线					
中观（六域） 空间类型	江南水乡的天然胜境	湾塘绕村的田园佳境	广袤疏朗的海岛意境	河港交错的原野妙境	有机自然的海塘生境	烟波浩渺的山水画境
	湖沼荡田	曲水泾浜	河口沙岛	滨海港塘	泾河低地	九峰三泖
微观（十二意象） 水土组织模式	珠链	纤网	鱼脊	横波	疏枝	峰泖
	星络	螺纹	羽扇	川流		
			年轮	棋盘		

地貌特征与分区特征关系图

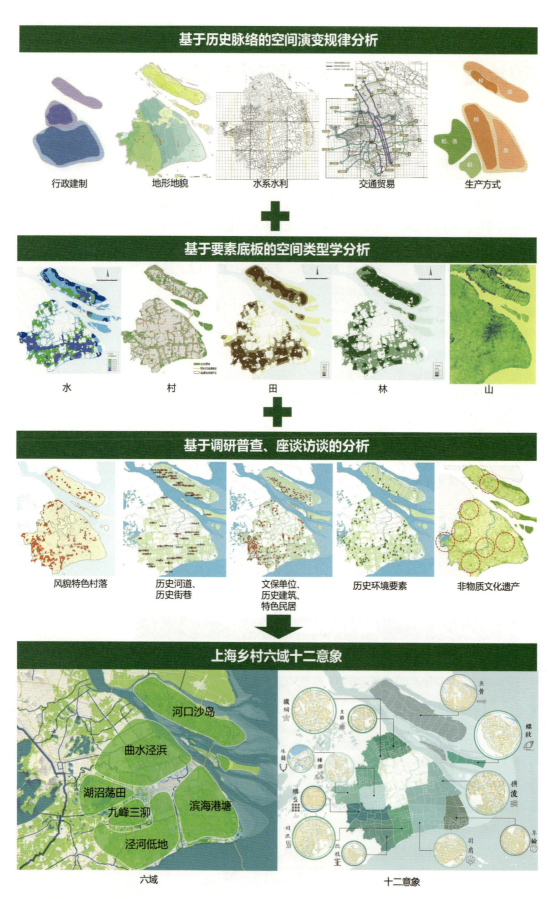

基于历史脉络的空间演变规律分析

行政建制　　地形地貌　　水系水利　　交通贸易　　生产方式

基于要素底板的空间类型学分析

水　　村　　田　　林　　山

基于调研普查、座谈访谈的分析

风貌特色村落　　历史河道、历史街巷　　文保单位、历史建筑、特色民居　　历史环境要素　　非物质文化遗产

上海乡村六域十二意象

河口沙岛
曲水泾浜
湖沼荡田
九峰三泖
滨海港塘
泾河低地

六域　　　　　　　　十二意象

乡村风貌特征分区技术路径

3.4 多类型乡村风貌要素

3.4.1 多姿的水

上海地区河流历史悠久,例如伍子胥开凿胥浦、吴王开盐铁塘,沙冈塘、竹冈塘、白牛塘等在明清以前已有记载;后期水系变化较大,黄浦发育,泥沙沉淀,一批大河淤塞成为小河,甚至柘湖、三泖这些大湖泊也淤浅为平陆,同时也有小河因不停冲刷而成大河。冈身以外江海之间逐步沙洲浮现,滩涂成陆,水系河道形态丰富,历代以来不同的河流水系名称记载,既是对水态样貌的描述,又体现出对待不同水形因地制宜的一种灵活适应。

(1) 泖

水面平静的小湖。只用于上海地区一种介于河流和湖泊之间的湿地。唐陆龟蒙诗,"三茆凉波鱼蔎动",茆后被写作泖。宋何薳(1077—1145)《春渚纪闻·卷七·泖茆字异》:"故江左人目水之停滀不湍者为泖。"明吴履震《五茸志逸》中称:"泖,古由拳国(今嘉兴现存由拳路),至秦废为长水县,俄忽陆沉为湖,曰泖,泖之言茂也。"《康熙字典》解释:"在吴华亭县有圆泖、大泖、长泖,共三泖。亦作茆。"现存有"圆泖",即今青浦区太阳岛附近。

泖:青浦区练塘镇东泖村(2023年8月)

(2) 汀

汀是河流通名。《说文解字》:"汀,平也。"段玉裁注:"谓水之平也,水平谓之汀,因之洲渚之平谓之汀。"汀的本义指水流平缓,但后通行的是汀字的引申义,"水边的平地"或"水中平坦的小沙洲"。在嘉定区娄塘镇泾河村、望新镇泉泾村、戬浜镇戬浜村有直挺、直厅、南北厅,崇明特色民居"三进四汀头宅沟",后世把"汀"写作"挺""厅"实为传误。

汀:青浦区香花桥街道曹泾村(2023年7月)

(3) 塘

　　塘原是堤岸的意思，沿海筑堤称为"海塘"，沿河筑堤称为"河塘"。后来逐渐转义，称有堤岸的河流为塘。吴淞江流域水系被形容为横塘纵浦，平行冈身的沙冈塘、竹冈塘、横泾（横沥）塘、盐铁塘。此外，塘亦指池塘、水塘，主要是在渔业、河塘弯曲处形成的湾塘、自然小水面。

塘：嘉定区外冈镇葛隆村（2023年8月）

(4) 浦

　　《说文解字》："浦，濒也。"《玉海》："水源枝注江海边，曰浦。"一般河流称为"河"，大至黄河小至沟渎都可以称为"河"，中型的河流称为"浦"，比如吴淞江支流的五大浦。

浦：青浦区白鹤镇杜村村（2023年7月）

(5) 荡

　　荡的本意是摇动、飘动，用于河川中波浪起伏的湖荡沼地。唐吴均（469—520）《与朱元思书》："从流飘荡，任意东西。"

荡：青浦区金泽镇双祥村（2023年11月）

（6）泾

在《尔雅·释名·释水》中，指水径直涌流的河流为"泾"。上海地区河流泥沙淤淀严重，历史上的泾浜一般指较小的河流、断头河。有时日常言语会加上"头"字表达，于是把水面较阔略带圆形的"浜兜"，称为"大泾头""大沟头""深泾头"等。

泾：青浦区白鹤镇王泾村（2023年8月）

（7）浜

浜指仅有一头相通的小河沟，明李翊（1506—1593）《俗呼小录》云："绝潢断流谓之浜。"浜者，安小船也。浜不是大河道，但尚能通行小舟，否则不称"浜"。浜常指水流尽端的小河道，或局部为湾塘、水塘。

浜：嘉定区徐行镇伏虎村（2023年11月）

（8）溇

溇原为先民筑塘围田后开出的小河。在圩田图中，中央河沟为"溇"，是水道古通名的遗存。《前汉书·食货志》："溇，散也。"溇（音lóu）意散发，多指排泄雨水的小沟，嘉定方言读"流"，也有读"楼"，有"娄河""南雪溇""北雪溇"等地名。

溇：青浦区练塘镇联农村（2023年11月24日摄）

(9)滩

从水，难声，"黄土烂泥粘于鸟"是难之范式；"盖隙地之意，水盈涸无常也"是滩之范式。滩头、滩涂、河滩、海滩、盐滩，指河海边淤积成的平地或水中的沙洲。到江河中，延伸含义为水浅多石而水流很急的地方，如险滩。

滩：崇明区滩涂

(10)㳽

崇明当地港㳽互称较多，"㳽"为港汊，是崇明沙岛起源于沙洲、滩涂的潮沟类本地特色河流名称。历史上，该类型的滩涂㳽沟在滨海地区，如奉贤海塘外一带也有分布。

㳽：崇明区新场镇新卫村（2023年8月）

(11)港

水分流也，从大河分流谓之"港"，地处出口也称之为"港"，后来引申为有港口码头之处。灶港，上海盐业生产煮海熬波，开挖通往煮盐的团灶，河港以团灶的顺序命名，如五灶港、三灶港等。

港：奉贤区四团镇四团村（2023年11月）

3.4.2 各异的田

1.上海乡村农田形态

上海地区的耕作活动有非常悠久的历史。千百年前，人们就开始在这片土地上理水营田，因地制宜地开展农业生产活动。上海丰富的地形地貌影响着人工耕作和农业生产的方式类型，由此形成多样的耕作模式和农田肌理，体现着乡村地区天人合一、人水共融的伟大农耕智慧。其中，最典型的农田形态包括圩田、盐田、方田、鳞田、条田等。

（1）圩田

亦称"围田"，是古代农民发明的改造低洼地、向湖争田的造田方法，常见于青浦西部的湖荡区域。江南地区造圩田的历史十分悠久，越国时期（前2032—前333）已开始在淀泖湖滨围田。圩田的营造，一般在浅水沼泽地带或河湖淤滩上围堤筑坝，把田围在中间，把水挡在堤外。圩内开沟渠，圩堤设涵闸，用于排灌，平时闭闸御水，旱时开闸放水入田，因此旱涝无虑。圩田的大圩通常以主要河道为界，呈现自由的形态，大圩内再以小河道划分小圩，呈现大圩套小圩的状态。圩与圩之间可种植不同的作物，彼此借力。因此，农田呈现出形态自由灵动、色彩和而不同的独特肌理。

圩田：青西地区（2024年3月）

（2）盐田

盐田肌理常见于浦东滨海区域。浦东地区因海而生，也因海而兴。该区域的陆地是由泥沙淤积、海岸线外拓、逐次成陆的。浦东先民充分利用滨海区位优势和良好的气候条件，发展富有海洋经济特色的盐业。在相当长的一段时期内，盐场制盐是浦东地区最重要的经济生产活动。为"煮海熬波"制盐，盐民们开挖出无数东西向的引潮沟，与盐灶相通，称为灶港。再沿主沟两侧分别向南北方向开挖支河，将海水引入盐田，便于摊晒。由于盐业的发展，盐民开挖的大小河道有200多条，形成浦东地区特有的"横港纵塘"水网体系。随着制盐业的衰退和土地熟化，土壤经改良后用于种植杂粮、棉花，继而是水稻等作物，制盐时期独特的肌理被保存下来，用于农业灌溉，亦形成富有特色的横波梳状的田块肌理。

盐田：浦东新区川沙新镇纯新村（2024年4月）

(3) 方田

方田是最为常见的农田肌理，人们为方便管理和机械化种植，开挖平直的灌溉支渠和田间道路，将农田划分为规则的方田，形成棋盘状的规则农田肌理。

方田：嘉定工业区娄东村（2023年8月）

(4) 鳞田

鳞田常见于水文条件复杂的区域，如奉贤的中部和东部。在海潮涨落侵蚀与海沙淤积的共同作用下，形成枝丫状侵蚀潮沟，河流多呈三角形斜向交叉，且破碎度较高。田块肌理围绕沙溦潮沟呈树枝状多方向分叉形态，呈现鱼鳞状的不规则多边形特征。

鳞田：奉贤区四团镇拾村村（2023年8月）

(5) 条田

条田肌理常见于崇明岛区域。在历史围垦改造中，原来并不完全相通的溦港通过疏浚取直拉通，逐步形成由"环岛引河—干渠—斗渠—农沟"构成的、平直的灌区渠系。水系平直水渠呈棋盘式等间距分布，以适应农业生产，实现农田灌溉、潮汐排涝、淡水降渍、咸水脱盐等多种功能。农田在水渠之间呈长条状分布，宽约百米，长度可超过1000米，形成规则的条田肌理。

条田：崇明区新村乡新浜村（2023年11月）

2.上海农业植物类型

根据国家统计局 2022 年上海农业播种面积统计数据，上海农田作物以水稻、小麦等粮食作物（46%）为主，其次是蔬菜种植（32%），大致上形成水稻小麦相间轮换、菜园大棚镶嵌其中的农田景观。田园风光又经常与小水体结合，农田中有小水塘，乡宅前后也有小水塘。

水塘除灌溉调蓄之用外，还常用于鱼虾养殖和水生作物种植。水八仙是上海乡村常见的水生作物，包括茭白、莲藕、水芹、芡实、慈菇、荸荠、莼菜、菱角等，由此形成鱼塘、藕塘、茭白塘等丰富的水塘类型。不同种类的农田之间、水塘与农田之间常镶嵌耦合，构成稻麦相间、塘田相嵌的乡村田园图景。

稻麦相间：
青浦区练塘镇联农村
（2023年11月）

田塘相间：
青浦区金泽镇雪米村
（2024年4月陈文澜摄）

荷塘:
青浦区金泽镇莲湖村
(2024年7月)

藕塘与稻田:
青浦区香花桥街道曹泾村
(2023年7月)

水八仙(菱角):
松江区佘山镇刘家山村
(2024年5月28日陈琳摄)

3.4.3 丰富的林

江南的树,自碧渺的水和肥沃的土壤中孕育而出。沪上乡村多绿植,然而每一种绿色,也各有不同。《紫隄村赋》(1705年)中生动地描绘了古代闵行地区"岸以紫薇而荻悴,沼以芙蓉而香联……东寺西观,闾井回旋,花红树绿,景物鲜妍。非盘谷而丛茂,似曲水而流连……"而崇明的乡村在树木的环抱下是疏朗的,"百十里水和树,十万顷田与庄";《松江府志》记载,亭林的宝云寺后,"堆高数丈,横亘数十亩,林樾苍然";嘉定(县)遍植香樟,今有人称颂其是"历经千年,香漫天天的古老智者";而其他品种的树木亦繁,古朴如松柏,高大若银杏,翠绿似竹、柳,再辅以花果,立上鸟雀,晴雨皆可一观。

1.上海乡村林木类型

根据树木、植被的景观风貌特征,结合本次实地调研汇总来看,上海乡村的特色树种主要有香樟、银杏、松(柏)、榉树、竹子、杉树、柳树等。

(1)香樟

香樟,是上海的乡土树种。香樟种植历史悠久,它姿态巍峨,但其外观有秀美之气,并且寿命极长,故而会被赋上吉祥、富足的美誉。司马迁在《史记》中提到"江南出枸、樟";《礼纬》(1889年)中有"君政讼平,豫章(通"樟")常为生"。如今,上海的乡村中多可遇见古香樟挺拔的身姿和常绿的枝叶。

闵行区马桥镇彭渡村有种植香樟的历史,村口有一棵千年古香樟,诉说着村庄悠久的历史故事。宝山区罗店镇束里桥村内有许多由香樟树天然形成的树下空间,每到夏日,变成村民闲聊乘凉的场所。金山区廊下镇友好村的道路两侧种植着高大的樟树,绿荫成壁,乘坐车辆穿越于此,会有一种参天大树带来的神圣感。

香樟:金山区廊下镇友好村(2023年8月)

千年古香樟:闵行区马桥镇彭渡村(闵行区)

（2）银杏

银杏树栽培历史达千年之久，三国时便盛植江南。《本草纲目》中有记载："银杏生江南……树高二三丈，叶薄，纵理俨如鸭掌形，有刻缺，面绿背淡。"银杏果具有很高的营养价值，因此原是以入药为由种植银杏树。但人们常看见银杏树与古刹相伴，这是由于佛教将银杏尊为圣树、圣果。高大的银杏树，叶子的颜色在秋季呈现金黄，散发出独特的美感，给人一种宁静、庄严的感觉。

上海乡村内处处可见银杏树。嘉定区安亭镇光明村村域内有 10 棵古银杏围抱成群，

树龄多在 200 年左右。其中一棵树龄为 1200 年的银杏树被誉为"古银杏树王"，又称"上海第一古树"。嘉定区华亭镇塔桥村华藏禅寺东侧有一棵近 200 年的银杏树，安静地与寺庙相伴。亭林镇金明村内有着金山区最大的佛教胜地"松隐禅寺"。古书载"松隐北里许，有浮屠翼然而起者，曰华严宝塔，塔之下为松隐禅寺"。华严塔为上海浦南地区唯一的古塔，塔旁栽植着两株古银杏树，肃穆而安详。其他如青浦区朱家角镇淀峰村、松江区小昆山镇泾德村等均有 700~1000 年树龄的古银杏树，静静诉说着上海乡村悠久的历史。

古银杏树王：嘉定区安亭镇光明村（上海市林业总站）

(3)松（柏）

"岁寒，然后知松柏之后凋也"，松与柏四季常青，春华秋实之季并不引人瞩目，但到了万物零落的冬天，则能以一种坚定的品格为江南乡村带来绿意。清初苏州人徐枋（1622—1694）称古柏"雄奇偃蹇，各极其致，有非图画之所能尽者"。元丰七年（1084）的《吴郡图经续记》记述："池中有老桧，婆娑尚存，父老云白公手植，已二百余载矣。"人们常说"经隆冬而不凋，蒙霜雪而不变"，可见松柏坚忍不拔的品质。石湖荡镇现存一棵700岁的罗汉松，被封为"江南第一奇松"。

江南第一奇松：松江区石湖荡镇泖新村（2023年8月）

(4) 榉树

　　榉树是中国特有的乡土树种。"榉"谐音"举"，有金榜题名、连连高中的寓意，又因榉树生长健壮、寿命长，还有福泽、长寿的寓意，人们常将榉树种植于寺庙、村落和房前屋后，以此寄托对美好生活的向往。此外，榉树还是高档家具和装饰用材，明清江南地区流传着"无榉不成俱"的说法。

　　榉树在上海的种植历史久远，乡村地区十分常见。浦东新区川沙新镇纯新村内现存 15 株百年古树，均为榉树。宝山区罗泾镇陈行村围绕 80 年树龄的榉树建设休闲广场，是村民日常交往和休闲活动的重要场所。

百年古榉树：浦东新区川沙新镇纯新村（2023年8月）

(5) 竹

　　竹林为景观树种，在上海乡村中十分常见，乡野中的竹林多为自然山林形态。宋人孙觌（1081—1169）在描述野生山林之竹时有："稚竹缘崖瘦，苍藤翳树昏。野花浑少态，谷鸟自忘言。"（《龟潭》）陆游对乡野竹林也有描述："修蔓丛篁步步迷，山村东下近鱼陂。"（《秋兴》）

竹林小径：青浦区赵巷镇中步村（2017年10月）

(6) 杉树

杉树，树干端直、树姿优美，白居易《栽杉》中以"劲叶森利剑，孤茎挺端标。才高四五尺，势若干青霄"描述杉树的高大挺拔。上海乡村地区水杉随处可见，叶色有明显的季相变化，春夏为绿色，入秋黄而转红褐色，极具观赏价值，常植于乡村道路、河道两侧。

杉树：奉贤区金汇镇明星村（2021年11月）

(7) 柳树

柳树被广泛种植于上海地区的河岸上，垂柳飘飘的景观在上海乡村十分常见。宋时吴淞江正处于从积水之地向陆淤圩田开发的过程中，特别在圩田形成后，塘岸或圩岸上多种柳树。韩元吉（1118—1187）在《松江感怀》中写道："凄凉吴淞路，不到十载余。当年路旁柳，半已阴扶疏。系舟上高桥，春水正满湖。"柳树因具有与其他植物区别明显的美学特征和空间特征，常被用于造景。贺知章《咏柳》中以"碧玉妆成一树高，万条垂下绿丝绦"描绘垂柳柔美优雅的姿态。

柳树：青浦区金泽镇双祥村（2023年8月）

2.林与村的空间关系

　　乡村的树，是乡村三生（生产、生活、生态）系统的重要组成部分，既丰富乡村景观的层次，又改善乡村微气候，更为乡村社会提供休息纳凉和休憩交流的场所。乡村植树，既有乡土美学的考量，也有乡村实用主义的智慧。屋前宅后，地里田间，村口路旁，桥头水畔都少不了树的身影。

（1）田与林

　　田间的树一般位于田块边缘，或孤树，或成丛，或成列，既不抢夺庄稼的采光和养分，又为扁平的农田树立视觉焦点，为农民提供方位标志物和夏日纳凉空间。也有农田旁成片种植的林地，构成乡村林田相间的丰富景观。

田中树：青浦区金泽镇双祥村（2023年8月）

田边树：青浦区练塘镇东库村（2017年9月）

（2）水与林

　　乡村水边的树一般沿水岸线形排列，起净化水质和防止水土流失的作用，丰富水岸界面的景观层次。湖荡滩涂上常植有成片的湿地乔木，形成水森林，有涵养水源净化水质功能。广阔的湖荡岸边常植有高大林木，为水上交通提供天然航标，如淀山湖边报国寺中的千年银杏树，千百年来都是淀山湖中航行船只的天然航标。

河边树：青浦区金泽镇蔡浜村（2017年8月）

水中森林：崇明区新村乡新卫村麋鹿苑

青西水森林（2023年11月）

（3）路与林

　　乡村道路旁常植有行道树，树种以香樟、水杉等高大乔木为主，形成舒适宁静的林荫道路。重要节点如村口和桥头，常植有特色树木作为标志物，以增强乡村空间的辨识度。

路边树：浦东新区川沙新镇纯新村

路边树：奉贤区庄行镇杨溇村（2020年8月）

（4）宅与林

　　乡村聚落的宅前屋后也常种植树木，以改善聚落人居环境，或宅前院落中以遮阴纳凉，或屋后以阻挡北方寒风。聚落中的树荫之下，往往是村民日常交往活动的重要场所，树下简易桌椅、老人畅快交谈、幼童欢快玩乐是乡村中最为常见的场景之一。

树与宅：金山区枫泾镇新元村

3.4.4 多样的村

因水而生，因水而兴。上海市域从东太湖的湖荡圩田景观，跨过冈身，逐渐过渡到江海交汇的海塘河网景观，在长期的人地互动过程中，造就千姿百态的聚落形态。从邻近太湖湖荡的自由集聚，到冈身两侧的平直延展，再到海塘和沙岛的零星分布，自西向东，乡村聚落的肌理特点由岛状过渡到团状、条状，直至散点状。

从聚落形态上分类，上海传统村庄聚落可以归纳为岛状聚落、团状聚落、条状聚落、散点聚落、大河聚落五种类型。

1.岛状聚落

太湖流域分布着五大古湖群：东面的淀泖湖群、东北的阳澄湖群、北面的古芙蓉湖群（又名无锡湖群，已堙废）、南部的古菱湖湖群（又名嘉西湖群）、西北的洮塥湖群。其中，东侧的淀泖湖群大体位于今天的上海境内。

青浦、松江一带，与苏州市吴江区相邻，围绕着淀泖湖群形成一系列大小湖荡，串起长三角一体化示范区的蓝色"珠链"。在精耕细作的圩田农业发展过程中，聚落自然而然地邻近湖荡边聚集，形成众多岛状聚落。

位于上海市域西侧的青浦区，围绕淀山湖、元荡等形成湖群地貌，湖荡中局部隆起形似龟背的"岛状"高地，成为古代人们聚居的起点。在岛状高地周围陆续圩田开垦，进行水稻及其他湿地植物的种植生产。张国维（1595—1646）《吴中水利全书》记："吴江水多田少，溪渠与江湖相连，水皆周流无不通者"。与太湖东部湖群地区类似，青浦区岛田星布，湖荡旁伴，不计其数。

这一地区从古至今村庄聚落变化不大，一直较为集中紧凑，只是在原基础上略有扩展。营田种植方面，人们主要在原有岛状聚落基础上，小部分向外拓展修筑圩田种植，逐步形成小圩戗岸，稍高于水位，以抵御洪水。这一过程因为挖低填高，圩田内有局部高低之分，并在最低处形成淀沼，便于排水，与古代农法圩田图示情况较为接近。

岛状聚落
青浦区金泽镇双祥村
（2024年4月陈文澜摄）

2.团状聚落

上海临湖面海，自西向东随着湖群的减退，水流逐渐趋缓，外围塘浦构成大的水系，河汊溇港在其中构成曲折有致的水网，形成农耕时代典型的圩区景观。围绕塘浦转折、放大、末端而聚集的团状聚落应运而生，大小村落有的被水塘环绕，有的跨水而建，周边簇拥着稻田和菜田果园。这类聚落在市域范围内广泛分布，主要位于两大地域。一是青浦、松江一带，湖荡与冈身之间的低乡湖沼平原；二是嘉定、宝山一带，冈身与海塘之间的高乡泾浜平原。

团状聚落：嘉定工业区娄东村

3.条状聚落

条状聚落是上海市域范围内分布最广的聚落类型，沿着棋盘水网一字展开，规模大小不一，延展收放自如。此类聚落所依托的河网结构较为平直，人工治理干预的痕迹较为明显，生动反映了上海先民在滨海水系治理过程中，因势利导、化不利为有利的创造性。

例如浦东新区的灶港盐田，多为历史上依托海滨盐业发展。浦东煮海熬波始于唐末五代，宋元时产盐达到顶峰，明代中后期，盐业衰落，农业发展。历史上人工开挖沟槽引入海水，以"灶港"为生产单位，形成大量东西向以灶港命名的河流。

在嘉定区，沿着冈身两侧，由于自然地势高差的影响，顺应冈身两侧水流方向进行水土治理，形成横平竖直的规则河网。明清时期，经过水土改良后，高乡植棉繁盛，棉纺兴起。

再如崇明区，河港虽多，率多咸潮，历史上持续不断地对沙岛进行治理，"西引淡水，东拒咸潮，变斥卤为良田"，发展出浤港体系。尤其是1949年后，国营农场的大规模改造，深刻影响了崇明沙岛的水网格局。

在"一"字形条形布局的基础上，聚落可以根据水系走向，衍生出"二""口""丰""十""X""T"等聚落形态，道路或位于建筑和水之间，或位于建筑背面，或与水走向平行，居民大多依水建造码头、台阶、洗衣点等，呈现"水陆双行，前厅后居"的空间特点。

条形聚落
崇明区三星镇海滨村
（2023年8月）

"二"字形

"口"字形

"十"字形   "T"字形

各种形态的条状聚落实景图

4.散点聚落

上海市域环境辽阔，从整体而言为蚕桑富庶、人口众多的鱼米之乡。但在广袤的乡村地区，也有因水土条件不适宜农业耕种而人口不发达，或者地势平坦、无自然要素分割的地区。家到农田的步行距离决定了村庄聚落的规模，聚落呈零星布局的形态在田间散布。

上海今天的海岸线成陆较晚，沙岛和海塘在历史上的大多数时段咸潮反复，陆域环境不稳定且土地不适合耕种，村庄聚落规模受限。位于崇明、浦东东侧、奉贤、金山等区的乡村，多有此种情况出现。

在高乡宝山，其东侧靠近长江口的区域水流滞缓，直至稀疏消失，不利于灌溉农耕，也出现较多沿着干支小圩散点分布、格局特点不甚清晰的乡村聚落。

此外，市域范围内还有一些并非围绕农田，而是围绕林地聚集的村庄，生产生活方式的不同降低了对人口集聚程度的需求，特别是松江、闵行等靠近浦江和林地的乡村地区，还承担着重要的生态涵养功能。

散点聚落：崇明区三星镇大平村（2023年8月）

5.大河聚落

　　以港兴市是上海城市发展的主要动因。上海地区通江达海，历史上就是区域贸易运输、南北航运中转的重要枢纽。

　　从市域空间格局来看，浏河、吴淞江（苏州河）、太浦河（黄浦江）三条大河自西向东贯通京杭大运河和长江。与之交织、沟通市域各个板块的大河多为南北走向。例如淞北高乡的盐铁塘、练祁河、横沥河；青松水乡的大盈港、老通波塘、龙泉港、淀浦河；滨海平原的东盐铁塘、南桥塘、咸塘、浦东运河、金汇港等。这些区域古河承担了贸易往来的职能，沿着古河自然生发出众多聚落。例如青浦、松江的老通波塘，自北向南依次串联青龙镇、章堰镇、福泉山、松江老城。嘉定的横沥河，依次串联娄塘镇、嘉定老城和南翔镇。浦东运河，则串联川沙、南汇、奉贤老城。

　　历史时期依托大河交通优势，往往在河流交叉口形成贸易繁荣、功能复合、规模较大的聚落。例如唐天宝五载（746）在今青浦境内设青龙镇，水运通达，成为上海地区最早的对外贸易港口。

　　由于大河聚落依托商贸发展的成因，其规模多以镇甚至城的形式出现，以村为形式留存下来的相对较少，属介于一般村落和城镇之间的过渡类型。而正因其商贸特征，这些村镇往往保留有历史上商业发达的老街，例如嘉定东街村的东街、葛隆村的葛隆老街、闵行诸翟村的诸翟老街等。

　　从聚落景观特点来看，大河聚落围绕区域河道展开，聚落与区域河道的关系异常紧密，空间丰富、尺度开阔，形成有别于江南水乡小桥流水景观的壮丽水景和桥梁景观。

大河聚落：嘉定区外冈镇葛隆村（2023年8月）

青浦区金泽镇大莲湖地区 (2024 年 8 月 18 日杨崛摄)

04

湖沼荡田

自 然 地 貌 特 征

典 型 风 貌 意 象
珠 链 意 象

典 型 村 庄 聚 落

青 浦 区 金 泽 镇 双 祥 村
青 浦 区 金 泽 镇 钱 盛 村
青 浦 区 练 塘 镇 联 农 村
青 浦 区 练 塘 镇 叶 港 村

建 筑 特 征

落 库 屋　 绞 圈 房　 建 筑 细 部

特 色 要 素 与 场 景

古 桥　　　　　 古 树

典 型 民 俗 文 化

田山歌　青苗会　摇快船
簖具制作技艺　阿婆茶　宣卷

4.1 自然地貌特征

湖沼荡田地貌主要分布于冈身线（古海岸线）以西的淀山湖周边湖荡地区，属于太湖碟形洼地的东外缘部分。在上海市域范围内，这里地势低洼，水面率全市最高，数千年江南文化在此留下开渠围堤、圩堤重叠、河湖纵横交错的地貌，形成湖泊、湿地、荡、塘连片交错的自然形态，孕育了小桥流水、粉墙黛瓦的水乡村落，展现出"湖荡水波涟，岛田嵌其间；芦苇摇曳处，莲叶碧水天；鱼跃任鸟飞，渔舟歌唱晚；水波映日影，芳泽润江南"的天然胜境。

湖沼荡田地貌特征图

4.2 典型风貌意象：珠链意象

该风貌意象主要位于青浦区西部、围绕淀山湖和元荡等众多湖泊形成的乡村聚落区域，以金泽镇为典型代表。

1.空间基因传承

明清时期，太湖东部边缘原为近海沼泽区，在湖面缓流与围堤防洪的共同作用下，形成坍涨交替的湿地与局部隆起的高地，渐有人居。近代时期，在局部岛状凸起地形的基础上不断淤积成陆，将湖面分割成淀山湖、元荡、任屯荡、蔚漾荡、大莲湖、大淀湖、西漾荡等大小湖荡。人们在原有岛状聚落基础上，向外拓展修筑圩田种植，逐步形成湖沼荡田的生态格局和岛村镶嵌的乡村肌理。

清康熙松江府水道图 （康熙《松江县志》）	清末民初上海各区全境拼合水道图 （底图来源：民国各区县志）	金泽镇现状影像图

珠链型分区空间演变

2. 风貌肌理特征

该区域河湖水面率高，湖荡密布，水道纵横交错，水面面积占区域总面积 16% 左右。既有大面积的湖面和块状水塘，也有线形、以交通或灌溉功能为主的河道和沟渠，从而形成"珠链"式的水网特征。聚落或沿湖及河湖交接处向腹地团状生长，或沿河道向两侧展开，布局集中紧凑，形成沿水系两岸或者三岸的"Y"字形、"T"字形团状聚落。聚落密度约为 5 个／平方公里，单个聚落规模较大，平均户数在 50~120 户左右，个别聚落的规模更大。

珠链模式图	珠链模数图	珠链肌理图

水
湖泊水面面积 **2.5平方公里**
岛田
田块尺度 **300米×400米**
村落
村庄聚落规模 **400米×60米**

珠链型分区风貌模式图

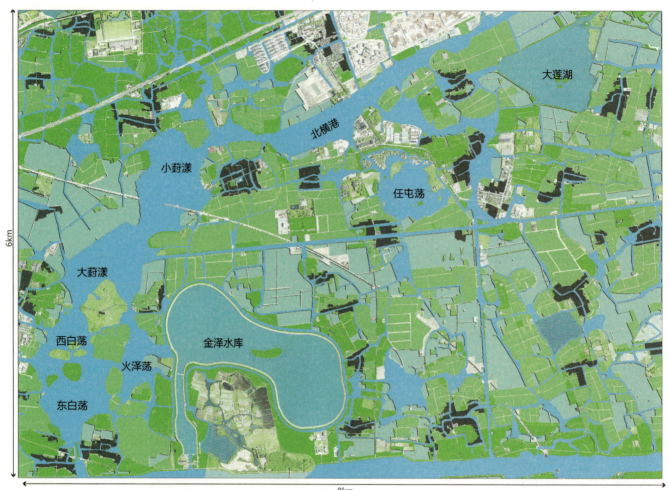

大莲湖

北横港

小葑漾

任屯荡

大葑漾

西白荡

金泽水库

火泽荡

东白荡

6km

8km

珠链型分区肌理图：青浦区金泽镇及周边地区

珠链型分区现状鸟瞰：青浦区金泽镇爱国村（2024年1月）

4.3 典型村庄聚落

4.3.1 青浦区金泽镇双祥村

青浦区金泽镇双祥村，地处沪苏交界的商榻社区西部边缘，南临急水港（国家二级航道），东至王港村，西邻沙港村，北临长白荡与昆山锦溪古镇相接。双祥村村域面积320公顷，由祥人浜、朱家坞、道上浜、张家浜四个自然村组成，境内拥有长白荡、东荡（俗称"南白荡"）、祥坞荡、蔼端荡等丰富的水资源。

双祥村境内水系丰沛，水宅相生，充分彰显出清雅秀美的水乡特色。村庄聚落形态多样，有沿多条交错水系呈团状聚落的祥人浜村、朱家坞村，有临水线形生长的道上浜村，以及河荡环绕呈半岛状的张家浜村。

青浦区金泽镇双祥村夏季鸟瞰（2023年8月柴晨奇摄）

青浦区金泽镇双祥村冬季鸟瞰（2023年11月）

沿水聚落型：围绕多条交错水系形成的村落形态

青浦区金泽镇双祥村聚落肌理图之一

临水线形型：依村路或水系线形生长的村落形态

青浦区金泽镇双祥村聚落肌理图之二

河荡围村型：呈岛或半岛式的环水村落形态

青浦区金泽镇双祥村聚落肌理图之三

青浦区金泽镇双祥村自然村鸟瞰：祥人浜村、朱家坞村（2024年4月陈文澜摄）

青浦区金泽镇双祥村自然村鸟瞰：道上浜村（2024年4月陈文澜摄）

青浦区金泽镇双祥村自然村鸟瞰：张家浜村（2024年4月陈文澜摄）

青浦区金泽镇双祥村聚落布局(2024年4月陈文澜摄)

历史上的双祥村,素有日出"千砖万瓦之村"之说,挖泥制坯、烧窑的百年历史始于清嘉庆年间(1796—1820)。1934 年《青浦县续志》记载:"嘉(庆)道(光)间,商洋区朱家坞村人有雇工于嘉兴大窑者,归而传其业,教人范土成坯,以制砖瓦,后逐渐遍及商榻各村。"烧土窑业与制坯两者是相辅相成的,双祥村土窑最多时达三十余座。

制坯和烧窑,致使高田成低田,低田变荡田,这也是现今双祥村荡田村落格局的重要成因。1997 年,双祥村积极响应镇政府切实保护耕地的号召,全面彻底地禁止挖泥制坯和烧窑生产,从此制坯烧窑业告终。

双祥村历史文化底蕴深厚。明末清初时期,各自然村建筑庭院楼阁林立,民房相连,

错落有致,弄堂多弯,曲径幽静,长廊小桥,蜿蜒里许,一派江南水乡人家。

"急水江里直苗苗,沙田湖贴对道堂浜,朱家坞独出烧窑货,匠人浜独出好姑娘。"这首商榻水乡民谣说到的"匠人浜",便是现今的祥人浜。东与朱家坞自然村仅一江之隔一桥相连,北枕长白荡,西与长北村相接,村里因造房建筑的能工巧匠(木工匠)多而得名。

双祥村民居大多建于 20 世纪 70~90 年代,少量民居经近年改建翻建。建筑层数多为单层或两层,砖混结构为主。立面多为白粉墙,部分墙面饰以彩绘。村落整体呈现民居沿河错落布局特色,单体建筑局部保留有传统民居元素。

青浦区金泽镇双祥村村庄风貌（2024年4月王颖莹摄）

青浦区金泽镇双祥村村庄风貌（2024年4月王颖莹摄）

4.3.2 青浦区金泽镇钱盛村

青浦区金泽镇钱盛村位于镇域东南部，东南边靠近太浦河畔，东至爱国村，南至练塘镇叶港村，西至龚都村，北至任屯村，村域面积336公顷，仅有1个自然村。

钱盛村原址在南村江（现太浦河）边。村境内水系丰沛，水宅相生，村庄聚落沿主河道两侧布局，为典型的沿水聚落型。整村仅一个自然村，规模较大，沿水布局呈"工"字形，状似龙舌。

钱盛村属于典型的江南水乡村落，村落分布在水边，四周被农林水系围绕，彼此桥梁相连。民居伴水而栖、枕水而居，有着很好的亲水形态；在濒水界面处理上开门见河，极具生活便利性。

青浦区金泽镇钱盛村聚落肌理鸟瞰（2023年11月）

青浦区金泽镇钱盛村聚落肌理鸟瞰（2024年4月陈文澜摄）

钱盛村内民居多为单层或两层，建筑的平面形制多呈"一"字形，面河而建。大多民居开间及进深均不大。墙面多为白粉墙；屋顶色彩较多，有小青瓦、红色机平瓦及彩色陶瓦。

钱盛村内民居屋面形式多为双坡顶屋面，也有坡屋顶接平屋顶、仿歇山顶、仿落库屋等形式，部分民居仍保留落库屋式屋面。山墙面多为"人"字形硬山或悬山，部分民居立面仍保留"观音兜"样式。村内现存两处老宅，立面有露明木立帖，已无人居住，具体建造年代不详。

青浦区金泽镇钱盛村民居布局（2024年4月陈文澜摄）

金泽镇钱盛村沿河村落界面（2024年4月苏琳摄）

青浦区金泽镇钱盛村村落风貌（2024年4月徐琪玮摄）

钱盛村，历史文化底蕴深厚，人杰地灵。早在20世纪50年代中叶，群众文艺热情高涨，因戏曲爱好者众多有着文艺之乡的声誉，特别是以干氏家族为文艺骨干的"干家一台戏"文艺演出队，闻名四村八里。看自己村民演戏、给自己村民演戏，是在钱盛村村民中形成的自娱自乐氛围和优良传统。

青浦区金泽镇钱盛村民居双坡硬山屋面形态（2023年8月陶禹竹摄）

青浦区金泽镇钱盛村民居庑殿屋面（2023年8月陶禹竹摄）

青浦区金泽镇钱盛村现存老宅现状（2023年8月陶禹竹摄）

4.3.3 青浦区练塘镇联农村

联农村位于上海市青浦区练塘镇的西端，东与北埭村相邻，南与东淇村、双菱村相接，西与浙江省嘉善县姚庄镇精东圩村接壤，北与叶港村相邻。它由曾经的四联村、四农村合并而成，现分 8 个自然村：田湾、花园、塘岸、砖桥、鹤荡、南漳、王家都、西蔡，村域面积约 510 公顷。

作为湖沼荡田空间模式的典型村落代表，联农村地处太浦河、大蒸港、俞汇塘流域附近，呈现出湖群龟背高地的特征。圩田逐步汇聚结合，形成一组组大圩。圩田形成的村落空间地势平坦，村域内河荡密布，水网纵横，良田成片。联农村北部有一片练塘锦鲤鱼塘，南部有少量果园与林地。宅基地整体沿河网集中分布，呈现组团式结构。

青浦区练塘镇联农村空间风貌肌理鸟瞰（2023年8月柴晨奇摄）

青浦区练塘镇联农村聚落肌理鸟瞰图（2023年8月柴晨奇摄）

青浦区练塘镇联农村聚落整体风貌（2024年4月何宽摄）

青浦区练塘镇联农村明因寺内大殿柱石遗址（2023年8月张锋摄）

青浦区练塘镇联农村崇福寺旗杆础石遗址
（2023年8月宋亚儒摄）

联农村成为练塘镇的重要文化地标始于北宋，村内南北两处古寺——明因寺、崇福寺相距仅 500 多米，对周边地区影响深远。古刹明因寺落成于南宋景定年间（1260—1264），十余块古寺大殿基石与两株古银杏树留存至今。周边村落因明因寺于宋元两代的繁荣而逐渐兴起，多个聚落在此发源扩张，村宅空间肌理也从滨水而建的条带式逐渐发展为多排组团式。明洪武开国（1368 年）后，明因寺归入村北崇福寺管理，崇福寺建筑经过多次翻建，至今仍有旗杆础石保留。清顺治年间（1644—1661），崇福寺衰落，明因寺又逐渐繁荣。时至今日，两寺仍在，明因寺正在筹备扩建工程，崇福寺因缺乏维护，现状较为破败。

塘岸江、招山江、九曲江等主次水系经过联农村，历朝历代的村民修建了多处古桥，如今留存的古桥有理济桥、莲寿桥、馀庆桥三处，各具特色。

著名的"练塘八景"中，有两处在联农村，其一与明因寺有关。原明因寺大殿前有银杏一株，形状古怪，年代已久。大殿后有大树堂，为昔日文人避暑读书之处。楼有三楼三底，登楼南望，前有雁荡。每每夕阳西下，常闻满树啼鸦于短红墙外，具有天然诗境。此景得名"明因夕照"，有诗赞曰："一笑拈花示从生，兰因絮果此分明。短红墙外斜阳隐，满树啼鸦噪晚晴。"另一处在自然村鹤荡村，因昔日荡中渔船云集而得名"鹤荡渔歌"。

青浦区练塘镇联农村理济桥（2023年8月刘雨佳摄）

青浦区练塘镇联农村馀庆桥（2023年8月宋亚儒摄）

4.3.4 青浦区练塘镇叶港村

叶港村位于上海市青浦区练塘镇的西端，与东、北面东田村空间相互嵌合，南与联农村、北埭村东、北面相接，西与嘉兴市姚庄镇接壤，北临太浦河。它由原来的西叶库、水产、高家港村合并而成。其中，西叶库与东田村的东叶库紧密连接，呈较大规模团状聚落肌理。北叶港、横江等多条水系穿过村域范围，河荡与水塘面积较大，太浦河沿岸、横江沿岸有部分林地，其余范围主要为农用地。

以如今的叶港村为代表的叶港片区（叶港村、东田村、联农村），旧时曾是洪泛区，每逢丰雨年，往往变成泥沼泽国。古时水系结

青浦区练塘镇叶港村、东田村空间风貌肌理鸟瞰（2023年8月柴晨奇摄）

青浦区练塘镇叶港村空间风貌（2017年9月）

构与现在不同，金泽南部与练塘西北部区域的主导河流方向为自北向南，横（东西向）江作用重大。而如今经历水系治理与自然变迁，太浦河、俞汇塘、大蒸港、北叶港等自西向东的河流成为主导，也是重要的航道和河道，曾经的沼泽地如今经过圩田和河塘治理，大片成块地变成农田和水田，也是东田村圩田格网空间肌理形成的原因。原南北向河流则逐渐减弱缩窄，横江沿途的部分地区拓宽形成水面湖荡，还淤积成园田圩等湖心岛屿。

与叶港村相邻的太浦河的变迁，浓缩了湖沼荡田肌理形成的历史。太浦河是沟通太湖和黄浦江的重要人工河道，横跨江苏、浙江、上海三地，全长 57.6 公里，在练塘镇汇入西泖河。1991 年夏天，因洪涝灾害影响沿岸居民，太浦河上海段实施开挖工程。工程包括开挖河道、填筑两岸河堤与排泥围堰等，采用人机结合、以人为主的方法。一期工程抽调全市军民12 万人次，二期工程历时四年，形成现在的太浦河。开挖太浦河而成的"太浦精神"也沿太浦河一直流传。

《吴中水利全书》所载"（吴中）之田皆居江湖之滨，支流旁出皆荡漾，不可以名计……"描述了古代该地区"圩田溇沼"的空间模式，也决定了该地区渔、稻共作的生产方式，从湖荡圩田到塘浦圩田，叶港村将湖沼荡田的历史记忆铭刻在土地上。

青浦区练塘镇叶港村沿河风貌（2024年8月8日古嘉城摄）

青浦区练塘镇叶港村依水而建的民居（2024年8月8日古嘉城摄）

4.4 建筑特征

湖沼荡田地貌，大大小小的河塘密布，村落布局顺应河道、湖塘等自然走向，以地势较高处为村，以中间低处为田，因地制宜，灵活布局，田在水中，水在村中。建筑环湖而建，因河而居，构成湖荡、岛田、村相依的特色格局。因为该区域靠近苏州，所以建筑风格、形态更多地受苏州影响，细部上更接近于苏式建筑风格。该区域广泛分布着落库屋、绞圈房、混合民居和其他典型的上海民居形式。此外，还有特色宗教文化建筑，院落组织形式与街面、水面有着生动的关系，细部做法非常考究。该区域内有上海三大名镇之一的朱家角古镇；有古色古韵的"三色古镇"练塘镇；还有以"桥乡"闻名的金泽镇等。古镇之外的村庄也很有特点，特别是该区域内村庄的建筑。

4.4.1 落库屋

落库屋是湖沼荡田区域最有特色的住宅形式。松江、青浦、金山、奉贤以及浙江北部平湖、海盐地区的旧式农民住宅，因为沿海地区夏季多暴雨台风，乡民以草结庐，屋顶参照庑殿顶做成流线形以减小阻力，抵抗强风，并有利于屋顶雨水顺势流下，称之为"落舍"。古代汉语中，"库"同"舍"，本地方言称"落库屋""落舍屋"或"落舍房"，皆由此而来。

该地区的落库屋都分布在交通不发达的乡村，在青浦老城没有出现。在现存的落库屋寻访中，未发现房龄超过 200 年的老房子。大多数是 1949 年前建造，1949 年后建造的明显减少，但延续到 20 世纪 70 年代。此后乡村开始建造楼房，落库屋从此被时代淘汰。

落库屋一般坐北朝南，屋前有打谷场，屋后置竹园、菜园。大屋规模不一，有三开间、五开间，但以三开间居多，进深有五柱、七柱、九柱。

1.落库屋的典型特征

落库屋的最主要特征就是庑殿式大屋顶，正脊弯曲，两端起翘，如大鹏展翅。整个屋面由一条两端微微上翘的主脊（正脊）和四条垂脊组成，是中国古建筑屋顶式样的最高等级——庑殿顶，常用于宫殿建筑和高等级的庙宇殿堂建筑。

屋面被一正四垂五条屋脊分隔成坡度较缓的四个坡面，使得屋面排水更流畅。硕大的屋面，内部空间宽敞，提供了冬暖夏凉的居住环境。屋面微微凹形的曲面，让整个建筑的线条变得更为优美、柔和，还可以减小风的阻力，让雨水在檐口流动得更快更远，减少风吹后的雨水倒流，从而保护檐下的椽子和檐柱及外墙。落库屋屋顶凹形曲面也使得屋面获得一个张力，其意义相当于现代钢筋混凝土中的预应力，让整个屋架的刚度变得更好，加上檐口高度很低，增强了建筑的抗风能力。该地区乡村许多百年老宅能经历无数次台风和暴雨的洗礼，就证明了落库屋大屋顶的结构优点。

落库屋四向坡顶的结构形式与江南苏式民居的营造做法差异较大，一般硬山的三开间房屋各有两榀正帖、两榀边帖，落库屋则在当心间用正帖梁架，次间枋、檩直接搁在与山墙同高的边柱上，或砖墙直接承檩枋，没有完整的边帖。次间屋架通过檩枋逐层内退，并与短柱相互搭接，构成从正帖屋脊向四个屋角的斜向坡度，转角不设角梁，以斜向角椽搭接，形成四坡顶，屋面四个垂脊上常有灰塑装饰。

屋脊曲线与起翘的戗角:青浦区练塘镇练东村(2023年8月)

四坡落库式虽然压缩了次间的净高空间,檐口较低,但适应片区特殊的自然地理环境。该片区曾受水患侵袭较多、地层不稳,且夏秋台风频繁,河道屡遭溃堤决堤。四坡落库构架形式,四个方向的抗风性比较均衡,采用圆作梁柱和简单的穿斗式梁架亦经济实用。一般前埭进深含檐柱共七柱七檩,后埭进深大一些,八檩或九檩均有,前后不一定完全对称。以檩数表示进深,当地亦称为"路",如青浦区金泽镇莲湖村百年老宅前埭称为"七路头",后埭"九路头",是指前埭七檩,后埭九檩。此外,落库屋围合的院落设计也较为灵活,可以根据需要在厢房转接的部位布置小天井等。

四向坡顶(黄数敏、孙恒瑜绘)

穿斗式梁架:青浦区练塘镇练东村(2023年8月)

合院式落库屋：青浦区金泽镇莲湖村（2023年8月张锋摄）

落库屋布局形式多样。可以是单埭，也可前建厢房组成"门"字形三合院，后建厢房组成"凹"字形三合院；可以是双埭，中间建厢房围合成四合院。

2.典型的乡村传统民居落库屋

（1）前后埭带东西两厢房

两埭的落库屋加上两侧厢房组成一个四合院。南北两埭的正屋进深较大、屋脊略高；东西厢房的进深较小、屋脊略低。这种四合院是农村家境殷实的大户所建，其房舍的规模相对较大。前埭和后埭以及两侧厢房围合成庭心，作为采光和排水用。

在江南民居四合院中，因为屋顶内侧坡的雨水从四面流入天井，寓意水聚天心，称四水归堂。前埭的正间一般称作"前客堂""前头屋"或"墙门间"。后埭高于前埭，寓"后发"之意，少数富裕人家在前埭正间朝向庭心设置"仪门"。落库屋四合院平面紧凑，庭心四周皆布置有功能用房。墙门间、庭心为公共空间，其余用房皆可独立使用，适合一个大家庭居住。其承重体系以穿斗为主，而在正房与厢房相交的四个转角处，使用的45°转向的承重梁架，为穿斗与抬梁混合形态。典型住宅：莲湖村百年老宅，此宅南向，正屋面阔三间，

单埭落库屋：青浦区朱家角镇周荡村（2023年8月）

单埭落库屋:青浦区朱家角镇李庄村(2023年8月)

东西厢房各两间。前埭正屋为落库屋,东西厢房绞合成圈。前埭正屋为穿斗式梁架,客堂间有七路梁木二十发椽子。厢房为抬梁式与穿斗式组合梁架,加大了使用空间,共有五路梁木。青浦区金泽镇东天村老宅也为该形式。

（2）单埭带两厢房

单埭落库屋可以和两侧厢房组成三合院。单埭的落库屋一般为三开间,明间南面略有凹进;呈三合院的落库屋,其两侧厢房位可以于南北向的正埭后侧,犹如汉字的"凹"字。一般情况,前埭正屋为落库屋,东西厢房绞合成圈。前埭正屋为穿斗式梁架,客堂间有七路梁木二十发椽子。厢房为抬梁式与穿斗式组合梁架,加大了使用空间,共有五路梁木。

（3）单埭落库屋

现存落库屋绝大多数为单埭,三开间,少数镇有完整的五开间。大多数落库屋正间前面比次间向里缩进一路来设置大门,就是所谓的"孝娘屋"。住宅坐北朝南,面阔三间,砖木结构平房,庑殿顶,小青瓦屋面。客堂多七路,十九龊。

前后埭带东西两厢房:青浦区金泽镇东天村

4.4.2 绞圈房

绞圈房不仅在浦东有出现，该区域内也有大量的绞圈房子。普通落库屋形成的绞圈房也是中间的一个重要组成部分。

这种绞圈房区别于浦东等地的，多为前后埭落库屋围合而成。它的空间与屋面组合形式不同于浦东的，并且大部分为三个开间，因此为了后埭的采光通风，两侧厢房进深较窄，用来保证后埭每个开间都有日照，客堂两侧房间为一个窗左右的日照采光，这种形式影响到石库门建筑后来空间组合的形式。

4.4.3 建筑细部

本片区建筑细部的做法和其他地方也有所不同，来源于江南民居，脱胎于苏式民居，在上海地区也是最为讲究的。使用了抹角梁，多根梁组合的做法和形式也有。观音兜封火墙也有混合做法，它的观音兜形式不同于苏州地区，形式非常小巧。不仅出现在硬山墙形的山墙面上做风火墙使用，部分歇山顶的山墙地方也会做局部处理，类似于小山花，采用观音兜或者其变形形式来处理。

观音兜：青浦区练塘镇北埭村（2023年8月张锋摄）

青浦区金泽镇淀湖村（2023年8月张锋摄）

4.5 特色要素与场景

4.5.1 古桥

湖沼荡田区域地势低洼，自古河湖水系发达，是典型的江南水乡。水多，自然桥也多。为解决水乡地区的陆路交通问题，该区域自古以来，长桥短梁比比皆是。该区域的"水乡泽国"金泽镇，被称为"江南第一桥乡"。古桥因水而建，水乡因桥而兴，桥梁与水乡地区居民的生产生活相依相存，是水乡地区独特的空间要素和文化记忆。至今，该区域的乡村中仍分布着众多的古桥，"出门即过桥，人家尽枕河"，是该区域的典型场景。

1.永宁桥（青浦区金泽镇双祥村）

双祥村村内现存清代道光元年（1821）永宁桥一座，东西向，跨张家浜，俗称"双浜桥"，为商榻地区唯一保存之古石桥。该桥为单跨平梁桥，花岗石材质。桥长 12.5 米，宽 1.8 米，高 2.5 米，拱跨 5.1 米。两岸桥台用块石砌筑，桥面用三条石梁平铺，两侧有实体桥栏。东堍有踏步 11 级，西堍 10 级，桥面石梁两侧刻"永宁桥"字样桥额，装饰卷草纹饰。

2.永寿桥（青浦区金泽镇岑卜村）

据《西岑志》记载，永寿桥是一座清代石板桥，单孔，长约 16 米，宽约 2 米，南北走向，跨岑庄港。永寿桥于道光十年（1830）和光绪廿四年（1898）先后重建，距今已有近 200 年历史，桥墩上石刻"大清光绪廿四年十月，永寿桥，众姓重建"字样，是西岑尚存的最古老石墩桥。

据岑卜村老同志回忆，在人民公社化初期此桥仍为石台石梁桥，所用石料基本是花岗石，即金山石。2022 年 11 月，结合美丽乡村项目建设，将桥上原水泥护栏调换成钢木护栏，桥面铺筑石板，同时在桥的南北两头、左右两侧分别写上"岑庄港（东）"和"永寿桥"字样标识，为古桥增添了水乡特色韵味。

永宁桥：青浦区金泽镇双祥村（2023年8月王颖莹摄）

永寿桥：青浦区金泽镇岑卜村（2024年7月古嘉城摄）

3.莲寿桥（青浦区练塘镇联农村）

莲寿桥位于练塘镇联农村，东西向，跨蔡家浜，俗称"蔡家浜桥"，现为青浦区文物保护点。莲寿桥始建于清代，于1913年重建，现整体保存完好。该桥为单跨平梁桥，花岗石材质。桥长18.1米，宽2.3米，高2.4米；跨径6.1米，径高2.1米。两岸桥台用块石砌筑，台口置横梁。桥面两边用两块长石梁铺搁，中间铺小方石，正中放置龙门石。两边有护栏，栏高0.4米。东埠16级，西埠18级。

4.馀庆桥（青浦区练塘镇联农村）

馀庆桥位于练塘镇联农村，始建于元代，为三跨平梁桥，砖、木、石混合结构，以石为础、以木为梁、以砖铺面，具有典型的元代桥梁特点。

莲寿桥：青浦区练塘镇联农村（2023年8月何宽摄）

莲寿桥面中心花饰（2023年8月张锋摄）

馀庆桥：青浦区练塘镇联农村（2004年8月）

4.5.2 古树

除古桥以外，湖沼荡田区域中至今仍留存较多古树。不管是从数量还是从树龄上看，又以古银杏树最具特色。据统计，青浦区现存古树名木中，银杏树的树龄最为悠久，数量占比也最多，约占三分之一。这与该地区的寺庙文化有关。在佛教文化中，银杏树被誉为佛树，与佛寺有着紧密的联系。而青浦水乡地区素来以"庙庙有桥，桥桥有庙"著称，有桥必有庙，有庙则多有银杏树。青浦的古银杏树中，有约三分之二位于寺庙内或附近，与寺庙共生的古银杏树，是该区域的特色场景之一。

同时，这些高大挺拔的古树，还是行驶在湖荡中船只的天然航标，为在开阔的湖荡中行船提供方向指引，是湖沼荡田区域的独有场景。

1.报国寺千年银杏树

位于青浦区朱家角镇淀峰村报国寺内的古银杏树，古树编号 0004，植于五代，至今已有超过 1000 年的树龄，是青浦地区唯一一株树龄超千岁的古树。古树树高 30 多米，胸围约 6 米，冠径约 17 米，是上海地区最高的银杏树。

千年古银杏树不仅见证了从关王庙到报国寺的历史兴衰变迁，而且矗立在淀山湖畔，长期以来都是淀山湖上往来船只的天然航标，是淀山湖畔的标志性场景之一。

2.明因寺古银杏树

青浦区练塘镇联农村现存一棵古银杏树，已有 750 多年树龄，位于明因寺遗址内。明因寺于宋朝景定年间（1260—1264）由僧本圆始建。据记载，清朝乾隆下江南时，曾在此立碑。清朝嘉庆（1796—1820）初，有僧人白溪重修，并重塑佛像。1922 年，明因寺住持古方募资重修，前后有三进。鼎盛时期，规模宏大，佛事频繁，香火缭绕。后因战乱，寺庙旧址几乎殆尽。如今古银杏树及其后农田里留存着的十来个大殿基石，仍能使人想象当年明因寺香火袅袅的景象。

青浦区朱家角镇淀峰村报国寺千年银杏树

3.雪米村古银杏树

青浦区金泽镇雪米村东马家浜自然村的一座庙里有一棵树龄350年以上的古银杏树，属于一级保护资源，编号0119。古树高17米，鹤立于众树之中，显得格外引人注目。古树高高挺拔形成"连峰连云"意象，是商榻地区的古八景之一。同时，它也是当地村民出外撑船行驶在淀山湖里的天然航标，深受乡亲们尊重、爱护。每年农历三月初九村庙会，周边四村八里的香客都会自发来祭拜它。

青浦区练塘镇联农村明因寺古银杏树(2023年8月)

青浦区金泽镇雪米村古银杏树(2023年8月)

4.6 典型民俗文化

湖沼荡田地貌位于淀山湖周边，是典型的江南水乡风光。这里水网交织，湖泊众多，村庄、农田散落其中，有着长期的传统农业和渔业经济背景。因此该区域的民俗文化有着较为鲜明的农耕和渔猎文明色彩，反映传统水乡地区的生产生活特点，如田山歌、青苗会、摇快船、簖具制作技艺、阿婆茶、宣卷等。

4.6.1 田山歌

"田山歌"是青浦水乡地区的特色民俗，已被列入国家级非物质文化遗产。田山歌是农民在耘稻、耥稻时，由一人领唱、众人轮流接唱的民间山歌形式，又称"吆卖山歌""落秧歌""大头山歌"，是一种原始的演唱艺术，也是一种口头文学。其歌词内容主要来自当地民众的现实生活，题材多为表现当地民众的劳动、生活、思想、爱情等方面，是观察上海及周边稻作地区社会生活、风情民俗的重要方式。

田山歌在上海多个地区广为流传，在湖沼荡田片域中，青浦赵巷、练塘等地区仍有传唱。以练塘地区的田山歌为例，练塘的田山歌分头歌、买歌、嘹歌。头歌由一人独唱，接着是买歌，由男声合唱；然后是嘹歌，由女声合唱。如此反复演唱数轮，完成一个较为完整的田山歌演唱序列。

4.6.2 青苗会

道上浜是金泽镇双祥村的一个自然村，清雍正年间（1723—1735）起，在农历七月半举行青苗会活动。农家人要在稻苗田里插五彩三角纸旗，称作"猛将令箭"，表示猛将下令驱除害虫，实际作用是驱赶啄食稻实的麻雀等飞鸟。最后一天"出会"（或称"走会"），要抬猛将出巡。抬像者可以在田头奔跑寻开心，俗称"嘻猛将""像异（音yú）如飞，倾跌为敬"，一如《吴门表隐》（1834年）所记。最后"送驾回宫"，结束整个仪式。出会的队伍中，照例要有各种地方特色的歌舞、杂技、武术表演，许愿、了愿群众组成的"扮犯"（扮作各种犯人），"臂香臂锣"（用针穿过手臂上的皮肤，下吊香炉或锣）队伍。青苗会期间，请"祝司"唱《猛将神歌》，或请宣卷班唱《猛将宝卷》，也有草台班演戏酬神的。

青苗会在1980年代恢复，如今在道上浜普福庵举行。庙会除了在稻苗田的"巡境"活动外，还有宣卷、打莲湘等酬神娱民活动，寄托了村民对于稻田丰收的美好愿望。

青浦区金泽镇雪米村原生态田山歌活动（金泽镇）

青浦区金泽镇双祥村青苗会（2023年8月）

4.6.3 摇快船

船是水乡农业不可或缺的日常交通工具，划船也是水乡农民不可或缺的技能。在重要的节日庆典中以划船作为竞技娱乐或表演，也就成为上海乡村常见的地方民俗。

青浦摇快船，是青浦区金泽镇商榻地区庙会时常见的水上运动项目。摇快船时，5 人摇大橹，4 人摇矮橹，两支橹 9 人，分两组替换，中棚锣鼓手 4 人，头桨 1 人，每艘快船上共有 23 人，配上经典的吹打乐"五龙船和水锣经"，那真是"金鼓阗沸，拨桨如飞"，有"力拔山兮气盖世"之势。船上锣鼓响彻云霄，岸上人山人海，呐喊助威，精彩纷呈。摇快船表演深受水乡地区乡民欢迎，经久不衰。

摇快船竞技表演反映了江南水乡的社会特征和生活习俗，描绘了市郊水乡的世俗风情，体现了水乡百姓的文化生活和审美需求，以及对美好生活的向往。

4.6.4 簖具制作技艺

"簖"这一捕鱼工具的起源可以追溯到"滬"（沪），它通过切断鱼蟹的退路实现捕捞。古文献中提到，古时的吴淞江流经现今的上海市青浦区北部并注入大海，其下游的渔民广泛采用一种称为"沪"的竹制渔具。这种渔具经过不断改进后，演变成现在的"簖"。由于"簖"操作简便且捕获量丰富，成为吴淞江沿岸及江南地区的传统渔具之一，并一直沿用至今。

制作"簖"需要经过一系列复杂且严谨的工序，包括打样、敲桩、系挡、劈篾、扎簖子、插竹簖等。渔民们利用潮汐的涨落，在河口两岸设置一道竹栅栏作为拦河坝，然后巧妙地布置呈"S"形的回龙竹帘，并在竹篓中放置鱼、蟹喜欢的饵料以吸引它们，诱使它们沿着竹帘进入，经过易进难出的"八"字形田连，最终游入各个"库"中。

摇快船（"青浦档案"公众号）

早年摇快船（"青浦档案"公众号）

簖具捕鱼场景（"文化青浦"公众号）

簖具制作技艺（"文化青浦"公众号）

4.6.5　阿婆茶

　　阿婆茶的习俗起源于商榻地区，在淀山湖周边的青浦金泽、朱家角等地区非常盛行。当地的农家人，特别是农村里的阿婆，每天你来我往，围坐在农家客堂里或廊棚里，桌上放有咸菜苋、萝卜干、九酥豆等自制土特产，边喝茶边拉家常、嘴不闲、手不停，其乐融融。这种以茶为礼、以茶待客的传统水乡风俗，既能交流思想感情，又能构筑睦邻和谐友情，久而久之成为商榻人的风俗礼仪，是江南水乡地区一种特有的民俗风情。

　　"阿婆茶"是有别于其他茶道的草根茶俗，一种民间的茶文化。商榻人不讲"喝茶"，而称"吃茶"。在吃茶的过程中，人们自娱自乐，许多独具特色的民间文艺得以流传发展。它是中国四千多年茶文化的积淀和扩展，集中体现了水乡地区民众悠然自得的生活节奏和淳朴、好客、和谐的优良民风。如今，阿婆茶也是新老村民重新建立与聚落空间的身体及心理关联的纽带。

4.6.6　宣卷

　　宣卷，顾名思义，即讲书的意思。它由一人主宣，两人帮衬，小乐队伴奏，形式近似苏州评弹，但又不尽相同。宣卷源于唐代的"信讲"和宋代的"谈经"，至清代出现以唱宣卷为职业的艺人。宣卷艺人的说讲语言特别注重通俗易懂，以讲故事的形式为民众说讲民间事物和民间传说，故宣卷艺人又被人们称之为"说讲人"。其中一种叫"木鱼宣卷"的表演形式，除木鱼外，没有乐器伴奏，边敲边唱，内容包括南无阿弥陀佛之类的"经赞调"，这便是原始的木鱼宣卷。另有一种叫"丝弦宣卷"，有几种民族乐器伴奏乐，一般由笛子、二胡、琵琶、铜铃等组成，演奏主要节目是《三六》和《梅花三弄》。在淀山湖畔，这种"土生土长"的民间曲艺已流传了千余年，至今仍然受到水乡居民的热爱。

青浦区阿婆茶

青浦区宣卷

109

青浦区白鹤镇三泾村（2023 年 8 月柴晨奇摄）

05

曲水泾浜

自然地貌特征

典型风貌意象

纤网意象　　星络意象

典型村庄聚落

青浦区白鹤镇青龙村

嘉定区外冈镇葛隆村

嘉定区嘉定工业区娄东村

嘉定区徐行镇伏虎村

宝山区罗店镇远景村

宝山区罗店镇罗溪村

宝山区罗泾镇洋桥村

建筑特征

建筑类型　　平面布局与组合

结构体系　　　建筑色彩

建筑门窗　　　建筑细部

特色要素与场景

冈身遗址　传统老街　古桥

古塔　　古树　　红色遗迹

典型民俗文化

徐行草编　　安亭药斑布

罗泾十字挑花　　　沪剧

江南丝竹　　南翔小笼馒头

5.1 自然地貌特征

　　曲水泾浜地貌主要位于冈身线北段两侧的青浦（北部）、嘉定、宝山区域，以冈身为界地势西高东低，且变化平缓，水系弯曲度最高，水流东排不畅，河道形态更曲折蜿蜒，呈现"湾塘调蓄、泾浜绕村"的肌理特色。历史上受吴淞江由阔束窄变化的影响，冈身西面的宽阔塘浦至此分离出泾浜末端支流，河网曲折、末梢渗透，孕育了泾浜蜿蜒、村水田环抱的水乡村落，展现出"湾塘水系连，曲曲绕村田；泾浜蜿蜒处，条团聚落间；婆娑烟雨里，柔水景如烟；淞宝风光好，佳境在心田"的田园佳境。

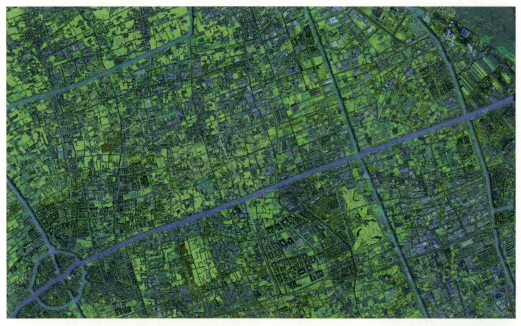

曲水泾浜地貌特征图

5.2 典型风貌意象

5.2.1 纤网意象

该风貌意象主要位于吴淞江上游冈身以西、青浦区北部和嘉定区西部的乡村聚落区域，以青浦区白鹤镇、嘉定区外冈镇为典型代表。

1.空间基因传承

明清时期，因冈身渐高，为上承太湖洪水下泄入海，沟通（吴）淞浏（河）泄涝和引蓄，依靠吴淞江北岸的顾浦、吴塘、盐铁塘和南岸的赵屯浦、大盈浦、顾会浦、崧子浦、盘龙浦等南北向干河活水周转。后来为了既能控制水流用以灌溉旧时嘉定东部、宝山等地势较高区域，又可减轻塘西洼地的行洪排涝负担，因此水体呈线形弯曲状，不易通畅，从而需要加强排除积水、防御外水，保护耕作。人们在泾浜蜿蜒处，理水圩田，逐步形成水曲泾弯的生态格局和湾塘绕田的乡村肌理。

纤网型分区空间演变

2.风貌肌理特征

该区域河网沿纵浦干河呈线形梳状展开，泾河水系呈"S"形弯曲，支流水系弯曲系数（实际长度与直线长度之比）较高，约为1.4（一般大于1.3为弯曲河流）。顾浦、吴塘等纵浦之间平均相距2公里，横向的泾河南北间距平均为300~400米左右。聚落错落，背水面街，沿河横向带状分布，农田主要分布在以泾河分隔的圩田区域范围内，因此总体呈现典型的"一河、一埭、一片田"的肌理特征。聚落沿河流分布，呈现带状结构，聚落密度约为15个/平方公里，单个聚落长度在400米左右。

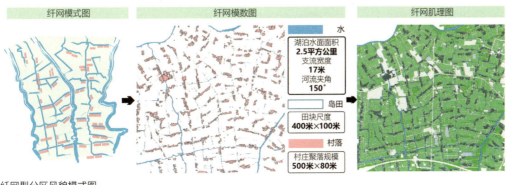

纤网型分区风貌模式图

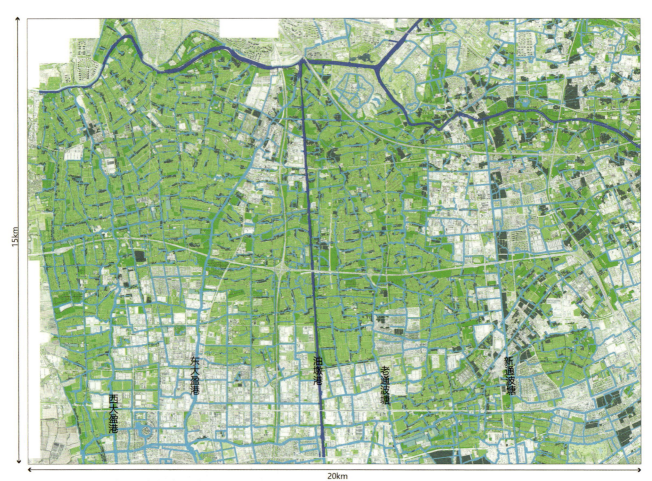

西大盈港

东大盈港

油墩港

老通波塘

新通波塘

15km

20km

纤网型分区肌理图：青浦区白鹤镇及周边地区

拦浦

向田泾

泾河水系呈"S"形弯曲

落书浜

青浦区白鹤镇杜村村航拍图

纤网型分区现状鸟瞰：青浦区白鹤镇杜村村

5.2.2 星络意象

该风貌意象主要位于冈身以东近长江口、嘉定区东部和宝山区北部的乡村聚落区域，以嘉定区徐行镇、华亭镇、马陆镇，宝山区罗泾镇为典型代表。

1.空间基因传承

明清时期，该区域出水从低地越过冈身向高地流出，同时受到海潮涨退影响，水流总体上呈缓流状态。近代时期，逐步形成以"泾"为核心的水环境和围绕泾浜河道末端的乡村聚落。泾浜"蜿蜒"是感潮区末级河道的基本特点，这种形态使潮水难进，滞水也不得快出，维持较高的水位。人们围绕泾浜河道末梢逐步形成近海高乡的生态格局和星络形乡村肌理。

星络型分区空间演变

2.风貌肌理特征

该区域位于冈身以东，河流滞缓入海，泾浜间距较大，支流河道较为破碎化，末端水网蜿蜒曲折。聚落大多呈团状聚集在泾浜的尽头或交叉口，两面、三面甚至四面环水，形态如一座座微型的"村池"，规模较大并散落于农田之中。村池整体向心性较强，之间平均距离约为200~300米，水系弯曲系数较高，约为1.7，农田多分布在护村河之外。

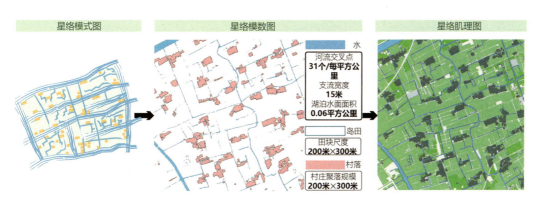

星络型分区风貌模式图

星络型分区肌理图：嘉定区徐行镇、华亭镇及周边地区

星络型分区现状鸟瞰：嘉定工业区娄东村

5.3 典型村庄聚落

5.3.1 青浦区白鹤镇青龙村

青龙村位于青浦区白鹤镇东南部,东与华新镇淮海村交接,西至鹤联村和重固镇徐姚村,南至重固镇新丰村,北邻塘湾村。村域面积270公顷,含自然村12个。

村域水网纵横,村庄聚落以团状为主,建筑群体沿水单侧或双侧呈鱼骨状排列,是典型的沿水聚落型乡村。

青龙作为地名,起源甚早。成书于北宋元丰年间(1078—1085)的《续吴郡图经》载:"昔孙权造青龙战舰,置之此地,因以名之。"据记载,孙权建造青龙战舰是在东汉建安廿四年(219),依此,则青龙作为地名已存世1800多年。到唐天宝五载(746),青龙镇正式置镇,距今有近1300年历史,是名副其实的上海第一古镇。

青龙镇因水而生,因水而兴。它位于当时吴淞江入海口,控江连海,最初是作为军事重镇。北宋时期,依托发达的水上交通,以海内外贸易为产业支柱,发展成为上海地区最早的对外贸易港口,将国内瓷器、茶叶、丝绸转口贸易到东北亚的日本、朝鲜半岛,东南亚的越南、印尼等国,西亚的阿拉伯地区,又将国外的珠宝、香料进口到国内,满足中国市场的需求。据记载,北宋熙宁十年(1077),青龙镇光上交朝廷的商税就达1.5万余贯,超过所属华亭县城的1.5倍,位列全国近2000个市镇的第5位、"长三角"地区近20个市镇的首位,成为"海商辐集之地"。南宋末年《青龙赋》中描绘:市镇"有坊三十六,桥二十二,十三寺、七塔、三亭""有治、有学、有狱、有库、有仓、有务、有茶场、酒坊、水路巡司",时称"小杭州"。

由于吴淞江下游河道淤塞和海岸线外移,至南宋末,青龙镇的颓势渐显,青龙市舶务撤销,咸淳年间(1265—1274)在镇东的上海镇设置市舶分司,表明青龙镇贸易港地位已被取代。

青浦区白鹤镇青龙村聚落肌理鸟瞰图(白鹤镇)

据上海博物馆最新考古发现与相关史籍,并参照唐宋时期有关画作,模拟复原的鼎盛时期(两宋)的青龙镇港口和社会风貌图(上观新闻)

青浦区白鹤镇青龙村青龙塔(白鹤镇)

　　青龙村内有上海最老的古塔——青龙塔,塔名"隆福寺塔",俗称"青龙寺塔",建于唐长庆年间(821—824),北宋庆历年间(1041—1048)重建,清顺治年间(1644—1661)再修缮。塔畔青龙寺初建于唐,重建于宋,与塔一致,清康熙南巡,赐名吉云禅寺。青龙塔于1959年被列为县级文物保护单位,1960年又被列为市级文物保护单位。

　　高耸的千年古塔"青龙塔"和宏大的千年寺庙"青龙寺"见证了青龙村千年的发展历史,赋予青龙村深厚的文化底蕴。每年农历正月半,青龙村都会举办隆重的"青龙庙会",吸引上万名香客和旅游观光者光临。

5.3.2 嘉定区外冈镇葛隆村

葛隆村位于嘉定区外冈镇北部，东邻外冈镇甘柏村，南邻外冈镇施晋村，西邻江苏省太仓市城厢镇新农村，北靠徐行镇旺泾村。村域面积147公顷，包含1个自然村，分为河西、南桥、葛新、新建、镇东、中街、北桥、蒲东8个村民小组（队）。葛隆村孕育于西汉时期修建的盐铁塘，在明成化年间由嘉定知县吴哲建市，故名吴公市。1806年，葛隆成为乡镇级地方行政管理机构。1914年，葛隆乡与外冈乡合并，改称为嘉定县第二乡。1934年，葛隆隶属嘉定县第四区，由葛隆、甘庙、旺泾三地合并为葛隆镇，镇名由此而来。

葛隆村以盐铁塘与老街为中心，水网纵横，西侧林地集中成片分布，东侧、北侧有大片农田，南侧为区域服务设施与企业。村域内有两横两纵，共4条河流，宽度约10~40米；河网间距约200~1000米，田块尺度（长度）约200~300米。

贯穿葛隆村域的盐铁塘，是葛隆的母亲河，是村域自然与历史的脉络。盐铁塘是两千年前西汉吴王刘濞（前215—前154）沿冈身开凿的运输盐、铁的第一条南北古运河，为东南地区的物资流通、生产生活、经济繁荣作出巨大贡献。外冈先贤钱大昕（1728—1804）的《练川竹枝词》描述了盐铁塘上运输棉花的情景："依依墟里散炊烟，短短笆篱带晚川。黄叶西风盐铁路，布帆一半贩花船。"

嘉定区外冈镇葛隆村村域空间鸟瞰（2023年8月王博摄）

葛隆村聚落沿老盐铁塘呈条状展开，集中分布在中部由新、老盐铁塘与长泾河围合而成的岛状地块上。建筑群体面街背水，沿平行于老盐铁塘的南北向商业老街呈"一"字形排布，并从老街衍生出九条东西向街巷，形成"一街九巷"鱼骨状"非"字形肌理。独特的交通枢纽优势曾给葛隆村带来发达的小镇商业，短短百余米的老街在20世纪初商家一度达到百余家。

嘉定区外冈镇葛隆村村域空间鸟瞰（2023年8月）

嘉定区外冈镇葛隆村鸟瞰（2024年4月市测绘院摄）

葛隆村建镇悠久，历经几百年的历史，积累了深厚的文化底蕴，拥有众多的民间传说、诗词歌赋。"蒲鞋湾"讲述了盐铁河由白龙演变的故事，"踏扁桥"记载了葛隆镇商船往来的历史，"乌龟浜"记载了葛隆历史上的婚葬习俗，"药师殿"体现了葛隆村村民对于医者的尊重与怀念。

药师殿位于葛隆镇北市梢，占地2亩余（1300多平方米），房屋七间，建筑面积共260多平方米，内供药王神像。山门东侧有药师古井一口，据说井水清甜可口，能治百病。据药师殿内记载，该庙为明成化十年（1474）由嘉定知县吴哲建市时捐建，至今已有500多年，现为嘉定区级不可移动文物。药师殿坐北朝南，砖木结构，面阔五间，单檐歇山式，龙吻脊，小青瓦屋面。八步架，扁作抬梁式四界梁，檐下施斗拱、拱眼间有镂空雕刻。药师殿对研究当地人文历史、宗教信仰等具有重要价值。

嘉定区外冈镇葛隆老街（2023年8月）

嘉定区外冈镇葛隆村沿河风貌（2023年8月）

嘉定区外冈镇葛隆村药师殿（2023年8月贾肖虎摄）

嘉定区外冈镇葛隆村药师殿古井（2023年8月贾肖虎摄）

5.3.3 嘉定区嘉定工业区娄东村

娄东村位于嘉定工业区东北部，东靠华亭镇唐行村、塔桥村，南邻赵厅村，西临娄塘古镇，北靠草庵村。村域面积270公顷，包含李楼和先塘两个自然村，村民小组12个。娄东村原属娄塘镇管辖，后于2002年娄塘镇与朱桥镇合并，2003年并入嘉定工业区北区。

娄塘河自西向东贯穿村域，在北岸延伸出双塘，在南岸延伸出另一条支路河道。这两条支路水道又延伸出若干泾浜，泾浜交叉处生成若干聚落，形成枝状水网和点状聚落体系。村域内河道虽不畅通，但较为平直，宽度约8~60米；池塘较少，约8片，面积在0.2公顷左右；河网间距约150~350米，田块尺度约2.5公顷。

嘉定工业区娄东村村庄聚落鸟瞰（2023年8月王博摄）

嘉定工业区娄东村村域空间鸟瞰（2023年8月王博摄）

嘉定工业区娄东村194号民居（2023年8月沈培宇摄）

嘉定工业区娄东村262号民居（《嘉定报》2018年11月27日
《绞圈房子：不能忽略的乡土记忆》，秦逸超、孙剑华摄）

嘉定工业区娄东村李氏怀德堂（嘉定区规划和自然资源局）

　　沿娄塘河产生的枝状水网，深入农田和村落。水、田和村的关系，仿佛枝、叶和果实。一部分聚落紧邻娄塘河，村落坐落在娄塘河与其他支流的交汇处，并沿着支流河道在两岸发展，形成跨水聚落；一部分聚落位于娄塘河延伸出的枝状水网的分叉上，形似"几"字，并因此形成东、西、北三面环水的聚落；还有一部分聚落位于与娄塘河连通的泾浜终端，并在这条泾浜上又延伸出多条更不规则或更狭窄的泾流，嵌入聚落，进一步将聚落和水网交织在一起。

　　娄东村建筑平面布局类型较为多样，院落、院墙与建筑组团形成宅院。建筑平面布局主要有"一"字形、"L"形、"凹"字形、"回"字形。通常主体建筑位于宅院的主位，其前部侧方布置辅房或直接在前方布置次要建筑，形成两进的宅院平面布局。

　　其中，娄东村先塘262号袁氏住宅四合院形制完整，是一绞圈中较为特殊的风凉绞圈形制，即前埭仅有正埭的一半进深；娄东村李楼194号为一正一厢的"L"形院，歇山顶，一侧为观音兜山墙。

　　娄东村李氏怀德堂，前院墙门装饰十分精致，门楣上有"博文礼约"四个大字，两侧饰有花鸟图，檐口部分瓦当纹样精致，屋脊采用回纹头与哺鸡脊结合，起翘较高。

　　娄东村建筑门窗细部制作较为精良，部分木门窗采用木本色，不涂饰任何油漆或涂料，仅外涂清漆作为保护层，花纹简洁明快，观感古朴。另一类可拆卸板门上涂刷朱红色油漆，使用灵活性强，既可作为小门与通风窗使用，也可拆卸构件后作为大门使用。

5.3.4 嘉定区徐行镇伏虎村

伏虎村位于嘉定区徐行镇西北部，东靠华亭镇华亭村，南邻徐行镇钱桥村，西邻徐行镇大石皮村，北靠华亭镇塔桥村。村域面积334公顷，村域空间广阔，共有自然村20个。伏虎村村名源于村内的伏虎庙。相传唐代名臣狄仁杰在村内偶遇恶虎并将其降服，村民为感恩狄仁杰为民除害，建造伏虎庙以纪念。

伏虎村北侧的娄塘河和东侧的新泾为河网骨架，内部泾浜形态曲折、分布均匀且多尽端，宽度约10至60米，池塘12片、面积约600平方米至7500平方米；河网间距约50米至650米，田块尺度约3.2公顷。

伏虎村所在区域河流流速滞缓，泾浜间距较大，末端水网曲折，聚落大多分布在泾浜的尽头或交叉口，呈现出明显的团状特征。因此，伏虎村村域范围内有多处代表性的团状村庄聚落。村落两面、三面甚至四面环水，呈岛屿状，聚落集中成组，四周有护村之河。农田多分布在护村河之外，聚落向心性较强，呈现出"村 - 水 - 田"的空间序列。

嘉定区徐行镇伏虎村鸟瞰（2024年4月傅鼎摄）

嘉定区徐行镇伏虎村团状聚落鸟瞰(2023年8月王博摄)

伏虎村现存传统建筑平面布局较为规整，在传统样式基础上还有灵活的变化。常见的平面布局模式有点状布局、"一"字形布局、"L"形布局。民居屋面以坡屋顶为主，在双坡屋面的基础上衍生出四坡屋面、类歇山顶屋面、多坡屋面相互交叠的形式等。传统建筑屋面施小青瓦，现代乡村住宅屋面采用砖红色、深红色等的机平瓦。其中伏虎村444号住宅，采用穿斗结构与歇山顶屋面，是现存比较有特色的乡村民居。

嘉定区徐行镇伏虎村沿河风貌(2023年8月)

嘉定区徐行镇伏虎村444号民居外立面图与内部结构图(2023年8月沈培宇摄)

5.3.5 宝山区罗店镇远景村

远景村位于宝山区罗店镇中部偏西方向，东靠罗溪村，南邻张士村，西邻嘉定区马陆镇大裕村，北靠联合村。村域面积 103 公顷，包括自然村 6 个，村民小组 13 个。1955 年，远景村村名首次使用，同时撤并袁金村高级合作社、北杜村与陈新村（陈家宅）。1958 年，远景村进一步扩大，撤并张李村，改由远景村所辖。1984 年，成立罗店镇远景村村民委员会。

远景村地势平坦，环境优美，村域内河流水系、农田、林地等自然景观相交织，与乡村聚落交相辉映，构成一幅美丽的乡土景观画卷。

远景村有一处宝山区最古老的建筑——远景村王宅，俗称"西小塘子塘南村宅"，位于远景村西小 2 号，始建于清朝。2011 年 9 月 6 日，远景村王宅被列为宝山区登记不可移动文物；2015 年，被列为上海市优秀历史建筑。

远景村王宅在 20 世纪三四十年代及 60 年代损毁大半，现留存房屋为其子孙王永来、王神界一支宅院。宅院为传统绞圈房民宅，面阔 25.5 米，进深 27.4 米，占地面积约 693 平方米，为一层砖木结构。宅院南面为高墙，正中是大象门，墙内是披屋（俗称落水屋）；东、西两侧各有三间厢房，北面正屋是一排大小七间的中式房。可惜原有的鹤嘴翘角大屋脊、屋顶四周的鹤尾大翘角及过半的瓦片拆于六七十年代，但好在宅院梁柱等整体结构和风格保存较为完整，具有一定的历史价值和人

宝山区罗店镇远景村景观风貌(2024年4月傅鼎摄)

宝山区罗店镇远景村王宅正屋（2024年4月葛一辰摄）

宝山区罗店镇远景村王宅院内照片（2024年4月陆佳元摄）

文艺术价值。天井中有两棵约 70 年树龄的柿子树非常健硕，树冠几乎覆盖整个天井空间。2017 年，经房主同意后，罗店镇政府、远景村共同开展修缮，使得它焕发新貌。

王洪吉师傅是罗店民俗画的非物质文化遗产传承人。自 2019 年起，远景村邀请王洪吉入驻王宅，成立罗店民俗绘画艺术研究创业中心。中心落地后，最先做的便是与镇村两级负责人共同协商，对内部空间进行功能规划，以软装进行艺术改造。保留四合院内的古树，增添了与四合院风格相匹配的微景观，摆放可供喝茶休憩的凉亭；东西两侧的三间厢房与北面正屋的七间中式房，按照功能打造成工作室、会客厅、课堂与民俗画展示区等，并以民俗画装饰，每间房风格相近，但又各有各的韵味，将王宅建设成为"远景村民俗画乡村博物馆"。

5.3.6 宝山区罗店镇罗溪村

罗溪村位于宝山区罗店镇西北部，东靠东南弄村，南临远景村，西接联合村，北抵四方村。村域面积85公顷，由界泾村、严家宅、沈家门3个自然村组成，有村民小组10个。

罗溪村村域内形成聚落已有600余年历史。1949年前，罗店古镇镇区基本位于现今罗溪村村域位置。据清光绪《罗店镇志》记载元至正年间（1341—1368）罗昇始居此，因名罗溪，后称罗店。明代罗店古镇是嘉定县九市八镇中的商业大镇，被誉为"金罗店"。

1949年以后，罗店古镇划分出数个行政管理单元；1954年，罗溪村为市河街及新桥街等农户组成的镇南农业初级社；1959年属罗店公社所辖，称镇南大队；1981年改为罗溪大队（以罗店别称命名）；1984年属罗店乡辖，1989年属罗店镇迄今。

历史上，宝山居民多以植棉纺织为生。农村地区家家纺纱，户户织布，每家都有木制手工纺纱机和织布机。每个村口都设有经布场头，纺织品主要靠河道运送至集散场所。商品

宝山区罗店镇罗溪村(罗溪古镇)鸟瞰(2024年3月付有摄)

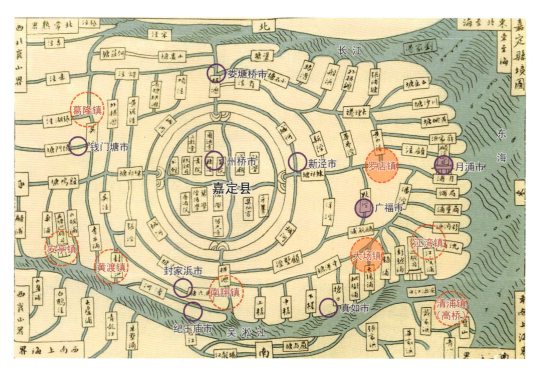

明代嘉定县九市八镇分布图（底图为明正德《练川图记》所载《嘉定县境图》，邱高根深编绘）

宝山区罗店镇罗溪村市河两侧的建筑风貌（2023年8月哈虹竹摄）

贸易的需求加上便捷的水运交通，沿主要航道交汇处发展出数量众多的集镇，镇村功能相辅相成，一体发展。

因罗店古镇西临嘉定，北达浏河，南抵大场，东至吴淞，区位优势明显，加上水陆交通发达，素来商贾辐辏，经济繁荣。清代康熙年间（1662—1722），罗店已经发展成为一个颇具特色的棉花、棉布交易中心，吸引了大批外来的徽州商客，生意兴隆，因此有"金罗店"之称。

如今的罗店古镇，市河蜿蜒而行，保留着"一河一街、河街并行"的空间骨架和特色格局。河街两侧民居粉墙黛瓦、鳞次栉比、商铺林立，保持着古镇街区的韵味和风貌。

在市河塘与西街的交叉口处，有一处建筑群屋顶比较精美：双坡屋顶，正中有小二层阁楼挑出，阁楼两侧为硬山顶。屋脊正中云纹精美，屋脊两侧的云纹、如意符号砖雕、灰塑制作精良，制作考究。屋面整体起伏连绵，坡面错落有致，轮廓丰富。

漫步在罗店古镇，除了能够欣赏精致典雅的传统民居外，还有机会看到非物质文化遗产项目罗店彩灯和龙船文化节，唤起老罗店人的记忆，向游人展示罗店优秀传统民俗文化的魅力。

宝山区罗店镇罗溪村市河边的传统民居（2023年8月张翰文摄）

宝山区罗店镇划龙船习俗（宝山区文旅局）

5.3.7 宝山区罗泾镇洋桥村

洋桥村位于宝山区罗泾镇西北部，地处嘉定区、宝山区与江苏省太仓市的三地交界处，东靠罗泾镇新陆村，南邻罗泾镇塘湾村，西临嘉定区华亭镇联一村，北靠太仓市浏河镇浏南村。村域面积174.5公顷，包含自然村10个。

村域河网密布，天然形成的水系纵横交错，河道宽度约10~40米，河网间距约200~400米。农田田块南北尺度（长度）约60~120米。各聚落沿水岸呈团状分布，水系、聚落、农田相互交织，构成典型的江南水乡乡村聚落风貌。

方何宅自然村位于洋桥村的村域中部，村宅沿河渠纵向布局，整体呈现为棒状的形态，水系环绕村宅北侧和东侧，还有断头泾浜从村宅中间穿过，这样密集的水系为方何宅提供了

宝山区罗泾镇洋桥村内的方何宅村聚落肌理鸟瞰（2023年8月邱高根深摄）

宝山区罗泾镇洋桥村环境鸟瞰（2024年4月傅鼎摄）

良好的生态环境基础。村宅内的民居建筑布局错落有致，自发形成宅旁小路和公共空间，为村民的日常交往和活动提供了场所。

与方何宅村相似，位于洋桥村村域西北部的自然村西柏宅村也有此乡村风貌特征。农田作为基底，宅前宅后都被水系环绕，村宅北侧有两条河渠呈环状伸入村宅内部，并形成"小岛"一样的宅基地，在"小岛"上的居民需要从桥上进出，别有一番特色。

村域内还保留部分传统风貌建筑，以西杨老宅和方何宅为代表。方何宅为特殊的"凹"字形平面布局，其他传统民居都是"一"字形布局；在屋面形制上，西杨老宅是唯一一处歇山顶的民居建筑。村域内的传统民居多为木构体系或木构与钢筋混凝土结合，结构形式为穿斗式。屋面的小青瓦与墙体的粉白色体现出江南水乡民居的特点。方何宅北侧院墙以青瓦砌筑漏窗，中间漏窗样式为圆寿纹，两侧漏窗的样式为灵芝纹，颇具特色。

宝山区罗泾镇洋桥村方何宅（2023年8月邱高根深摄）

宝山区罗泾镇洋桥村西杨老宅（2023年8月邱高根深摄）

宝山区罗泾镇洋桥村西杨老宅风貌（戴青霞摄）

5.4 建筑特征

5.4.1 建筑类型

曲水泾浜地形地貌位于冈身线北端两侧的青浦（北部）、嘉定、宝山区，该区域成陆较早，水系发达，交通便利，在唐宋时期已经是商贾重地，通商通航。便利的交通和通商交流，形成该区域较为丰富的建筑样式，如乡土建筑、江南民居、中西合璧等。集镇区域不乏江南民居的精品，山墙形式尤为丰富，呈现多样性。相对偏远的村落，以农事为主的区域，也出现了绞圈房，和浦东绞圈房极为相似，北高南低更明显，苏式建筑特点更显见，两侧厢房相对较窄。河埠商贸区域受外来思想和潮流影响，出现了不少中西合璧的建筑风格。

1.乡土民居（绞圈房子、歇山顶）

传统意义上的绞圈房子是屋顶呈 45° 交圈的矩形合院，结构简单、装饰简朴。通常为五开间、四厢房。头埭中间为"墙门间"，次间、落叶间（梢间）住人；二埭正中为正厅，次间、落叶间皆为生活用房；两埭之间为庭心，两侧东西厢房各有两间。正房屋顶主要采取类似于歇山顶的戗脊做法，这是其与江南民居最显著的差异。有些山墙有观音兜装饰。还有大量歇山式屋架、一正两厢的三合院，一正一厢的"L"状院落。

嘉定工业区娄东村李氏怀德堂三合院（2023年8月）

一正一厢的"L"形院正面：嘉定区徐行镇草庵村（2023年8月）

一正一厢"L"形院：嘉定工业区娄东村李楼194号（2023年8月）

嘉定区安亭镇钱家村工农街71—78号二层走马楼（2023年8月）

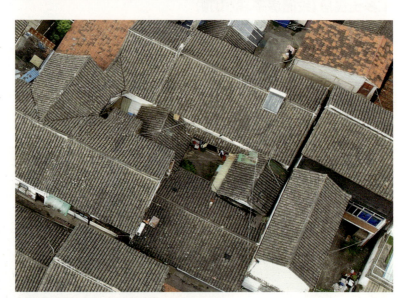

嘉定区外冈镇葛隆村任润堂院落鸟瞰（2023年8月）

2. 江南民居（硬山顶）

在河流交叉口规模较大的大河聚落中，存在一定数量的江南民居，这可能与它们受到市镇影响有关。

嘉定区外冈镇葛隆村现存建筑陆氏祖宅仁润堂，建筑坐东北朝西南，面宽三间，砖木结构。主厅为两层楼，硬山式，观音兜，甘蔗脊，小青瓦屋面，有副檐。六步架，穿斗式架构，花岗石鼓墩，泥地。窗门还保留有蚌壳。主厅后有水井一口，青砖井壁，花岗石一体式井台、井圈，井水清澈。

嘉定区安亭镇钱家村（工农街71—78号）厢房采用单坡屋顶，与绞圈房子双坡屋顶的形制迥异。天井狭小，室内二层设有雕花精美的走马楼。

嘉定区安亭镇钱家村南部（钱家村工农街22号）也有一处院落，主体建筑采用硬山山墙，区别于绞圈房子歇山顶的形制。

嘉定区安亭镇钱家村工农街71—78号鸟瞰（2023年8月）

嘉定区安亭镇钱家村工农街22号（2023年8月）

嘉定区安亭镇钱家村工农街22号鸟瞰（2023年8月）

嘉定区娄塘古镇印家住宅航拍（2023年8月）

嘉定区娄塘古镇类似石库门民居（2023年8月）

3.中西合璧建筑

　　河埠商铺交汇之处更易受到外来思想和潮流的影响，因此在这些大河聚落中，多可见中西合璧民居的身影。如嘉定工业区娄塘村的印家住宅，临横沥河而建，外表以中式住宅为主，三进院落、中轴对称，硬山顶和观音兜交织出刚柔并济的天际线。其暗藏许多西方元素，引进了许多西方先进的设施与部件，如进口建材罗马彩色釉砖、二楼的玻璃天棚、两侧北房半圆形的拱券式窗户、半圆形拱券式门洞。后罩房二楼建有六角亭阁和屋顶花园，屋顶花园杂植各色树种，构建城市园林，这在当时是十分

罕见的。印家住宅中西洋建筑元素和中国传统建筑元素的完美结合，是较为典型的，该建筑现为市级文物保护单位。

　　嘉定工业区娄塘天主堂也叫伯多禄堂，始建于清康熙二十七年（1688），重建于清光绪三年（1877）。天主堂的建筑秉承中国传统民居的特色，门窗却采用古罗马的半圆形拱券结构，具有西洋建筑和中国传统建筑相融合的风格。东、西两侧的十扇木窗为中式格栅长窗。

　　娄塘村的一处民居也有中西合璧特色，与石库门的空间结构类似。

5.4.2 平面布局与组合

1.单体

　　传统民居以砖木结构平房为主。建筑平面多以较为规整的矩形平面为主，由于受到结构体系的限制，其开间与进深尺度较小，往往以三开间为主，五开间较为少见。平面组合形式多为"一"字形（单堁）、"L"形（一正一厢）、"凹"字形（一正两厢三合院）、"口"字形（一绞圈四合院）、"T"形独幢式等多种模式，与外部空间一同形成适应宅基和自然地形的宅院布局模式。两层建筑仅存个例，如在"一"字形（单堁）平面上建二层，形成楼房，有江浙民居风格特征的两层合院。

"一"字形排屋：宝山区罗店镇毛家弄村（2023年8月邱高根深摄）

"一"字形建筑：宝山区罗泾镇洋桥村西杨老宅
（2023年8月邱高根深摄）

"L"形建筑：嘉定工业区娄东村（2023年8月）

"一"字形建筑：嘉定区徐行镇伏虎村（2023年8月）

"一"字形建筑：青浦区重固镇章堰村（2023年8月）

"L"形建筑：青浦区重固镇新联村张氏住宅（2023年8月）

2.组合

在院落基础上向纵深发展，形成多进院落。堂屋楼厅前正对的砖细仪门、墙门楼高大精美，多用灰塑、砖雕。

多进式合院：宝山区罗店镇东南弄村（2024年3月付有摄）

"T"形建筑：宝山区罗店镇张士村（2023年8月邱高根深摄）

"凹"字形建筑：嘉定工业区娄东村（2023年8月）

"凹"字形建筑：宝山区罗泾镇洋桥村方何宅（2023年8月）

三进院落：嘉定工业区娄塘村印氏住宅

四合院建筑：嘉定工业区娄东村先塘262号袁氏住宅（2023年12月）

5.4.3 结构体系

1.屋架结构

　　屋架结构通常为穿斗式结构，以穿枋穿连柱子形成房架，一般称作竖帖。穿斗式木构架用料小，整体性强，但室内空间大小受限。厅堂、祠堂等较大尺度的建筑，采用抬梁式结构，有圆作抬梁、扁作抬梁，减少柱子落地所占用的空间，使三开间的房间中没有分割，合成一间，很有气势。同时厅堂前部多设翻轩。也有部分建筑的屋架是抬梁和穿斗两种结构混合而成的。

宝山区罗泾镇洋桥村西杨老宅（2023年8月周丽娜摄）

嘉定区徐行镇草庵村

嘉定区徐行镇伏虎村

穿斗式建筑：宝山区罗店镇东南弄村（2023年8月宋祥摄）

抬梁穿斗式建筑：嘉定工业区娄东村（2023年8月）

歇山式建筑:嘉定工业区娄东村

建筑屋面:嘉定区娄塘古镇(2024年4月傅鼎摄)

硬山开窗山墙:宝山区罗泾镇洋桥村方何宅(2023年8月周丽娜摄)

硬山搁檩式建筑:嘉定区马陆镇陈村村(2023年8月)

2.屋面结构

曲水泾浜地区建筑屋面结构主要有以下三种形式。

歇山式:屋面采用类歇山的做法或四水归堂式屋面。屋脊端部起翘较为高远,犹如展开的羽翼,做法类似江南传统屋檐中的嫩戗发戗。

硬山式:以硬山搁檩式结构,两侧山墙砌至屋顶,因所需礴砖(方言,矩形砖)较多,而旧时砖料费用较高,因此多为农村富户所建。

悬山式:屋面有前后两坡,而且两山屋面悬出于山墙或山面屋架之外的建筑。悬山建筑梢间的檩木不是包砌在山墙之内,而是挑出山墙之外,挑出的部分称为"出梢"。

3.立面材质

主要的外墙材质有两种,一种是小青砖墙外粉纸筋石灰,既能保护墙体避免受潮,也可以利用白墙反光提升环境亮度。另一种是在木龙骨外封素木板墙,或者干脆使用铺板门扇代替墙体。两种材质往往结合使用,如两层楼房多在一层采用砖墙外粉石灰,二层采用木板墙木门窗;而一层平房常在正堂设置木门板木板墙,侧房使用砖墙外粉石灰和木门窗,形成一种材质上的韵律感。

4.山墙

由于传统建筑多以双坡屋面为主,故山墙面多呈现"人字形"硬山立面,部分传统建筑山墙采用观音兜。即在山墙上方继续往上砌筑一段距离,使其平行,再以小圆弧线相接。其他地方"观音兜"形式上部大多并无平行做法,所以这边的平行做法带有典型的地域特征。

传统建筑立面：嘉定区徐行镇伏虎村（2023年8月）

传统建筑立面：嘉定区徐行镇大石皮村（2023年8月）

传统建筑山墙：嘉定区外冈镇葛隆村

观音兜：嘉定区华亭镇毛桥村（2023年8月）

嘉定区娄塘古镇传统建筑（2024年4月傅鼎摄）

观音兜：嘉定工业区娄东村

5.4.4 建筑色彩

传统民居建筑色彩多以白色抹灰墙搭配青黑色小青瓦坡屋面，搭配青灰色石材装饰构件、栗色木门窗构件、栗色小木作构件等，整体色彩为白墙＋黑瓦＋灰色细部，呈朴素的黑、白、灰色调关系。门窗通常保留木色。有些20世纪80—90年代的民宅外墙面采用马赛克贴面装饰。

嘉定区安亭镇钱家村传统建筑

嘉定区华亭镇连俊村传统建筑

嘉定区徐行镇伏虎村传统建筑（2024年4月傅鼎摄）

青砖木构：宝山区罗泾镇洋桥村西杨老宅（2023年8月刘苒摄）

嘉定区外冈镇葛隆村传统建筑（2024年11月张恺摄）

5.4.5建筑门窗

1.仪门、门楼

　　俗称墙门、墙门头，是传统民居中装饰最为精致的一部分。绞圈房与深宅大院，通常架设在墙门间或围墙后，装饰从上到下依次为：上枋，通常置各类简单装饰；中枋，中间置字碑，多为名人题写，体现屋主的传世家训、经世之道，字碑两侧为兜肚，多做各类捏作、砖雕戏曲故事；下枋，通常置各类装饰。普通民居的大门常为板门，中间两扇对开，两侧又各有一扇单开门。

仪门：青浦区白鹤镇朱浦村(2023年8月)

仪门：嘉定工业区娄塘古镇印氏住宅(2023年8月)

潘家门楼：宝山区罗店镇罗溪村(宝山区文旅局)

板门：嘉定工业区娄东村(2023年8月)

板门：嘉定区徐行镇草庵村(2023年8月)

2.闼门

　　常常设于灶间，其构造方式较为独特，即可拆卸的"窗+固定扇"，日常使用中可兼做窗使用，有需要时可拆除门中竖梃，形成较大宽度的大门，便于织布机在宅院场地中搬进搬出，是住宅曾经普遍用于棉纺生产的印迹。半门，也是闼门的一种，上部通常做不同穿花纹路，有金钱纹、字纹等，可防止小孩乱走及家畜进入屋内。

　　嘉定地区及邻原嘉定县周边农村传统民居有一种具有创造性的窗扇——直棱窗，又叫忽闪窗，是嘉定农村传统民居的一大特色，也是早期移窗的体现。

闼门：嘉定区华亭镇毛桥村（2024年5月）　　半门：宝山区罗泾镇新陆村（2023年8月刘苒摄）

菱形木格窗：嘉定区安亭镇钱家村（2023年8月）　　花格窗：嘉定区外冈镇葛隆村（2023年8月）

可开合直棱窗：嘉定区徐行镇草庵村　　木板与栅栏窗：嘉定区徐行镇草庵村　　直棱窗：嘉定工业区娄东村　　西式窗：嘉定工业区娄塘村印氏住宅（2023年8月）

5.4.6 建筑细部

　　传统民居细部装饰较为简洁，主要包括屋脊、墀头、石雕、木雕、门窗装饰等。屋脊常有雌毛脊、哺鸡脊、纹头脊、甘蔗脊。墀头位于衔接山墙与屋面檐瓦的部分，用以支撑前后出檐，且形式多样，以线形曲折变化为主，不做雕花。有些现代所建的民宅二层阳台设置砖砌镂空围栏，有多种围栏图案样式。

漏窗：嘉定区娄塘古镇印氏住宅

垂花柱：嘉定区外冈镇葛隆村（2023年8月） 纵头脊：嘉定区外冈镇葛隆村（2023年8月）

雕花梁

雌毛脊：嘉定工业区娄东村（2023年8月） 纵头脊：嘉定区外冈镇葛隆村（2023年8月）

甘蔗脊：宝山区罗店镇远景村王宅（2023年8月哈虹竹摄）

墀头：宝山区罗店镇张士村（2023年8月刘苒摄）

墀头：宝山区罗店镇东南弄村商铺（2023年8月宋祥摄）

花窗：宝山区罗泾镇洋桥村方何宅（2023年8月刘苒摄）

方格移窗：宝山区罗店镇张士村（2023年8月刘苒摄）

雕花：宝山区罗店镇新桥社区潘氏墙门楼（2023年8月哈虹竹摄）

镂空围栏：宝山区罗店镇张士村（2023年8月柳迪子摄）

5.5 特色要素与场景

5.5.1 冈身遗址

上海古冈身在距今约 6000 年前形成，自西北向东南分布在上海中部至常熟、江阴等地，横贯江南东部。冈身由隆起的数段沙堤组成，高程 1.8—2.2 米不等，宽度在 2000—5000 米不等。

冈身由海潮推拥贝壳沉积物形成，经过自古以来多年的农业种植和土地平整，特别是今天的城市发展建设，已经基本看不出冈阜相连的情景，但是冈身中多条高冈自西向东线形并列，每条高冈边都形成水槽，通过留存至今的河塘——横沥塘、沙港（沙冈塘）、竹港（竹冈塘）、盐铁塘等可大致辨认冈身的分布。

目前能够辨认的冈身共有六条，包括吴淞江以北的沙冈、外冈、青冈和吴淞江以南的沙冈、竹冈、横泾冈。吴淞江以北的冈身位于嘉定境内，如今外冈镇、沙冈桥、青冈村、石冈村等地名，还留着冈身的记忆。位于嘉定外冈鸡鸣塘北有一处土阜叫马鞍山，是冈身带的遗迹，依稀可见冈身当年的模样。历史上曾有多处墩阜处于冈身之上，供人眺望，现在留下的尚有外冈的马鞍山、方泰的烟墩与南翔的鹤槎山等，作为历史印迹被列为文物保护单位。

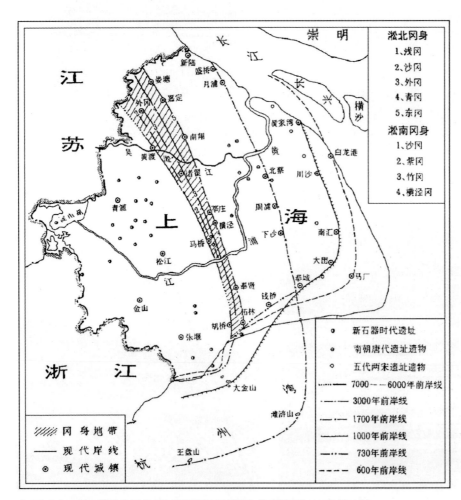

古冈身分布示意图（张修桂《上海浦东地区成陆过程辨析》，《地理学报》1998年第53期）

5.5.2 传统老街

上海历来因水兴港、因商兴市，水多之处往往商贸繁荣、人流汇集，形成各类或滨江、或沿溪、或依托码头的街市与行市。古冈身以西的地区率先成陆并开展商贸，因此从事商贸的古街道出现较早。该区域因水系通航、依托港口码头等优势，兴起商贸交易而逐步形成商业繁荣的老街，如青龙老街。随着时代的变迁，海岸线不断东移，上海的贸易港口不断变迁，冈身以西的传统商业老街由于丧失贸易之利而由盛转衰，但千百年来形成的老街布局、老街上的传统建筑和遗存，仍然记录着老街当年喧闹繁荣的商贸景象。

1.青龙老街（青浦区白鹤镇塘湾村）

青龙老街位于旧时青龙镇（已取消建制，并入白鹤镇），"先有青龙港，后有上海浦"。青龙镇始建于唐代，位于吴淞江边，当时吴淞江是太湖流域的主要出水通道，往来海上的商船多由此进出，青龙镇因此成为上海地区最早的对外贸易港口和商业重镇，曾盛极一时。青龙镇繁盛之时，"有坊三十六，桥二十二，十三寺、七塔、三亭"，其中最著名的是青龙塔和青龙寺。后由于吴淞江下游河道淤塞和海岸线外移，至南宋末，青龙镇的颓势已渐渐明显。至明代，青龙镇丧失了贸易港口之利，终致衰落，明末以后，镇上的名胜古迹已十不存一。

如今的青龙老街隐匿在纪白公路旁的塘湾村里，长度约 200 米。老街由民居和商铺组成，其街中石板路是宋时原物。

2.葛隆老街（嘉定区外冈镇葛隆村）

葛隆老街位于嘉定区葛隆村，平行于老盐铁塘。依托盐铁塘的交通枢纽优势，葛隆村的商业曾经非常发达，短短百余米的老街在上世纪初商家一度达到百余家，米行、柴行、木行、竹行、茶馆、饭馆、面馆、百货店、杂货店、南货店、糕饼店、理发店、木器店、竹器店、酱油店、豆腐店、切面店、淀粉店、水果店、成衣铺、香烛店、肉庄、鲜鱼号、染坊等，还有清代光绪三十四年（1908）沪宁铁路通车后，开辟了葛隆—方泰—黄渡火车站的木篷船客货两用航线和清代宣统二年（1910）嘉定邮政分局在葛隆镇设有信箱，收发邮件，林林总总应有尽有，每天一市，热闹非凡。

老街上集中了一些地标建筑，记录了不同时期的人文历史，共有九处民居被列为不可移动文物保护点。其中建于清光绪三十年（1904），

青龙老街：青浦区白鹤镇塘湾村（2023年8月）

南中市上的陆家木作行,是葛隆镇上著名的木器店,一栋坐东朝西的"仁润堂",主楼两层,采用当地传统的结构,连窗户也保留古色古香的蚌壳采光,堪称江南民居的代表。坐落于葛隆老街的张梅卿住宅,为民国年间的中西式建筑,坐西南朝东北,两层楼砖木结构,采用传统与欧式相结合,二层有走廊,有罗马立柱及百叶窗,背立面有红砖砌的拱券门,在当地别树一帜,是嘉定地区近现代具有代表性的文物。

3.诸翟老街(闵行区华漕镇诸翟村)

苏州河边的诸翟老街历史上位于青浦、嘉定、上海三县交界处,清政府在此设立"三界司"。清代至民国时期,因为棉纺织业的兴盛带动集镇的繁荣,蟠龙港粮船云集,市面盛极一时。诸翟老街人气十足,尤其早市更是热闹,街道上人来人往,街边小吃摊位林立,叫卖声、吆喝声、嬉闹声不绝于耳。

诸翟老街分为东街、西街。其中,东街已拓宽修建为现代商业街;西街仍保留老街历史肌理及少量古建,沿街两侧为居住功能。侯胡氏贞节牌坊位于诸翟西街,坊额刻有"族表侯益芝妻胡氏"字样。两坊柱高3.5米、宽2.5米,塑有浮雕。牌坊由石材建造,目前保存较为完整,2017年列入闵行区文物保护点。

张家住宅于2016年列入闵行区文物保护点。鹤龙桥又名"西诸家桥",位于诸翟西街南侧,建于清康熙四十五年(1706)岁次丙戌冬。2018年,因河道整治,河面拓宽至40米,影响石桥安全,特将鹤龙石桥向东平移约50米,在河道弯口外侧岔口处落地,作通行和景观一体化处理,今保存状况良好。2018年闵行区对老街进行综合整治,沿线修建白墙黛瓦的仿古建筑,沿街墙体立面增加反映诸翟村历史的墙体彩绘。

葛隆老街:嘉定区外冈镇葛隆村(2023年8月张恺摄)

闵行区华漕镇诸翟村诸翟老街侯胡氏节牌坊（2022年2月）

闵行区华漕镇诸翟村鹤龙桥（2023年8月李悦摄）

闵行区华漕镇诸翟村诸翟老街（2023年8月李悦摄）

5.5.3 古桥

1.乐善桥

　　乐善桥坐落于青浦区华新镇与重固镇接壤的位置，是一座东西走向的石桥，横跨在艾祁港之上，当地居民通常称之为"汪家桥"。这座桥梁是一座由单一孔洞组成的石拱桥，主要建筑材料为花岗石。

　　乐善桥始建于清道光十七年（1837），历史悠久、文化底蕴深厚，拥有较高的施工技艺，是古代劳动人民智慧和汗水的结晶，散发着历史的光辉。作为宝贵的历史文化遗产，它拥有极为重要的历史价值和研究价值。由于年代久远，乐善桥桥身石材风化、破损严重，两侧桥基沉降，造成一定的结构安全隐患。为了保护抢救该古桥，延续古桥的历史和价值，于2021年底完成修复。修缮后的乐善桥成为华新重固交界的一道亮丽风景线。两侧楹联耐人寻味，东联："桥迎塔影来龙运，乐济无穷；

脉接云间流泽长，善垂永久"；西联："往来自此安行，洵可乐也；悠久得以济众，不亦善乎。"

2. 塘湾桥

　　庆泽桥位于青浦区白鹤镇塘湾村，东西向，跨艾祁江，俗称"塘湾桥"。明万历二十三年（1595）始建，清道光二十九年（1849）重建，2002年修缮。清咸丰三年（1853），塘湾村民小刀会起义领袖周立春及其女周秀英，曾在此桥上与清兵对阵厮杀。

3. 金泾桥

　　金泾桥位于青浦区重固镇章堰村南首，南北向，跨金泾河。当地文人墨客在桥上饮酒赏月，吟诗作对，故又称"观月桥"。清乾隆四十七年（1782）重建，宣统时（1909—1911）重修。该桥为单孔石拱桥，青石、花

青浦区华新镇淮海村乐善桥（2023年8月陈阳摄）

青浦区重固镇章堰村金泾桥（2023年8月）

岗石材质。桥长18.8米，宽2.8米，高3.7米。横联分节，并列式拱券，拱跨5.7米，高3.15米。南堍石阶16级，北堍18级。桥西南一侧有护栏，拱券两侧刻桥名和建造年代，券上刻捐修人姓名及捐资数目。现该桥石阶破损、护栏残缺，但整体保存基本完好，今仍为村民生产生活所使用。2011年被公布为青浦区文物保护单位。

4. 兆昌桥

兆昌桥位于青浦区重固镇章堰村东首，南

北向，跨金泾河。清嘉庆五年（1800）春始建，宣统二年（1910）重修。该桥为单跨平梁桥，花岗石材质。桥长17.7米，宽2.6米，高3.8米，跨径5.25米。桥两堍各有12级石阶。两侧水泥砌就护栏，高0.76米。两岸桥墩块石砌筑，桥面用四块条石并铺。桥两侧有楹联，东联："澄波西绕迎新旭，紫气东来启瑞云"；西联："人烟盛处香烟盛，德泽深时福泽深。"2011年被公布为青浦区文物保护单位。

青浦区白鹤镇塘湾村塘湾桥（2018年11月）

青浦区重固镇章堰村兆昌桥（2023年8月徐琪玮摄）

5.5.4 古塔

青龙村内有上海最老的古塔——青龙塔，塔名"隆福寺塔"，俗称"青龙寺塔"，又名"青龙雁塔"，是上海古老港口青龙镇遗存的地面建筑物，是上海市稀有的实物古迹，也是研究上海古代史、古建筑和佛教史的宝贵资料，现为市级文保单位。

古塔建于唐长庆年间（821—824），北宋庆历年间（1041—1048）重建，清顺治年间（1644—1661）再修缮。青龙塔原是七级八面，砖木结构，原有腰檐，平座栏杆，顶有塔刹，外呈八角形，内有方室。此塔当年高耸入云，是海船驶向青龙港的航行标志，见证了上海商贸繁荣。后被战火破坏，现只留下宋代修建的塔身，残高30多米。塔自17世纪修缮后，300多年来未曾大修，以致腰檐、平座、外檐、斗栱、枋等不断脱落。1954年7月铸于明崇祯十七年（1644）的塔刹铜葫芦被台风吹倒，现藏于青浦博物馆。1992年，市文物管理部门对塔进行纠偏和加固。青龙残塔现今仍然耸立，述说着青龙寺和青龙镇的故事。

青浦区白鹤镇青龙村青龙塔外观与内景

5.5.5 古树

嘉定区安亭镇光明村村域内现存 10 棵古银杏，围抱成群，树龄多在 200 年左右。其中一棵树龄为 1200 年的银杏树，编号为上海"0001"，是上海地区登记建档的古树中树龄最老的，被誉为"古银杏树王"，又称"上海第一古树"。"树王"高 24.5 米，胸围 6.5 米，冠径 20 米，树根分布范围达数亩地。为了保护古树，村内建成一座占地 5000 平方米、具有江南园林特色的古树公园。

嘉定区安亭镇光明村千年古银杏树（2023年8月）

嘉定区安亭镇光明村古树公园（2023年8月黄永庆摄）

5.5.6 红色遗迹

在青浦区白鹤镇塘湾村现存两处新四军宣传标语遗迹。1945 年 9 月 20 日，中共中央决定，华中局令浙东区党委和新四军浙东游击纵队除留下少数人员坚持浙东原地秘密斗争外，全体指战员和地方党政干部必须在七天内全部撤离，开赴苏北。10 月，浙东纵队北撤途经旧青浦镇北首时，用朱红粉刷写下的宣传标语，内容是："巩固国内团结，保证国内和平！新四军宣"（土地庙北墙）和"我们要和平反对内战！新四军宣"（旧青浦小学西围墙）。这是目前上海地区发现的唯一一处新四军宣传标语真迹。前条标语长 8 米，后约为 20 米。1959 年 7 月公布为青浦县文物保护单位。

青浦区白鹤镇塘湾村新四军标语墙（土地庙北墙）（2023年8月）

青浦区白鹤镇塘湾村新四军标语墙（旧青浦小学西围墙）（2023年8月）

5.6 典型民俗文化

曲水泾浜地区水网发达、田水相依，村庄依水而建，是传统的农业经济区，有着长期的农耕背景，至今依然保留了较多的江南传统农耕文化习俗。它们都是在民众日常生产生活中产生的，处处体现着农耕文明的智慧，包括农耕谚语、农事歌谣等民间文学，编织、十字挑花、竹刻等民间手工艺，丝竹、沪剧等民间音乐和小笼包、米糕等传统农耕美食。

5.6.1 徐行草编

嘉定徐行地区以其江南特有的草编技艺著称，特别是以黄草为原料的编织工艺，在当地流传已久。乡村匠人巧妙地运用黄草的茎干，编织出既实用又美观的日常用品。这些用品上绘有色彩缤纷的图案，不仅精致而且轻便，因此成为这一地区的一大特色产品。徐行草编2008年入选第二批国家级非物质文化遗产名录。

徐行出产的黄草色泽素雅，质感既光滑又坚韧，并且能够接受染色处理。以此材料制成的工艺品，其纹理显得清晰而均匀，结构紧密而有弹性，表面平整且光亮，样式多变，色泽丰富，制作工艺精巧，充分展现了民族风格。产品种类繁多，如手提包、水果盘、杯套、盆垫、拖鞋等，每一件都充满乡村风情，融合了手工编织的自然美、艺术美以及实用性。

根据清代学者王鸣盛（1722—1798）的记载，徐行的黄草拖鞋在唐代已经是苏州府的土特产之一。到了元代，有文人雅士赞颂"野老编鞋街市售，日落盐包换酒回"，反映了当时徐行草编的盛行。至清朝，徐行的草编产品更是被列为贡品。在同治年间（1862—1874），徐行镇周边形成以编织黄草为特色的区域，编织业成为当地农民重要的家庭副业。

5.6.2 安亭药斑布

安亭药斑布已有八百多年的历史，是蓝印花布的前身，其纺织涂画染色起源于宋代，创始者为安亭归氏。因此，又称"归氏药斑布"，是安亭盛名远扬的纺织产品。

药斑布中的"药"，是指染色原料蓼蓝草（俗称"板蓝根"）；"斑"是指漏版刻印后形成的花纹。用料就地取材，蓼蓝草分布于吴淞江两岸，石灰更是上海乡村随处可见，生产成本极其低廉。加工工艺相对简单，主要包括刻板、刮浆、染色、出白晾晒四个步骤。

药斑布的布质好，耐穿，透气性好，且图案鲜艳亮丽，是其他染色土布无法相比的。药斑布还具有防蛀防霉，长期储存不褪色，不霉变，适合江南气候和农业耕作的特点。

过去，药斑布在安亭作为农民生活中不可缺少的生活用品，用来制成被子、蚊帐、被单、窗帘、衣服、围裙等。乡村姑娘出嫁时必须准备一条药斑布被子，被称为"当家被"。花纹多为吉祥图案，比如寓意和和气气的荷花。2009年，药斑布印染工艺被列入第二批上海市非物质文化遗产名录。

徐行草编（嘉定区规划和自然资源局）

安亭药斑布（嘉定区规划和自然资源局）

罗泾十字挑花（"上海宝山"公众号）

沪剧演出（宝山区文旅局）

5.6.3 罗泾十字挑花

宝山罗泾十字挑花以土见长，有着原汁原味的农耕文化特色。土布上"挑花插线"作为平民百姓的衣着装饰，曾在宝山的罗泾地区极为盛行，达到凡女子人人皆会的普及程度。有的制品还兼有承载民俗民风的功能，如"压箱底""子孙包""移升""压邪"等。经三百余年的发展，罗泾十字挑花形成个性鲜明的艺术风格和制作工艺。

罗泾十字挑花以"行针""绞针""蛇脱壳"为基本针法，从布眼里插针，顺"布势流"引线，正面以大小一致的十字构成图案，反面呈均匀点状分布，显示其工艺的精致独特；用"独立纹样"组合构成的画面，虽无惟妙惟肖的逼真，却有整体意境的体现；抽象、稚拙、夸张、变形的象形手法，既有风土人情的描述，又有诉求意愿的体现，具有丰富的文化内涵。

5.6.4 沪剧

顾名思义，沪剧起源于上海地区，是由上海滩簧和申曲演变而来的地方戏曲。位于上海市青浦区的白鹤镇，被誉为沪剧的故乡。以往由于条件限制，沪剧的演出多限于县城的剧院，普通民众很难有机会观看。而在农村，流动艺人的简易舞台演出，尤其是沪剧，则相对常见。随着中华人民共和国的成立，人民的生活水平得到显著提升，特别是在冬季学习和民校等扫盲活动中，业余文化活动也开始蓬勃发展，如唱红歌、跳秧歌舞等，在各个村庄广泛流行。在人民政府宣传干部和当地群众教师的辅导下，一些村庄自发组建文艺宣传小分队或业余剧团，创作和排练与各类宣传活动相结合的剧目，并在当地进行演出，旨在通过娱乐形式实现宣传教育的目标。在青浦白鹤地区，最早成立的农村业余剧团是青龙乡剧团。乡剧团于1949年筹建，由旧青浦小学的教师和商业工作者共同发起成立。1998年，白鹤镇接受上海沪剧院授予的"上海沪剧之镇"的光荣称号。

丝竹表演(2023年8月张恒旗摄)

南翔小笼馒头("上海发布"公众号)

5.6.5 江南丝竹

　　丝竹是琴瑟箫笛等乐器的总称,丝指弦乐器,竹指管乐器。江南丝竹盛行于长江以南地区,主要流传于江南一带广大乡村民间,以二胡、笛子为主要乐器,演奏者少则二三人,多则七八人,有"中国的轻音乐"之称,又称"国乐"。其特点是演奏风格精细,在合奏时各个乐器声部既富有个性又互相和谐。作为江南水乡文化杰出的代表之一,江南丝竹所蕴含的不只是艺术魅力,还有中国人世世代代传承下来的处世哲学。丝竹演奏,上海话叫"合丝竹"。这里既有你进我退,崁挡让路的礼仪,又有点互相竞争的意味,其最高境界是和谐共处、协同创新。

　　江南丝竹在白鹤地区得到蓬勃发展和流传。20世纪初,白鹤已有新江村的"新记国乐社"从事丝竹演奏,后西园村又成立"天麒国乐社",于1979年成立白鹤文化中心丝竹队,于1996年成立江南丝竹协会白鹤丝竹总团。如今,很多乡村仍有从事江南丝竹演奏的老年人民乐团,是上海乡村民众喜爱的一种音乐形式,得到自发的传承。

5.6.6 南翔小笼馒头

　　南翔小笼馒头由嘉定区南翔镇"日华轩"点心店主黄明贤始创。据记载,清代同治十年(1871),黄明贤经营南翔大肉馒头。当时古猗园是文人墨客经常聚会的场所,黄明贤从中看到商机,挑来店里的大肉馒头叫卖。因为仿效者逐渐增多,就另辟蹊径,对大肉馒头进行创新,采用"由大改小、重馅薄皮"的方法,创制"南翔小笼"制作技艺。

　　南翔小笼馒头的独特之处在于做工讲究,肉馅精良。用不发酵的精面粉为皮,用手工剁成的猪腿精肉作馅料,肉馅里加上肉皮冻。这个肉皮冻非常讲究。最独特的是不用味精,用隔年老母鸡炖汤,煮肉皮成冻,拌入肉馅,馅里撒入少量研细的芝麻,还根据不同的季节,加入蟹粉或虾仁或春笋。每两面粉制作10个馒头;每只加馅3钱,用戥(音 děng)子过秤;每只馒头捏出14道褶,出笼时需自行检验,任取一只放在定格的小碟内,用筷子戳破皮子,如流出汁水不满一碟,则不出售,因而赢得信誉。

　　小笼出笼时呈半透明状,形如荸荠,小巧玲珑。品尝时,可以用"一口开窗,二口喝汤,三口吃光"的方式,先咬一小洞就着吸吮,美美地吸咂品味汤汁,再吃包子皮和馅。除了"蒸"食以外,还可以在七成的熟油中"炸"至金黄色食用,也可以放入沸水中"烧"至浮起后,加鲜汤食用。2007年,"南翔小笼馒头制作技艺"被列入上海市首批非物质文化遗产名录,2014年,"南翔小笼馒头制作技艺"正式成为第四批国家级非物质文化遗产代表性项目。

崇明区新村乡新浜村 (2023 年 8 月丁彦竹摄)

06

河口沙岛

自 然 地 貌 特 征

典 型 风 貌 意 象

鱼脊意象　螺纹意象

典 型 村 庄 聚 落

崇 明 区 三 星 镇 草 棚 村

崇 明 区 新 村 乡 新 浜 村

崇 明 区 建 设 镇 浜 东 村　浜 西 村

崇 明 区 堡 镇 米 行 村

建 筑 特 征

湾 港 商 贸 古 镇 时 期 的 建 筑

崇 明 农 场 聚 落 时 期 的 建 筑

乡 村 公 共 建 筑

特 色 要 素 与 场 景

传统老街　水闸　水桥　古树

典 型 民 俗 文 化

崇明糕　崇明土布　崇明老白酒

崇明竹编　崇明天气谚语　崇明鸟哨

6.1 自然地貌特征

河口沙岛地貌主要分布于横亘长江河口的崇明区域，长江携泥沙入海，泥沙随波浪潮涌而下，因咸淡水交汇成絮沉积，沙岛聚落随着泥沙沉积逐渐发育变大。随着航运与城镇功能发展，适应防汛排涝和交通需要，人们因势利导，在岛上建立西引东排、蓄淡排咸、如鱼骨螺纹状的骨干水系。民居依河整齐排列，形成垂直网格肌理，沙岛北侧仍然保留枝丫潮沟的生态印记。整体展现出"河口入海间，沙积成三岛；鱼骨状水系，河渠平直延；横纵条状聚，农场围垦田；意境疏朗处，海风拂面闲"的海岛意境。

河口沙岛地貌特征图

6.2 典型风貌意象

6.2.1 鱼脊意象

该风貌意象主要位于崇明岛、长兴岛，依托长江河口三角洲形成的乡村聚落区域。

1.空间基因传承

明清时期，该区域不断受到海潮涨落、泥沙淤积影响，初期滩涂地区上有枝丫状侵蚀潮沟，逐步形成河港。近代以后，原来并不完全相通的潮港通过疏浚取直拉通，逐步形成由"环岛引河—干渠—斗渠—农渠—毛渠"构成的灌区渠系，从而实现农田灌溉、潮汐排涝、淡水降渍、咸水脱盐等功能。人们沿着东西向斗渠逐步聚居建立农居点，形成河口沙岛的生态格局和鱼脊平直的乡村肌理。

鱼脊型分区风貌演变

2.风貌肌理特征

该区域依托"环岛引河—南北干渠—东西斗渠—农渠—毛渠"的灌区渠系形成鱼脊形肌理，水系格局总体呈现均质平直的特点，其中河流弯曲度为1.2。南北向干渠引长江水灌溉农田，间距2000~5000米不等；东西向斗渠起降渍脱盐作用，供村民生活使用，间距约500~1000米几近等距排列。因此村落呈现与干渠垂直，沿斗渠南北两侧双排、呈东西向展开态势。聚落平均长度为1000米。随着村庄在东西向延展，为便于各聚落之间的联系，聚落之间增加了南北向的道路，部分村落沿道路线形展开。

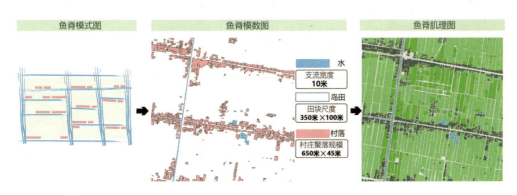

鱼脊型分区风貌模式图

新河港　相见港　直河港　张涨港　环岛引河

17km

25km

鱼脊型分区肌理图：崇明区竖新镇、港沿镇、堡镇、新河镇及周边地区

崇明区新浜村航拍图

鱼脊型分区现状鸟瞰：崇明区新村乡新浜村

6.2.2 螺纹意象

该风貌意象主要位于横沙。横沙乡域空间宛若一只海螺，阡陌的水网如同螺纹，形成螺纹形聚落肌理。

1.空间基因传承

横沙岛系长江泥沙冲积而成，因横亘长江口而得名。清光绪年间（1875—1908），随着人口的增加和土地的开垦，彼时发展成东西宽5公里，南北长7.5公里的大岛。后来由于长江水流南摆，横沙岛开始南坍北涨。人们依岛就势，形成河口沙岛的生态格局和螺纹生长的乡村肌理。

螺纹型分区风貌演变

2.风貌肌理特征

该区域聚落整体沿环河、创建河两条干河和东西向支河呈线形延展，形成螺纹状风貌肌理。东西向支河平均间距300~800米。聚落沿河道两侧展开，布局相对集中紧凑，形成沿水系两岸的带状聚落，聚落平均间距400米。

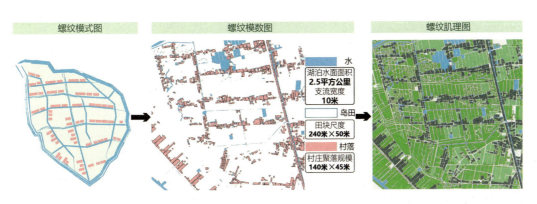

螺纹型分区风貌模式图

红星河

新民河

创建河

文兴河

螺纹型分区肌理图：崇明区横沙乡及周边地区

长江口

文兴河

创建河

螺纹型分区现状鸟瞰

6.3 典型村庄聚落

6.3.1 崇明区三星镇草棚村

三星镇草棚村历史文化风貌区是上海 44 片历史文化风貌区之一，位于崇明西部，东至星月路，西至白港，南至腊塔港南侧水泥路，北至星虹路，风貌区总用地面积 12.56 公顷。其中，核心区用地面积为 2.69 公顷，外围环境协调区用地面积为 9.87 公顷。

现存风貌区范围内主要为村民住宅和商业服务设施。村民住宅占总用地的 58.7%，主要分布在风貌区西侧。商业服务设施沿草棚老街两侧分布，当下基本处于闲置状态。

旧时有黄氏三兄弟从庙镇迁到此地，就地取材，用稻草、芦苇、竹片等编成草棚屋。后相继有岛民来此居住，开设商店做起买卖。1949 年前，海洪港轮埠就设在草棚镇西南部。数十条渔船出海捕鱼回来后在镇上销售，市场兴盛，旅客往来络绎不绝。1960 年代后，西沙滩经围垦逐步扩大，外来人口不断增加，各类商店也丰富起来，有恒裕丰、方万生烟酒店、源盛泰南货店，等等。总之，凡是当地村民日常生活所需的商品或服务设施应有尽有。1990 年代后，随着镇行政中心的转移，老街逐渐走向衰落，居民们也纷纷离开古镇。

崇明区三星镇草棚村聚落肌理鸟瞰（2023年8月许良粲摄）

白港河（2023年8月许良璨 摄）

草棚老街与白港河错落相对，老街现存多处立帖结构的建筑，砖砌方式与江南传统做法不同，同江北做法，传统上称为"如皋式"，并且保留有旧时商业建筑中的上翻店门和全部卸门框，商铺标语若隐若现，体现了自然村落商业街的特色。

草棚村内民居建筑细节中还能到许多崇明非物质文化遗产之一的灶花。泥瓦匠以锅底灰和水调成墨汁，然后在粉刷得雪白的灶壁上作画，这些"灶花"如今依然生动精致。村舍的房前屋后还保留有圆圆的石井，这些小小细节都展现着草棚经历岁月变迁后满满的故事。

厨房灶花、民居水井（2023年8月郑君 摄）

6.3.2 崇明区新村乡新浜村

新浜村地处崇明区新村乡的中部，北临长江北支，南临新海农场，西邻新中村，东邻新乐村，村域面积 430 公顷。

新浜村村内流经区级河道 1 条（中心横河），镇级河道 2 条（界河、环岛运河），31 条村级河道呈南北向分布于中心横河两侧，总长 33.4 公里，整体呈现"三横一纵多渠"的水网格局。

是什么造就了新浜村的鱼脊聚落肌理？故事还得回溯至 1968 年，由江口、合作、海桥、城东等 8 个公社联合组成的围垦大军，来到荒无人烟的滩地上，他们胼手胝足、筚路蓝缕，依靠辛勤劳作将沧海变为桑田。村里曾经参与开荒围垦的老人如今提起那段岁月仍神采奕奕。

老辈人艰苦奋斗、敢于开创新天地的垦拓精神根植于新村人的血液之中。人们与江海较量，通过围垦划分均质的农场，同时为了适应防汛排涝和交通需要，建立西引东排、如鱼脊状的骨干水系，促使崇明北部地区呈现"广袤农田横平竖直、聚落纵横排布依于河渠"的风貌肌理，展现出和冈身以西地区的平原溇港、桑基圩田、"小桥流水人家"所不一样的江南气质，蕴藏着与生俱来的江海激荡和从容包容。

横贯东西的中心横河两旁，村居和道路沿河道两侧次第展开，水、宅、路三者呈"一"字平行排列，相伴相生，可谓是"水系平直、有序引排、良田万顷、村在堤上"。

崇明区新村乡新浜村聚落肌理鸟瞰（2023年8月许良璨摄）

崇明区新村乡农耕图景墙绘（2024年5月郑铄摄）

中心横河（2024年5月郑铄摄）

崇明区新村乡新浜村村鱼骨状肌理图（郑铄制图）

6.3.3 崇明区建设镇浜东村、浜西村

浜东村、浜西村的前身为崇明四大古镇之一的浜镇。浜镇成镇于清康熙年间（1662—1722），因当时颇有经济实力的敖姓居民在此兴建市房，故原名"敖家镇"。后因居住在镇西的李杜诗、镇东的柏谦分别在康熙五十九年（1720）、雍正二年（1724）考中举人，"敖家镇"改为"鳌阶镇"，含意是"脚踏鳌阶步步高"之意。因镇中有两条河浜交叉，故又称"浜镇"。

浜镇北邻东风农场、长江农场，南邻大同村，西邻运南村，东邻民生村。浜镇在历史上具有得天独厚的地理环境和条件。浜镇北部近2公里处就是海滩，曾为崇明岛通往江北海门、启东等地的主要港口。各商号在浜河两岸的主街上建有商铺、凉棚，河上建有不少连接镇两岸的小桥，便于两岸货物交换及其人员往来。浜镇之所以能形成这样规模，除了人气旺盛、生意兴隆的之外，另有一个因素是镇上设有岛上为数不多的粮食交易场所——商户和居民可到"操地篷儿"的地方，有老师傅用一只"升洛"将粮食放进斗里进行计量，再将数量报给账台，结算钱款。20世纪50年代后因港口淤塞、岛屿围垦而衰落。

现如今浜东村、浜西村的聚落中心仍然分布在浜镇公路（原浜河）两侧，成聚集之势。村庄聚落肌理呈现"前店后居"的特征，主街上为开放的商铺，支巷上私密性较高的民居，开放性和公共性随着"主街—巷弄—院落"的体系逐渐递减。每月集市之日，主街上摊贩云集，市场十分活跃。

崇明区建设镇浜西村浜镇老街商铺店面（2023年8月郑铄摄）

崇明区建设镇浜西村浜镇老街街面（2023年8月何禾摄）

崇明区建设镇浜东村、浜西村聚落肌理鸟瞰（2023年11月）

6.3.4 崇明区堡镇米行村

米行村，昔日又被称为老米行镇，位于堡镇最东部，北邻梅园村、彷徨村，南邻五滧村，西邻小漾村，东邻卫星村，陈彷公路东西横穿该村。村域面积390公顷，有自然村8个。

米行镇曾经是崇明东部地区最繁华的古镇。清康熙《崇明县志》记载"盛家米行镇，距滧村镇十里"，其村镇历史已有300多年。当时具有江南水乡特色的米行镇，全长约1.5公里，紧靠公路，中间为米行河，贯穿全镇，交通十分便捷。20世纪20、30年代米行镇最为繁华，是苏北与江南大米经营集散地之一，又是崇明岛最大的大米经销场所。米行河东连渡港、西接四滧港，河中粮船穿梭往返，

两边街道连绵一公里还多，商贾云集，好不热闹。

米行河南北向流经村庄，是历史上的古河道。后期因水系改道、围垦，重建村宅，现如今米行村内主要有米漾河、五滧河两条河道横向贯穿，东至渡港。其局部民居排列肌理不太规则，是顺应原有地形、河道所致。

据村内老人回忆，当年米行河南头通渡港，北头穿过米新桥后与四滧岗相通，米行河中的船只运输进出极为方便。米行镇就是依托这条河，全盛于20世纪的20、30年代。米行河两岸的住宅、街道的建筑鳞次栉比，错落连绵，极为壮观。甚至有"桥、庙、堡、浜，

崇明区堡镇米行村聚落肌理鸟瞰（2023年11月）

不如米行镇一只坑棚"的传说。镇北头有城隍庙，镇南头有平福庵、天主堂，善男信女纷至沓来，门庭若市，庙内钟鼓齐鸣香火不断。镇上商贾云集，热闹非凡。街上各种南货店、京货店、烟纸店、酒店、茶馆、药店、理发店、布庄、染布店、客栈等大张旗鼓，还有油厂、米厂，铁店、大小作坊等应有尽有，形成崇明东部地区最大的粮食交易市场，大小米行（粮店）有十多片，以郁初郎、郁瑞奎、张生荛米行最为著名。

雍正《崇明县志》中的"米行镇"

米行老街遗存山墙（2023年8月宋宁摄）

6.4 建筑特征

崇明地区自成陆起，移民自四方而来，岛内文化融合，建筑形式兼具南北建筑特点。后期也逐渐融入西方文化，建筑风格愈发多样，既有传统的双坡屋顶和歇山顶，也有现代的平屋顶。在装饰上也呈现出不同的风格，如江南民居的粉墙黛瓦、马头墙，观音兜等，西式的老虎窗也十分常见，整体表现出多元素、多文化的混搭。

普通民居以2000年后翻建翻新的建筑为主，建筑的平面布局以"一"字形排布为主，结构体系以砖混为主；多为两层，部分建筑沿用原有脊饰、屋瓦，表现出与传统元素混搭的风格。结构体系主要为砖混结构，材质为砖、石、混凝土。立面主要为水磨石或彩色马赛克、瓷砖贴面，并以带颜色的碎玻璃做燕子、熊猫、仙鹤等图案作为装饰。屋面小青瓦或红色琉璃瓦屋面。

传统民居多采用木制框架，以适应本地独特地形及气候特征。整体风格以白墙青瓦为主调，简约而素雅，再配以精细的砖雕和脊饰等细节装饰，显露出江南水乡的秀丽与细腻。在功能设计方面，充分体现实用性的原则。举例来说，厨房通常位于房屋的角落或中间位置，便于家庭中的烹饪活动。织物间设立在房屋的一侧或后方，靠近窗户以充分利用光线和通风条件。建筑物周围通常会设置一圈宅沟，不仅可以用来浇灌农作物和养殖鱼虾等，还能实现防洪防汛、防火防盗等多重功能。

民居建筑在各个年代均展现出旺盛生命力，体现出各个时期的时代特色。"湾港商贸古镇"和"崇明农场聚落"这两大时代的特征尤为明显。

6.4.1 湾港商贸古镇时期的建筑

1.总体特征

基于抵御水患、倭寇侵扰的原因，开挖河沟，高筑土坝，为民居组团提供类似护城河的防护非常需要。因此，许多崇明地区的院落大宅以四周环绕的宅沟为边界，构成"沟—堤—宅—田—塘"的沙洲民居空间形态，形成当时最为典型的"宅沟院宅"民居形式。

崇明典型的宅沟大院为：三垾两场心四汀头宅沟式民居。其中，三垾房屋的前垾常为倒座，用于收纳杂物；二垾坐北朝南，中间为厅，两侧通常用作书房，旁侧厢房主要充作杂房和帮佣的房间；三垾（后垾）为内宅，宅主及家眷均居于后垾及两侧厢房内，因此除了女佣和女性友人外，男性访客和男佣不得擅自入内。前垾与中间的场心称外场心，二垾与三垾间的院落为内场心。

建筑总体上呈现粉墙黛瓦，直屋脊，小青瓦，硬山或悬山屋顶的风貌。

位于港沿镇鲁东村的朱家老宅，是典型的"三汀头宅沟"建筑，灰瓦白墙江南民居风格，保护完好。建筑采用回字形整体布局，前侧门房简约朴素，后侧主屋脊饰以龙形脊兽，穿斗式结构。

沈银才故居则属于典型的"四汀宅沟"住宅。宅邸四周除南面正门方向外，竹树成林，周边四面有护宅沟，主要屋堂坐北朝南，四合院式砖木结构，在宅沟连桥上建亭，作为建筑主入口。

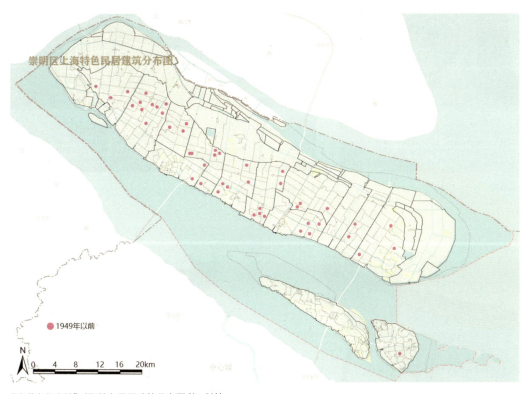

崇明区上海特色民居建筑分布图

● 1949年以前

N

0　4　8　12　16　20km

"湾港商贸古镇"时期特色民居建筑分布图(何禾绘)

三汀头宅沟:崇明区港沿镇鲁东村朱家老宅(2023年8月许良璨摄)

四汀头宅沟:崇明区港沿镇齐力村沈银才故居(2023年8月曹鑫浩摄)

观音兜

五峰山墙（2023年8月许良璨摄）

屋脊装饰（2023年8月宋宁摄）

鱼鳞装饰门：崇明区堡镇五滧村（2023年8月许良璨摄）

仪门:崇明区城桥镇侯南村(2023年8月许良璨摄)

2.建筑细部特征

在沙岛文化和江南文化融合的背景下,并伴随上海市区海派风格建筑的大量涌现,民居出现中西合璧的建筑创新——在江南水乡传统民居的局部点缀西方建筑装饰。

民居建筑单层、坡屋顶、青砖白墙、砖木混合结构,山墙形式多样化,有观音兜、五峰山墙等徽派元素的融入,屋顶有硬山和悬山,屋脊有装饰山花。室内以白色或水泥砂浆墙面为主,筑脊形式简单。受海岛气候影响,为了便于织布机搬进搬出,门窗为一窗一闼,可以全部打开,门窗均为木制,格栅之间常使用鱼鳞(鱼鳞镶嵌在格子中),既透光又挡风遮雨。部分民居还嵌入西洋元素,如圆山花、宝瓶状栏杆、三角窗花等。

崇明传统民居中,最突出的构造特征为一窗一闼。由于棉业普及,家庭对纺纱织布的需求旺盛。为了解决庞大的布机搬运问题,崇明匠人设计了独具特色的一窗一闼。这种结构在门框中部设有可拆卸的立梃,立梃的一侧设单门,另一侧上半部分设"窗",下半部分设"闼"。这个"窗"既能开启,又能关闭;"闼"一侧固定在立梃上,另一侧紧贴门框,需要时可开合。在实际应用中,白天"窗"与另一侧的门同时开放;夜晚,门窗则按需要闭合,并闩上

一窗一闼:崇明区三星镇海安村1949年前民居(2023年8月何禾摄)

门闩;雨天时,可关上一侧的门,同时在另一侧下部的"闼"闭锁时,上方的"窗"仍可开启,保证屋内采光。若需移动家中的布机,只需拆下立梃、取走"一窗一闼"下方的"闼",布机便可轻松地从两扇单门宽度的门框中搬出。

城桥镇侯南村仍留有一座仪门,展示了崇明历史民居的建筑细节。仪门由青砖砌筑,并刷上白灰,门楣上刻有"吉其云卜"四字。墙体约10厘米厚,并从外向木门框处砌成抹角。但是由于长期缺乏保护,此处仅留存一个孤门,并无其他厢房,且墙体出现大量破损。

6.4.2 崇明农场聚落时期的建筑

1.总体特征

围垦时期的民居建筑为白墙灰瓦单层坡屋顶，山面多为观音兜，开间较多。红瓦望板底，青砖白墙，木构穿斗结构，少量存在垫木，无装饰性构件。室内多以白灰粉刷，望板不可见。同时，为满足粮仓、聚会、仓库等大空间需求，出现木构桁架，乃至现代常见桁架组合形式。随着时间推移，大跨度桁架结构材料也由木头转至钢与混凝土。

2.建筑细部特征

陈家镇晨光村有少量 1950—1970 年代存留的老宅，多为面阔五间的长屋平房，砖混结构，红瓦屋顶，屋脊两侧起翘有喜字雕刻装饰，观音兜山墙，山墙处有糙面装饰；门窗皆为木制板门和格栅窗，两侧窗上部有出檐装饰。

庙镇庙中村现存一处 1980 年修建五开间单层建筑。木结构与砖混结构的混合结构形式，屋顶椽子、梁架均为木结构，其墙体为砖混结构。屋顶仍为望板，然抹灰不见全貌。椽子与立面交接处原有孔洞，麻雀燕子等可筑

崇明区上海特色民居建筑分布图

● 围垦时期民居

N

0 4 8 12 16 20km

1960—1970年代围垦时期特色民居建筑分布图(何禾绘)

巢，现已封闭。屋面红瓦，疑为后世翻修。

陈家镇瀛东村西北度假村景区内存有1970 年代的一栋住宅和牛棚，保留了原本的建筑木构桁架，四周墙体主要采用芦苇及木头搭建而成，做法简单、经济适用，满足大批量养殖要求。现变更用途为娱乐活动场所。

民居山墙:崇明区陈家镇晨光村(2023年8月许良璨摄)

民居正立面:崇明区陈家镇晨光村

民居屋脊：崇明区陈家镇晨光村　　　　　　　　　　　　　　　门：崇明区陈家镇晨光村（2023年8月许良璨摄）

五开间民居：崇明区庙镇庙中村　　　　　　　　　　　　　民居内部梁架：崇明区庙镇庙中村（2023年8月许良璨摄）

木桁架牛棚立面：崇明区陈家镇瀛东村　　　　　　　　　　木桁架牛棚内部结构：崇明区陈家镇瀛东村
　　　　　　　　　　　　　　　　　　　　　　　　　　（2023年8月曹鑫浩摄）

6.4.3 乡村公共建筑

在公共建筑总体分布上，宗教建筑有7处佛寺，主要分布在陈家镇（德云村、协隆村、裕安村、鸿田村）、庙镇米洪村、港西镇静南村、中兴镇中兴村；1处妈祖庙，即位于城桥镇老滧渔业村的天后宫；4处教堂，主要分布在港沿镇（建中村、骏马村）、三星镇（东安村）、向化镇（春光村）。另有1处私塾，位于港沿镇跃马村；1处祠堂，位于港西镇北双村；1处府衙县委机关旧址，位于竖新镇明强村；1处供销社旧址，位于竖新镇明强村。

1.寺庙建筑

崇明的寺庙建筑历史悠久，规格一般比较高，整体气势辉煌、磅礴气象。建筑结构基本采用传统木构架与砖木结构的混合，基本是在旧址上重建或扩建。平面布局为长方形，坐北朝南或东南朝向。寺制规整，殿堂高大，一般有山门殿、天王殿、大雄宝殿、法堂、鼓楼、斋堂楼、厢房、寮房、藏经楼，以及各个佛配殿等，由殿、堂、亭、阁、楼，构成一组庞大的寺庙建筑群。一般主建筑大雄宝殿坐落于汉白玉平台上，重檐歇山式屋顶。墙面装饰有祥云的精美图案，厢房为硬山坡屋顶，屋顶轮廓线丰富，屋脊有山花。整体色调以黄红白青为主，黄色墙体，红色檐柱、椽与廊柱，汉白玉的台基和围栏。以青瓦为顶，以青砖为地。建筑细部雕花精美，有莲花吊顶和墙面装饰图案，门窗为木制传统纹样，镂空花纹。寺内佛像、经书、法器、家具等一应俱全。

广良寺：崇明区陈家镇裕安村

三佛讲寺：崇明区陈家镇鸿田村（2023年8月宋宁摄）

崇明区港沿镇骏马村大公所天主教堂

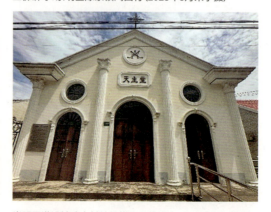

崇明区港沿镇建中村始胎堂天主教堂（2023年8月宋宁摄）

私塾：崇明区港沿镇跃马村（2023年8月何禾摄）

私塾屋脊：崇明区港沿镇跃马村（2023年8月何禾摄）

2.教堂建筑

教堂建筑主要为天主教堂，整体风格中西混搭，简约大气。结构体系以砖混结构为主，基本在原址重建，个别教堂融入哥特式、罗马式和中国式元素。一般堂前立面为硬山墙，会配有罗马柱式和拱门。建筑色彩以白墙灰瓦为主。屋脊有雕花精细，圆形拱形门较为精致，圆形彩色玻璃玫瑰窗，窗棂的构造工艺十分精巧繁复，并配有罗马柱围栏。建筑内部十分开阔明亮，屋内摆设精致，家具齐全。

3.私塾建筑

私塾建筑的最初建设年代为20世纪中叶，延续晚清传统建筑格局，建筑平面布局为"L"形。建筑层数为一层，因建筑久未修缮，部分坍塌，整体较为简陋，与周边建筑错落排列。结构为砖木结构，屋顶为小青瓦坡屋顶，立面为硬山墙，色彩以灰瓦白墙为主，砖墙外粉石灰，有山花，梁柱雕花。建筑简约古朴，门窗保留为传统木制，室内无家具，院内杂乱无章。

4.祠堂建筑

祠堂建筑为1980年代建设于原址，延续原有的晚清传统建筑格局，平面布局为单层合院式建筑。主房坐北朝南，侧边一栋附属建筑，与三面围合形成院落。建筑结构为砖木混合结构为主，正立面采用白灰抹面，屋顶为黑瓦硬山，围墙为白墙黑瓦，有镂空窗。门窗保留为传统木制，细部构造有雕花。整体建筑色彩以灰色、白色为主。建筑整体保存较好，较好展现了传统建筑风貌。

祠堂：崇明区港西镇北双村

5.府衙建筑

竖新镇明强村县委机关旧址建于1929年，平面布局呈"日"字形，主院左右对称，中间堂屋，左右两侧为厢房。堂屋基本结构及面貌保留较好，墙体为青砖砌筑，屋顶为典型的灰瓦，结构为木制抬梁结构，梁下有雕花的雀替。整体色彩风貌呈灰瓦、白墙、朱漆传统府邸风格。门窗材质皆为木制，窗有可开启的木窗和不可开启的木条窗。院内环境较好，并保留有一棵龙柏古树。

6.供销社建筑

供销社建筑位于竖新镇明强村，原建于晚清至民国期间，展示了徽派元素和崇明当地建筑语汇的融合。平面布局为一栋单层坡屋顶民居，五开间，建筑结构为砖木结构，建筑色彩为白墙灰瓦，山墙为五峰封火山墙，保存状态较好。门窗为红色，材质皆为木制，保留有传统纹样。开敞外廊放置长椅，仍有居民前去纳凉。

府衙正立面：崇明区竖新镇明强村 　　　　　　府衙内部结构：崇明区竖新镇明强村（2023年8月许良璨摄）

供销社五峰山墙细部：崇明区竖新镇明强村 　　供销社梁架雀替：崇明区竖新镇明强村
　　　　　　　　　　　　　　　　　　　　　　（2023年8月许良璨摄）

供销社正立面：崇明区竖新镇明强村

6.5 特色要素与场景

6.5.1 传统老街

崇明三面环江,一面濒海,自古商贸航运发达,尤其是明清时期跻身中国沿海重要商埠之一。为便于运输,岛内通过"港"或"汉"纵横联通,可泊舟船,通入江海。因此水系成为镇村生长的骨架和脉络,重要商贸聚落的肌理布局往往顺应水系和主街的走向,居民以舟代步、枕河而居,延续传承了江南传统村落"以水为脉,街市枕河"的特色基因,并在较为繁华的区域形成河滨双侧皆通路的"街—水—街"模式。在主街背后,宅院紧邻并不断生长,也会形成错落的鱼骨状格局。村中以"一、十字水脉"作为主要轴线,并基于集镇公共中心往外延续,衍生"卅""丰"等多种聚落形态。

为了方便贸易往来,商铺建筑布局多平行于河道与道路,呈现"前店后居,街面凉棚"的特色场景,面向街道的商铺集市,建造出挑的半户外空间,供往来商人和游人商贸交易、休憩纳凉、驻留观景。水边布局河埠码头,既便于货物运输和乘船出行,又可用于日常的汲水浣洗。有河便有桥,水赋予聚落诗意和灵气,桥则为集镇添一些通达。漫步于古镇中,或赏桥下船影波光,或看水畔岸柳行人,或依靠街边长廊,感受崇明难得的江南气息。如今留存老街肌理和商贸场景明显的村落仍有多处,如建设镇浜东村、浜西村,港西镇排衙村,堡镇四汉村、五汉村,三星镇草棚村历史文化风貌区等。

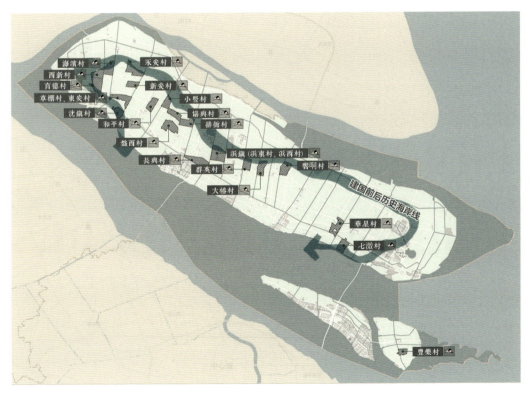

崇明区留存老街的特色商贸聚落分布图(郑铄制图)

1.浜镇老街

浜镇老街位于崇明区建筑镇浜东村、浜西村。1920年代,浜镇老街上开设的庄、楼、馆、园、坊、当、铺,商铺最多时达101家,其业态丰富程度让人惊叹,设有银匠、瓦特蒸汽动力碾坊、油坊、蜡烛坊、酒坊、磨坊、染坊、布庄、酱园店、茶食店、中药店、中医、祖宗画画室、茶馆店书场、无声电影院等。当前老街仍保留着原有的街道形态,有龚氏故居、"高凉棚"、城隍庙等历史建筑。

碾米厂 古老油坊

使用现代动力机的第一人家

该厂位浜镇大桥南边不远处,坐西朝东,西边是车间,有蒸汽机,以及脱壳、轧扁机等设备。东边临街(蟠龙公路)为榨油坊。该厂十九世纪三十年代已出现在浜镇了。该厂除加工稻子脱壳外,农民拿来黄豆后,经机械轧扁后,再送到附设的古老榨油坊里榨油。

茶馆 茶食店

休闲生活的场所

镇上共有四家茶馆店,时不时开设书场,根据客源轮流开场。有时日夜两场,弦琶琮铮,纷纷传来,茶香飘逸,满堂听客,笑意盈盈。镇上有三爿茶食店。当时茶食店能生产几十种干点心,算作高档食品了。浜镇历史上最大的一家茶食店旧址还在,但茶食飘香浜镇的历史,早已翻过一页,昔日的蛋糕等点心早无踪影!

酒坊 酒店

岛上酒店最多的镇

浜镇上的酒店,是浜镇商业经济繁荣的一个标志性行业。当时镇上有十八家,应该说是镇上最多的一个产业群。浜镇的蔡振兴酒坊名气最大,周围村镇酒店均到此批购老白酒。另一家季龙酒坊,开设在浜镇东街,灵龙街的转角处,临两条街面,前店后坊。即前面是酒店,后面有酿酒坊。酒店内除了卖酒,还会卖本地的羊肉面,在当时十分出名。除了老白酒,酒坊内还会和中药店合作售卖药酒。

浜镇染坊

东市有两家,西市有一家,都在浜镇河的南岸。农家为织彩色花布、条纹布或格子布等,就把纺成的原色棉纱拿到染坊,加工成所需要的颜色。染坊使用涂腊等工艺,为农家加工蓝印花布。

银匠店

在浜镇的东市的河南,紧靠两爿洋布店之间,较狭小的门面,柜台上有玻璃小柜,里面摆设银器样品。柜台上还有自鸣钟,兼做修钟的业务。加工银器时,一盏放着很多根灯草的油灯,使用脚踏吹起的皮老虎(有时用铜管嘴吹),吹着灯草,火力加旺,用来焊接。再敲敲打打,一个个漂亮的银器出来了!

浜镇老街重要商铺内容展示(根据民国《崇明县志》,郑铄制图)

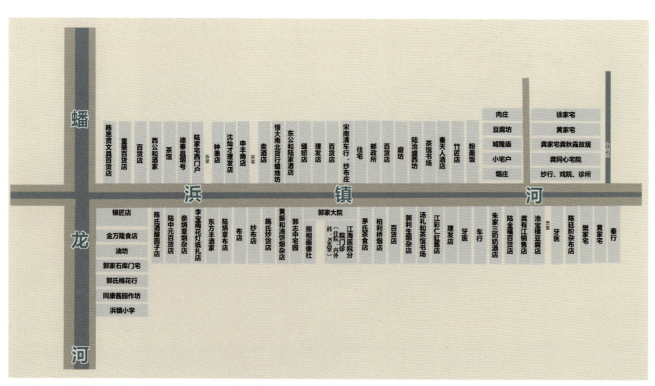

崇明区建设镇浜东村浜镇老街商铺分布复原图(根据浜东村老人吴忠手稿,郑铄制图)

浜镇旧貌图（施国敦作品）

崇明区建设镇浜东村街边现存凉棚空间（2023年8月郑铄摄）

崇明区建设镇浜东村龚秋霞旧居（2023年8月何禾摄）

崇明区建设镇浜东村黄氏旧居（2023年8月黄子怡摄）

崇明区建设镇浜东村传统民居花砖漏窗（2023年8月陈宣燕摄）

2.排衙老街

排衙位于崇明区港西镇排衙村，原是崇明通往江苏北部的港口集镇。排衙，古称"榔头镇"，押解税收、钱粮、案犯到崇明县城等，必经此镇，镇上来往人员和驻扎、住宿较多的多是南北两沙办理公私事务者。借由此因，各类人群在此承办公事，驻屯铺张，设站堆物，摆堂歇宿，人们就把榔头镇改为"排衙镇"。排衙老街在老洮河两侧，东西向，全长300多米，宽6米，两岸市房整齐。老洮河上架有应龙桥（也称"进德桥"）。镇上商行、栈房、纱布庄最为热门店铺。1980年代，村内仍有规模化集市，每日百人赶集。那时较有影响的听书场，可容纳二三百人，伴有弹、唱、戏曲等节目。

崇明区港西镇排衙老街建筑（2023年8月李钰摄）

崇明区港西镇排衙老街凉棚店面（2023年8月李钰摄）

崇明区港西镇排衙村"水街相邻"场景（2023年8月何禾摄）

6.5.2 水闸

水闸是上海乡村地区的特色亮点要素，它不仅具有调节水位的工程作用，也是水网密布地区的一道独特风景线。如今，大部分水闸已重建，仅保留少量老水闸，其中一小部分成为新的网红打卡点。

崇西水闸是上海最大的水闸，位于崇明岛西南端，面朝长江入海口，是一座 3 米 ×12 米的三孔节制闸。水闸外形雄伟高大，集观光与排涝功能于一体，担负着全岛泄洪排涝和长江淡水西水东引的任务，历来以"规模之最、景观造型之最"吸引四方来客。

崇明区绿华镇绿港村新建水闸（2023年8月）

崇明区绿华镇绿港村崇西水闸（上观新闻《漫长的季节里，反复爱上绿华镇》）

6.5.3 水桥

　　水桥，又称"水埠"，大多由长条石构筑，由上而下呈阶梯状伸展到河道的深水处，以方便人们用水，为当地居民打水捞物用的站台板。崇明的水桥，多是用青石板铺成，在河沟沿上，先是一到两个台阶，再往下就是一大块方方正正的青石板，由四根木桩支着，牢牢地横在水面上。水桥是江南水乡建筑的充分展现。

　　水桥也是崇明人日常生活的重要场所。在自来水仍未普及的年代，水桥是人们取水、洗菜、洗衣服的操作台。人们劳作的时候，在水桥上和邻居茶话家常，是水乡极为常见的日常交流场景。同时，水桥还是水乡居民垂钓、戏水、游泳等日常休憩活动的场所，承载着水乡人民美好的生活记忆。即使在自来水已经普及的今天，水桥依然是水乡中人与水连接的重要载体，是崇明岛上一道特色风景线。

崇明区三星镇新安村（2023年8月）

崇明区庙镇白港村（2023年8月）

崇明区三星镇育新村（2023年8月）

崇明区三星镇纯阳村（2023年8月）

6.5.4 古树

　　江南的树，自碧渺的水和肥沃的土壤中孕育而出。沪上乡村多绿植，然而每一种绿色，也各有不同。崇明的乡村在树木的环抱下是疏朗的，呈现"榆柳荫后檐，桃李罗堂前"，"百十里水和树，十万顷田与庄"。

　　银杏树栽培历史达千年之久，三国时便盛植江南。而崇明岛上的这棵银杏树，见证了海岛的时光变迁。四滧村内有一棵古银杏，是崇明目前发现最早的古树，位于村里四滧北河二号桥南岸的古银杏公园内。1986 年被列为上海市一级保护古树名木。据《崇明县志》卷三十卷记载，此数约植于万历二年（1574），距今 450 多年。东株为雄，西株为雌。西侧雌性古树在 1985 年被雷击中导致死亡，民间传说雌树是为了保护雄树自己承受了雷击，为爱献身，舍弃自己的生命，保护自己的"爱人"。剩下的这株雄树（此树高 31 米，冠幅 15 米，胸围约 4.5 米）在阳光熹微时，抖落满身金黄，在风中守护，寄托相思之情。

崇明区堡镇四滧村古银杏（四滧村）

6.6 典型民俗文化

崇明浸润着深厚的海洋文化气息，展现出与内陆文化不尽相同的特色。依托历史时期发达的航运商贸，崇明本岛的特色民俗与传承技艺在多元文化的交流下，呈现兼容并蓄的创新生命力。其中最为突出的代表为"一戏、一糕、一布、一酒"，即崇明瀛洲古调派琵琶、崇明糕、崇明土布、崇明老白酒。

同时岛上的非物质文化遗产与农耕渔作密不可分。例如，岛上居民在田间耕作、出海捕鱼、对外贸易航运等实践活动中，积累了大量有关天气的民间谚语，创作了许多内容丰富的歌谣；在节日庆祝、手工技艺、物产制作等日常生活中，创造了大量以本地竹子为原材料的生活器皿，制作了具有当地风味的特色酱菜和崇明糕等；在民风、民俗、民情等表演活动中，传承和发展了扁担戏、吹打乐等一系列民间艺术。崇明的非物质文化遗产蕴含了岛民在生产和生活中积累的许多经验，至今仍有广泛的应用和艺术价值。

6.6.1 崇明糕

崇明糕的起源可以追溯到宋代，据说是岛民供给灶神的食物，也有民间故事称是明朝时期献给皇室的贡品。经过几百年的发展，崇明糕已经成为崇明岛上的一张美食名片。崇明糕的制作需要选用优质的糯米和粳米，经过浸泡、磨成米浆，再经过一系列繁琐的工序和技巧，才能制作出外形美观、口感软糯、甜而不腻、清香可口的崇明糕。崇明人保持了逢年过节要蒸糕的习俗，因糕与"高"谐音，也寓意"年年高"。如今，崇明不少村镇都在生产售卖崇明糕，如港西镇、竖新镇等，已成为深受四面八方来客喜爱的特色美食。

崇明区堡镇四滧村古银杏树干(四滧村)

6.6.2 崇明土布

崇明土布纺织技艺始于元朝，已有500多年的历史，康熙《重修崇明县志》卷六"物产•货之属"中就有"苎经布"（苎经纱纬）的记载。崇明土布传统纺织技艺源自元代至元年间松江乌泥泾黄道婆从海南黎族地区学到的纺织技艺。明嘉靖中叶，广西人唐一岑（？—1554）任崇明知县，他的夫人引进广西先进的民间纺织技艺，改良纺织工艺，提高纺织质量，从而使崇明的民间纺织业从明清以来一直欣欣向荣。崇明土布传统纺织技艺工艺繁杂，织工精细，从棉花收获到纺织成布，共有十几道工序，包括轧去棉花籽、弹松棉花、擀成棉花条、纺纱、㡧纱、染纱、浆纱、过纱、经纱、嵌扣、运纱、装机、穿梭、织布等。崇明土布种类有间布、单纂；线布、萱经布等，尤其是间布，布纹花式品种繁多，主要有芦扉花布、蚂蚁布、柳条布、格子布、雁行布、一字布等，还能织出工艺难度更大的各种提花布等。

到20世纪初，民间织布机达十万台，几乎家家户户都从事土布纺织生产，崇明土布纺织业达到鼎盛时期，13万户60多万人口的崇明，有近10万台织布机，年产崇明土布250万匹。由于崇明土布的传统纺织技艺精湛，产品曾远销山东、辽宁、浙江、福建、广东等地，还曾一度远销南洋群岛各埠，成为崇明历史上第一个名副其实的外销产品。

崇明土布（崇明区）

6.6.3 崇明老白酒

　　崇明老白酒有着 700 多年的酿造历史。崇明老白酒并非蒸馏酒，而是米酒的一种，其以糯米为原料，经过淋饭后拌药加水精心酿造而成，其酒味甜润，色呈乳白，因此又有"甜白酒""米酒""水酒"之称。早在百余年前，这种米酒就已经在沪苏地区享有盛名。崇明对酒的称呼很独特，一般把白酒称为烧酒，而把米酒称为老白酒。老白酒的称呼来历与民间故事有关，意指其度数不弱于白酒。

　　明末清初，崇明岛上酒坊、酒店星罗棋布，故有"十家三酒店"之说。清康熙年间（1662—1722），崇明老白酒已远近闻名，享有盛誉，而且品种逐渐增多，尤以"菜花黄"和"十月白"为崇明老白酒之佳品，此酒呈淡黄色，四季可饮。崇明老白酒在崇明人的生活中占据着重要的地位。清吴澄《瀛洲竹枝词》中描述了崇明农家酿造老白酒的情景，以及用老白酒款待友人的习俗："柳陌风吹蒸饭香，农家都酿菜花黄。雷鸣各捣蟛蜞酱，共待栽秧启瓮尝。

崇明老白酒制作工艺（崇明区）

夜静家家纺织忙，市廛灯火早开庄。"这首诗生动地描绘了崇明农家在春天的时候忙着酿造老白酒的景象，以及用老白酒庆祝栽秧完成的习俗。

6.6.4 崇明竹编

传统竹编工艺有着悠久的历史，崇明竹编以本地竹子为材料，将竹子剖劈成篾片后编制成各种生产工具。竹编工艺大体上可分为起底、编织、锁口三道工序；在编织过程中，以经纬编织法为主；成品主要是经对竹子切丝、刮纹、打光、劈细等工序，将剖成一定粗细的篾丝编结起来制成。崇明城桥镇马桥村郭志高是"竹编技艺"的传承人，他擅长编制畚箕、箩筐以及竹牛、竹蟹等道具，具备浓厚的农耕特色。捕蟹篮、箩筐等在当下的蟹苗养殖产业仍有不少应用。

6.6.5 崇明天气谚语

天气谚语是崇明岛居民在长期的海岛生活中提炼出来的一种口头语言艺术，传承了当地居民对气候变化的独特见解。它们以简洁明了、便于记忆的方式流传至今，反映出对自然规律的深刻洞察，具有很强的实用性。在崇明，这些天气谚语广泛应用于农业耕作、日常生活以及渔业等领域。人们根据这些谚语来调整农作物种植和收获的时间。例如，"春雷一声响，农事百事忙"，意味着春天的到来，农民们要开始忙碌于农事活动。

崇明居民通过观察天空、云层和风力等自然现象，提炼出一系列关于天气变化的谚语，这些谚语成为预测天气变化的重要参考。比如，"朝霞不出门，晚霞行千里"，意味着早晨的朝霞预示着不佳的天气！而傍晚的晚霞则预示着第二天的好天气。又如"十一月里雾，雨雪没道路"，意思是农历十一月里有大雾，说明将要下雨雪了。崇明居民将天气谚语与科学预测相结合，提高了天气预报的准确性。

崇明的天气谚语不仅是当地居民对自然观察和智慧的体现，同时也证明在科技飞速发展的今天，这些传统智慧依然具有实用价值，值得我们传承和发扬。

崇明竹编（崇明区）

6.6.6 崇明鸟哨

　　鸟哨是崇明东滩地区农民捕鸟时用于诱鸟的一种吹奏工具，至今已有几百年历史。长江流域下泄的大量泥沙到长江入海口，由于江面骤然开阔，流速降低，加上海潮托顶，咸淡水交汇等因素发生沉积，在崇明岛东部形成广大滩涂，滩涂上盛产蛏、螃蜞、芦苇、丝草等，是鸟类生存的理想场所，而崇明东滩又位于候鸟从东亚到澳大利亚迁徙路线的中间位置，是候鸟迁徙途中必经之地，每年有几十万只各种鸟类在此停息。当地农民在捕鸟实践中创造了用鸟哨来诱捕野鸟的技艺。

　　鸟哨用小竹管制成，长约 3 寸，吹奏者用舌头控制气流，模仿各种鸟叫声，捕鸟者事先布好一张"翻网"，旁边放置几只假鸟，人坐在撑着的伞下，见鸟飞来，吹起鸟哨；真鸟以为同类呼唤，飞到网边被翻过来的网罩住而被捕获。技艺高超者，能模仿三十多种鸟叫声，甚至能吸引百米高空的飞鸟。20 世纪 80 年代开始，我国重视野生鸟类保护，禁止捕鸟，崇明东滩农民就不能应用鸟哨捕鸟了。2002 年在崇明岛成立上海崇明东滩鸟类自然保护区，能吹奏三十多种鸟叫声的捕鸟能手金伟国被聘为保护人员，应用鸟哨来吸引鸟类，对鸟进行有关数据检测后，套上环志再放飞，专门为研究保护野生鸟类服务，鸟哨发挥了新的作用。

崇明鸟哨（崇明区）

浦东新区川沙新镇（2024 年 7 月杨崛摄）

07

滨海港塘

自然地貌特征
典型风貌意象
横波意象　羽扇意象　年轮意象
典型村庄聚落
闵行区浦江镇正义村
闵行区浦锦街道塘口村
浦东新区三林镇临江村
浦东新区周浦镇棋杆村
浦东新区新场镇新场村
浦东新区川沙新镇纯新村
浦东新区唐镇小湾村
奉贤区四团镇拾村村
奉贤区青村镇陶宅村
建筑特征
绞圈房子　混合式民居　宗教类建筑
特色要素与场景
传统老街　　　　　古桥
典型民俗文化
浦东说书　　　　灶花文化
卖盐茶　　　　打(造)船技艺

7.1 自然地貌特征

　　滨海港塘地貌主要位于冈身线以东的浦东、奉贤（东部）区域，地势相对高亢，不断外扩新建的海塘线与明清后开挖潮沟、开垦盐田的历史，造就了"横港为主干、纵塘为齿梳"的水系肌理。骨干海塘随着向海外扩的海岸线变迁形成弧形序列，民居依水排列遂成羽扇状的空间形态。整体展现出"横港间纵塘，交错如织网；东西干河长，南北支河广；村落条状聚，林田绿意盎；海滨商贸忙，文化传四方"的原野妙境。

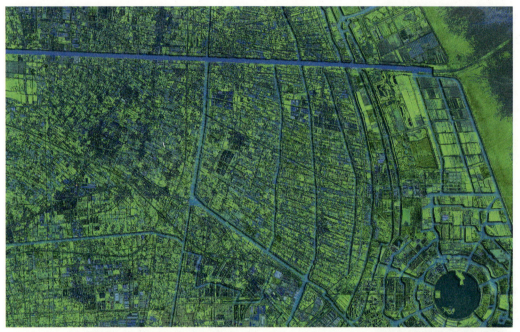

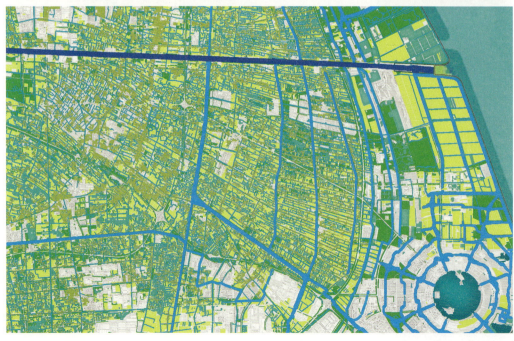

滨海港塘地貌特征图

7.2 典型风貌意象

该风貌意象主要位于浦东新区中部，围绕大治河、外环运河、浦东运河、四灶港、六灶港形成的乡村聚落区域，以新场镇、川沙新镇为典型代表。

7.2.1 横波意象

1.空间基因传承

明清时期，浦东地区的盐民们为了引流海水，蒸晒制盐，开挖出无数条用于引潮的东西向主沟漕（后称"灶港"），再沿主沟漕两侧分别向南北方向开挖支河，将海水引入盐田，便于摊晒。因此海盐的生产工艺与运输奠定了该地区"横港纵塘"的基本水系格局。后来盐业衰退，横向灶港因河道宽阔，延续了生产、航运等主要功能，纵向盐塘逐步转变为服务居民生活的河塘，逐步形成横港纵塘的生态格局和梳状横波的乡村肌理。

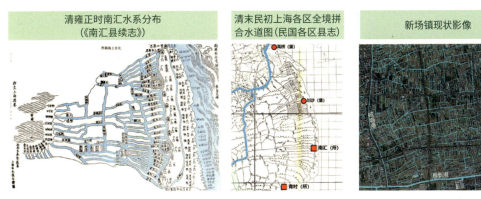

横波型分区风貌演变

2.风貌肌理特征

该区域依托"横港纵塘"的水系格局，沿支河呈线形生长，形成横波状风貌肌理。横港干网水系间距较大，多在 1000~2400 米之间，河道较宽，为 30 米左右；纵塘支状水系较密，多在 100~1000 米之间，河道较窄，一般为 15~17 米。聚落多以纵塘两侧"非"字形，南北向排列；其次也有较多"一"字形横向分布村落。聚落或沿河道向东西向两侧展开，布局相对集中紧凑，形成沿水系两岸的带状聚落。单个聚落规模适中，平均户数在 60~120 户左右，聚落密度约为 15 个 / 平方公里。

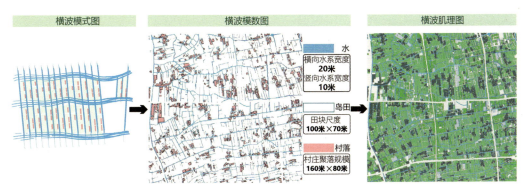

横波型分区风貌模式图

六灶港

五灶港

四灶港

惠新港

15km

大治河

20km

横波型分区肌理图：浦东新区川沙镇、宣桥镇、惠南镇及周边地区

盐塘

盐塘

盐塘

盐塘

七灶港

盐塘

盐塘

浦东新区川沙新镇纯新村航拍图

横波型分区现状鸟瞰：浦东新区川沙新镇纯新村

7.2.2羽扇意象

该风貌意象主要位于奉贤中部、东部，金汇港以东的乡村聚落区域，以四团镇为典型代表。

1.空间基因传承

20 世纪初，由于海潮涨落侵蚀与海沙淤积的共同作用，该区域逐渐形成垂直于海塘的枝丫状侵蚀潮沟。田块肌理围绕沙溆潮沟呈树枝状、多方向分叉形态，以及不规则多边形特征。人们沿着梳状水系，逐渐形成东西羽扇面的生态格局和枝状簇群的乡村肌理。

羽扇型分区风貌演变

2.风貌肌理特征

该区域水系呈现"东西干河＋枝状溆沟"的总体格局，东西向骨干河道与海塘平行，每簇溆沟依托干河向南北方向枝状伸展，溆沟间距 500~800 米分布，分叉方向较多，因此河流多呈三角形斜向交叉，且破碎度较高。其中，支流水系弯曲度较高，约 1.7。聚落因形就势呈树枝状、多方向分叉形态，大致在横向 500~600 米至纵向 600~700 米的范围内分布。村宅布局相对稀疏分散，鱼鳞状小块农田与建筑院落自由穿插布局。

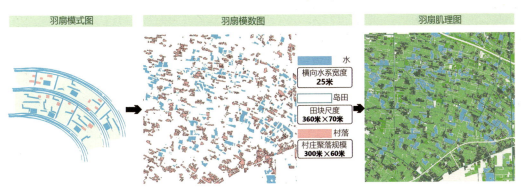

羽扇型分区风貌模式图

9km

12km

羽扇型分区肌理图：奉贤区四团镇、奉城镇及周边地区

春新港

四团港

浦南运河

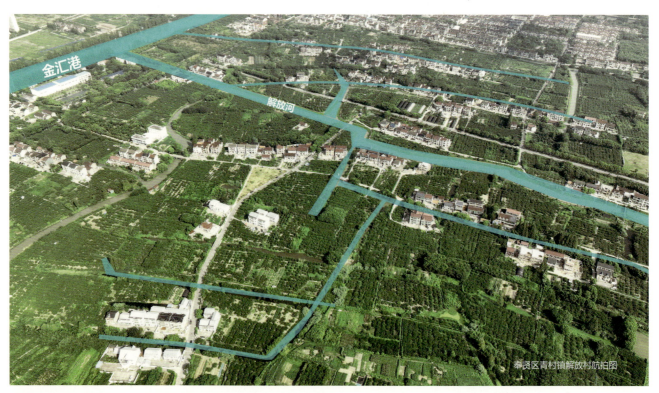

金汇港

解放河

奉贤区青村镇解放村航拍图

羽扇型分区现状鸟瞰：奉贤区青村镇解放村

198　第7章　滨海港塘

7.2.3 年轮意象

该风貌意象主要位于浦东新区东南部的乡村聚落区域，以老港镇为典型代表。

1.空间基因传承

清朝时期，该区域随着浦东泥沙淤积，海岸线外拓，陆地不断向海东移，盐灶也随之不断越过海塘向东迁移。原来引潮的沟漕需不断地挖深、延长，才能引潮进田、煮海。后期盐业式微，浦东农业继续发展，该区域在盐业水系的基础上，形成贯穿南北的干河和东西向引水支河体系，构成一个横纵密布的扇面河网。人们沿着东西向沟槽线形聚居，形成滨海年轮状向外推展的生态格局和涟漪乡村肌理。

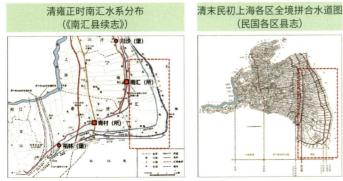

年轮型分区风貌演变

2.风貌肌理特征

该区域干河顺应海岸线蝶变肌理，呈南北向年轮状分布，间距 1000~1500 米左右，河道较宽，为 70~80 米；村落主要沿横向支条状聚集，间隔 100~600 米左右，河道较窄，为 15~20 米。聚落沿河道两侧展开，布局相对集中紧凑，形成沿水系两岸的带状聚落，东西横向聚落特别多。

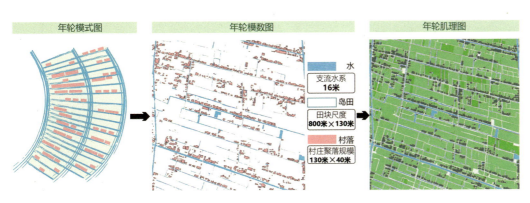

年轮型分区风貌模式图

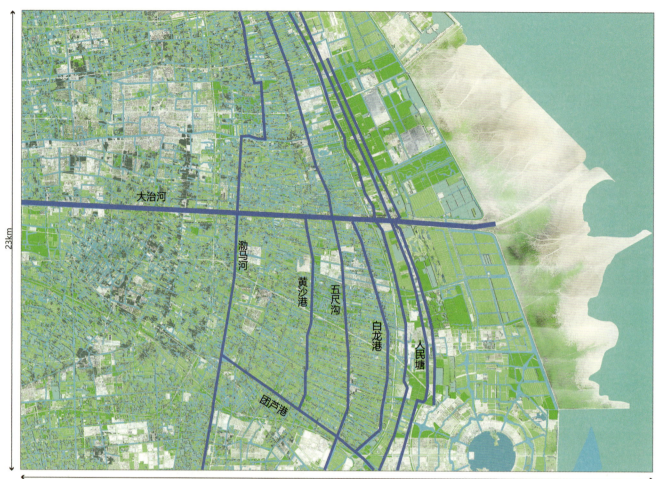

年轮型分区肌理图：浦东新区老港镇、书院镇及周边地区

年轮型分区现状鸟瞰：浦东新区书院镇新北村

7.3 典型村庄聚落

7.3.1 闵行区浦江镇正义村

正义村位于上海市闵行区浦江镇西南，东邻光继村、南与奉贤区金汇镇接壤，西与永丰村交界，北靠闸港河，村域面积 284 公顷，包含自然村共 13 个。正义村历史人文丰厚、富有故事，是明代治水功臣叶宗行的故乡，数百年来乡人与水有缘相亲。境内河沟纵横，水源充沛，村宅均临水靠河，宅后几乎都有竹林，乡田园风光特色显著。

正义村村内田、林、路、园穿插分布，村内共有大小河流共 58 条。其中，整体聚落肌理主要沿道路和水系的走势，形成多条聚落带散落分布。各村民小组整体上分散、聚落内部集中，民居建筑肌理主要沿道路和水系呈带状或梳状发展分布，小部分呈团块状集中分布。

闵行区浦江镇正义村空间风貌鸟瞰（2023年8月罗格琦摄）

闵行区浦江镇正义村空间风貌鸟瞰（2023年8月）

闵行区浦江镇正义村空间风貌鸟瞰（2023年8月罗格琦摄）

正义村集聚了明代大科学家徐光启后裔，村内徐姓人家有 130 多户，大多居住在南徐宅（正义村十二组）、北徐宅（正义村八组）。南徐宅四面环河，有长寿桥幸存至今。传至徐氏第十代，又在附近扩散新建西新宅（今正义村四组）、二房里（今正义村七组）、北徐（今正义村八组）等宅院。

正义村七组至今保存着清嘉庆二十五年（1820）建造的"向观桥徐氏奉思堂"，2003 年 12 月，向观桥徐氏宗祠被列为闵行区文物保护点。

正义村内民居主要为 20 世纪六七十年代建造、在 90 年代翻新的现代建筑，部分建筑沿用原有脊饰、屋瓦，表现出与传统建筑元素混搭的风格。结构体系主要为砖混结构，材质为砖、石、混凝土。立面主要为水磨石、彩色马赛克、真石漆饰面，并以带颜色的碎玻璃做几何形、宝石形等装饰。屋面用青色素瓦或红色琉璃瓦。向观桥徐氏宗祠旧址，木制梁架结构，墙体为青砖砌筑并抹灰，屋顶以望板为底，青瓦于上。

闵行区浦江镇正义村延寿桥（2023年8月罗格琦摄）

闵行区浦江镇正义村向观桥徐氏宗祠旧址和旧址内石碑（2023年8月罗格琦摄）

7.3.2 闵行区浦锦街道塘口村

塘口村位于浦锦街道西北，东与陈行村交界，南临周浦塘与跃农村交界，北靠丁连村，西临黄浦江，与上海焦化厂隔江相望。塘口村因位于周浦塘与黄浦江的交汇口而得名，至今已有500多年历史，村域面积为102公顷，含8个村民小组。

塘口村内有大小水系共9条，民居聚落集中分布。其中，村落整体聚落肌理主要沿道路和水系的走势形成多条聚落带，总体呈平行分布，村域东部有少量民居聚落呈团块状分布。各村民小组整体上呈东西向条带状，并向南北发展延伸。聚落内部民居集中分布，民居建筑主要沿道路和水系呈"一"字形或团状集中发展分布。

特殊的地理位置，曾经使塘口老街十分繁荣。明末清初，黄浦江和周浦塘航船在此候潮，寄泊港口。每临夏季帆船又聚此修理，铁铺、烟什、粮食、茶馆、理发等店摊应运而兴遂成小镇。清同治时期（1862—1874）称塘口市。

老街东西长约200米，1949年有28家商店，从业人员64人，其中烟什店8家，豆腐店4家，茶馆2家，鲜咸肉庄、鲜咸店和点心店各1家。另有饴糖坊1家，从业人员2人。1950年代后，陈行公社在渡埠之南建造船厂，设公交客运周陈线终点站。1978年镇东孙家桥建周浦塘水闸，到1984年时还有酱酒烟什、点心、理发店各1家。目前居民大多为农户，行市功能逐步消退为村民服务的主街。

塘口村内民居主要为20世纪七八十年代建造，部分为90年代和21世纪初翻新。部分建筑沿用原有脊饰、屋瓦，表现出与传统建筑元素混搭的风格。结构体系主要为砖混结构。立面主要为涂料或水磨石贴面。屋面为青色素瓦或红色琉璃瓦屋面。老屋结构形态为普遍的传统民居样式，木制梁架结构；一层为木结构砖墙外粉石灰，二层外墙为木龙骨外封素木板墙，屋面为青瓦，无细部装饰。

闵行区浦锦街道塘口村航拍图（2023年11月）

闵行区浦锦街道塘口村塘口老街航拍（2023年8月罗格琦摄）

闵行区浦锦街道塘口村塘口老街现状（2023年8月罗格琦摄）

闵行区浦锦街道塘口村丁家住宅（2023年8月罗格琦摄）　　　闵行区浦锦街道塘口村老仪门（2023年8月罗格琦摄）

7.3.3 浦东新区三林镇临江村

临江村位于浦东新区三林镇西南端，东靠三林镇红旗村和闵行区浦锦街道恒星村，南邻闵行区浦锦街道浦江村，西临黄浦江，北靠三林镇新春村。村域面积 376 公顷，有自然村 16 个。村域内河荡密布，水网纵横，共有大小河流 76 条，58 横 18 纵，相互交织，河道宽度约 4~30 米不等，河网间距约 50~200 米不等。

村域整体呈现团状集中形态：西侧临黄浦江区域为码头和厂房；中部沿主要道路和河

浦东新区三林镇临江村鸟瞰（2023年9月）

浦东新区三林镇临江村鸟瞰（2023年9月杨崛摄）

浦东新区三林镇临江村整体风貌(2023年9月)

流两侧分布有密集的居住组团，农田与宅基地交错；东部远离黄浦江区域，水田林比例较高，林地集中成片分布。

　　村域建筑布局与水网分布密切相关，其中，老三林港的兴衰影响尤其深远。村域中心居住组团依林浦南路和浦江河两侧分布，西侧居住组团依老三林港两岸分布，东侧居住组团沿小黄浦江两岸及其支流分布。原三林乡市最大的筠溪老街也位于此。

浦东新区三林镇临江村老三林塘

浦东新区三林镇临江村西新队石河圈古井(2023年8月王艺蒙摄)

村内筠园、庞松舟（1887—1990）和庞锦如旧居这两栋历史建筑特色尤为明显，充分体现了临江村的特色和文化。

筠园，呈北宅南院格局，院门位于东南方，西侧主建筑三层，东侧建筑一层，整体呈"L"形布局。建筑内部装饰古朴，有许多传统家具和中西风格装饰。筠园是上海市非物质文化遗产项目——海派盆景技艺市级代表性传承人庞燮庭的住宅，园内留有众多古盆景、庭园造型树等，都在百年以上。

庞松舟和庞锦如旧居（庞信隆20号）约建于明末清初，为绞圈房遗存。前埭保留墙门间，无仪门；后埭保留有客堂、东次间和落檐，两侧保留有东厢的北段和西厢，其余部位为新建两层建筑。建筑外墙为青砖抹灰，木制门窗，屋面为青色瓦片。老宅为砖木结构，穿斗木构为主，局部为抬梁木构。屋顶包含悬山、硬山、歇山等多种形式。建筑正脊原有哺鸡脊，因历史原因脊兽已取下保存。

临江村文化底蕴深厚，历史名人辈出，如清康熙年间（1662—1722）周家楼进士金然、乾隆间（1736—1795）罗汉松诗人金世杰，以及获青天白日勋章的国民政府财政部会计长和粮食部常务次长的庞松舟、国家级本帮菜泰斗李伯荣、名医庞兆祥等。

村域现存本帮菜、瓷刻、刺绣、海派盆景等多项非物质文化遗产。自明清以来，三林临江地区就号称"厨艺之乡"。上海本帮菜的一代泰斗李伯荣即生于浦东三林塘临江村，其父李林根为上海"德兴馆"创始人之一。

清乾隆年间（1736—1796），浦东一带涌现出很多喜欢瓷刻的文人雅士。清光绪年间（1875—1908），三林镇儒商张锦山师从上海瓷刻名家华约三学习瓷刻技艺，其瓷刻作品在地区颇有影响。20世纪80年代末，自幼绍承家学的张锦山曾孙张宗贤先生，将雕、刻、

浦东新区三林镇临江村筠溪老街筠园百年黑松（2023年8月王艺蒙摄）

浦东新区三林镇临江村筠溪老街筠园（2023年8月孙凡摄）

磨、皴、擦、染等方法与书画艺术融为一体，并将作品从瓷盘、瓷盆发展至花瓶、异型瓷器等种类，还开创性地运用到大型插屏之类作品中，从而一展瓷刻新风，形成一套自己的雕刻语言——三林瓷刻艺术。

三林刺绣是一种源自上海三林地区的独特刺绣形式，被誉为上海绣艺流派中最具代表性的一种。这种刺绣古称为"筠绣"，是一项将彩线穿过纺织物并按照设计图案刺绣的传统手工工艺。它融合中国传统四大名绣（苏绣、湘绣、粤绣、蜀绣）的精华，汲取明朝上海露香园顾绣之精髓，注重时尚元素，创造了与其他绣法不同的风格。

海派盆景艺术是中华民族优秀传统艺术之一，是以上海命名的盆景艺术流派。它蕴含文学和美学，并集植物栽培学、植物形态学、植物生理学及园林艺术和植物造型艺术于一体。海派盆景根深叶茂，流布甚广，代表之一是浦东三林庞家盆景技艺。三林临江村庞燮庭为海派盆景市级代表性传承人。

浦东新区三林镇临江村筠溪老街筠园（2023年8月孙凡摄）

浦东新区三林镇临江村筠溪老街庞松舟和庞锦如旧居（2023年8月王艺蒙摄）

浦东新区三林镇临江村筠溪老街庞松舟、庞锦如旧居（庞信隆20号）（2023年8月孙凡摄）

7.3.4 浦东新区周浦镇棋杆村

棋杆村位于浦东新区周浦镇东北部,东靠川沙新镇,南邻周浦镇北庄村,西临瓦屑社区,北靠迪士尼国际旅游度假区。棋杆村于2002年11月由原棋杆村、平桥村合并组成,村域面积430公顷,有村民小组24个。村域内河荡密布,水网纵横,南侧林地集中成片分布,中部农田与河网交织,北部为大片水面湖荡。

棋杆村现存顾家宅和张家宅两栋百年绞圈房。顾家宅是目前周浦镇棋杆村保存比较完好的一幢清代民宅,由顾氏东川公支十一世孙顾立岗(字南山)于清代道光十年(1830)起造,历时十几年方告完工。正厅堂号"承裕堂",由清人十四世祖顾槐塘、莲塘刻写。作为上海郊区典型的绞圈房子,其体量之大、保存之完整较为少见。

顾家宅屋连屋,脊连脊,前有门棣屋或围墙,中有天井,符合藏风聚气的布局要求。有正后埭五间,前埭五间,东西厢房各两间,前后左右均有走廊相通。前埭与厢房之间、后埭与厢房之间都有过弄,可供宅内人通行。东西再有包荫后舍各七间,包荫屋与正屋之间各有南北长弄,长弄两端都装有木门。老宅共有28间,占地2亩多(0.13公顷)。

顾家老宅为木结构,外墙面为砖墙外粉石灰,朝外的立面上以竹篾护壁,尤显苍劲。屋面为歇山顶,屋脊相连,天井四角的屋面流水

浦东新区周浦镇棋杆村鸟瞰(2023年8月杨崛摄)

浦东新区周浦镇棋杆村顾家宅鸟瞰(2023年8月杨崛摄)

浦东新区周浦镇棋杆村顾家宅屋架
(2023年8月陈峰摄)

浦东新区周浦镇棋杆村顾家宅屋架(2023年8月苏婉摄)

浦东新区周浦镇棋杆村顾家宅外立面
(2023年8月苏婉摄)

浦东新区周浦镇棋杆村顾家宅内院(2023年8月苏婉摄)

浦东新区周浦镇棋杆村顾家宅屋顶细部(2023年8月苏婉摄)

有四道斜沟，底瓦用特制大号瓦。天井地面有暗道排水，畅通无碍。老宅现由第十五世孙顾梦生居住，前埭的头次间作为中医诊所。顾家宅2017年被公布为浦东新区文物保护点，2023年已全面完成修缮，并由村委整体规划打造，计划向公众开放。

顾家老宅院至今近200年，承接了祖辈的开拓，见证了社会的发展。为传承中华伟大之文明，铭记祖祖辈辈之辛勤，记录点滴真人真事，编辑部分乡土情怀，顾家老宅文化院编撰《老宅文化：浦东风情》等书籍，传承浦东地方文化。

张家宅位于棋杆村平桥469号，建于清末民初。1949年以前有14间厢房，后随着家庭成员增加，在两侧新建了多间房屋。1980年代，家族里部分小家庭在老宅附近盖新房，并按照当时政策拆掉各自在绞圈房里的老屋，老宅渐渐步入破败。张家宅临河布置，呈"回"字形平面布局，中间天井呈正方形，形制保留完整，但整体破旧残缺，亟待修缮。

张家宅为木结构，住宅骨架为全木榫卯相接，"檐牙高筑，勾心斗角"，抗风、抗震性能极佳。外墙面为砖墙外粉石灰，墙裙为浅灰色涂料。木构架为褐色，屋面为小青瓦，歇山顶，屋脊相连。院落以席纹青砖铺地为主。

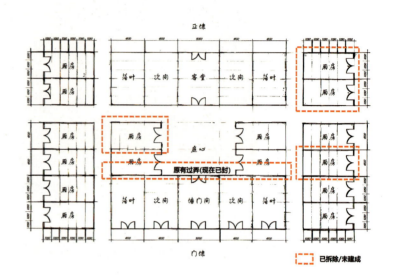

浦东新区周浦镇棋杆村张家宅平面手绘

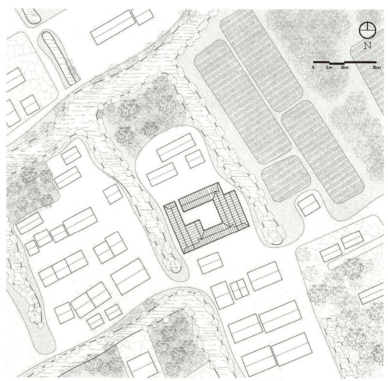

浦东新区周浦镇棋杆村张家宅总平面图

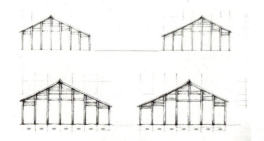

浦东新区周浦镇棋杆村张家宅剖面手绘

浦东新区周浦镇棋杆村张家宅航拍（2023年8月杨崛摄）

浦东新区周浦镇棋杆村张家宅外立面
（2023年8月苏婉摄）

浦东新区周浦镇棋杆村张家宅屋顶细部和瓦当滴水细部（2023年8月苏婉摄）

浦东新区周浦镇棋杆村张家宅
外立面（2023年8月苏婉摄）

浦东新区周浦镇棋杆村张家宅
外立面（2023年8月苏婉摄）

浦东新区周浦镇棋杆村张家宅木
窗细部（2023年8月苏婉摄）

浦东新区周浦镇棋杆村张家宅半门
细部（2023年8月苏婉摄）

7.3.5 浦东新区新场镇新场村

新场村位于浦东新区新场镇，即新场古镇所在区域，东靠东城居委，南邻王桥村，西临果园村，北接新卫村。新场村民居与新场镇区的各居委城镇居民社区融为一体，呈现"农夹居、居夹农"的状态。村域面积 200 公顷，有村民小组 12 个。村域内共有河流 21 条，7 横 14 纵 2 交织，河道宽度约 3~5 米。

新场村因上海地理、地质特点而生，因浦东"煮海熬波"而兴，同时又是有机成长的乡村，千百年生命之树依然长青，数百年来文化习俗依然传承，百年美食小吃依然飘香，百年历史建筑依然留存，是典型的"活着的"上海特色水乡。

1.新场村的前世今生

新场之名源于元代中期至明朝中叶时，下沙盐场南迁形成新的盐场。当时盐场生产单位分场、团、灶三级，下沙盐场共有新旧 8 个分场 27 个团，每团下置 2~3 个灶座。"灶"既是盐民煮熬海盐的烧灶，又是盐场的基层单位。"灶港"是盐民为"煮海熬波"制盐，开挖无数东西向引潮沟漕与盐灶相通的河道，是浦东水乡水系重要的经脉。一灶港、二灶港、南一灶港、南二灶港、盐铁塘、咸塘港、卖盐路港等河道名字都是盐业发展留下的痕迹；下沙、航头、新场、三灶、六灶、六团、盐仓、大团等集镇名称都是盐业生产时期的佐证。

浦东新区新场镇新场村聚落肌理鸟瞰(2023年8月杨崛摄)

据《瞿氏家谱》载："新场镇一名石笋里，一名南下沙，在邑西南廿四里。旧有盐课司，场在下沙，元初迁于此，故以新名。赋为两浙最。是时北桥税司，杜浦巡司皆徙于此。歌楼酒肆、贾街繁华，虽县犹未之过也。"其繁华程度曾一度超过上海县城，故有"新场古镇赛苏州"之誉。

新场村的历史渊源与"新场"一脉相承，其水乡格局因盐业生产而奠定，南五灶港、南六灶港等历史地名依然延续。新场港贯穿全村南北，大治河横穿村域。1959年6月，新场生产大队由包桥、洪桥两个生产大队合并而成。1984年3月，政社分设，新场生产大队改名为新场村，并沿用至今。

2.海纳百川的历史文化

新场村范围内寺庙庵堂较多，现存有南山寺（建于元大德十年，1306）、东岳观（建于明成化年间，1465—1487）、城隍庙（建于明万历年间，1573—1620）、红庙（建于1910年代）、接引庵（建于1913年）等历史文物建筑。其中，南山寺、东岳观寺庙功能依然延续；城隍庙、红庙、接引庵等现已成为民居。不同年代、多种宗教文化在这里融合发展，一方面体现出新场村海纳百川的文化特点，另一方面也反映出新场村人员流动变换频繁的特点。

这些宗教场所除相互共存外，还与当地经济、文化、生活融为一体。例如，新场"三月廿八"民俗庙会的主力庙宇即是东岳观。民俗庙会从历史延续到现在，彰显"和睦乡里、以厚风俗""崇文尚德、承古更新"的社会价值；通过城乡物资交流、民间工艺产品和生活用品的展销，突出经济价值；通过大江南北的文艺交流，丰富新场文化历史的底蕴，构建地区文化价值。2019年5月，新场"三月廿八"民俗庙会被列为浦东新区非物质文化遗产名录。又如，南山寺每年腊八节都会举行施粥活动，走进社区慰问老人，充分展现海纳百川、开放包容的文化特色，也让人感受到新场村的民风民俗。

南山寺（2023年8月汤少忠摄）

东岳观（2023年8月汤少忠摄）

3.水林环绕的居游环境

新场村河道纵横交错，主要河道有南五灶港、南六灶港、新场港等。这些河道穿过民居房前屋后，呈现出"江南人家尽枕河"的景观。

除"小桥流水人家"的水乡情境外，新场村还有几棵树龄六七百年的古银杏树。其中，南山寺后有2棵，植于建寺之初元大德十年（1306），距今已有700多年历史。原北山寺后有1棵，植于明永乐年间（1403—1424），树龄600多年。古银杏树郁郁葱葱，枝繁叶茂，其中一棵树高23.5米，胸围5.30米，冠径18.5米。古银杏树耸立在寺院中，顿感寺院的古老久远与生机活力。

4.共存共生共享的历史建筑

新场村古建筑以寺庙建筑为主，南山寺、东岳观雕梁画栋，古风犹存；红庙、接引庵等庙庵建筑与民居融为一体，现已为民所用。不同宗教之间、宗教历史建筑与民居、宗教民俗文化活动与居民生活等实现了融合、共生、共享。

例如，与南山寺相依相伴的有处荷塘宅院——四库书房。书房建筑面积600余平方米，主体建筑为两层五开间坐北朝南的古建筑，白墙黛瓦、雕花门窗，建筑通透明亮。宅前有荷塘、宅后有竹林，一侧有拱桥、亭榭，院落内移步换景，相映成趣。四库书房以古朴典雅的书房为载体，集结传统文化界诸位大师、学者、专家以及社会各界精英人士，开展读书会友、名家讲演、雅集清谈等活动，于尘世喧嚣之外营造宁静致远之所，回归中国古代文人的读书意趣和情调。

浦东新区新场镇新场村河道与埠头（2024年1月汤少忠摄）

浦东新区新场镇新场村河道与桥梁（2024年1月汤少忠摄）

浦东新区新场镇新场村古银杏树（2023年8月汤少忠摄）

浦东新区新场镇新场村四库书房（2024年1月汤少忠摄）

5.有历史回味的在地美食

　　行走在新场古街，可感受到浓浓的小吃美食氛围，各种小吃招牌幌子迎风飘扬，非常热闹，其中比较突出的是下沙烧卖。烧卖有甜咸之分，咸味烧卖以当季新鲜的春笋、鲜肉和秘制熬成的猪皮冻为馅料；甜味烧卖用豆沙、核桃肉、瓜子肉和陈皮橘制馅，甜咸烧卖以笋肉烧卖最受欢迎。这种现象，与下沙盐场南迁形成新的盐场之"新场"，以及新场曾经叫"石笋里"的历史息息相关。

下沙烧卖（《新民晚报》）

7.3.6　浦东新区川沙新镇纯新村

纯新村位于浦东新区川沙新镇中部，东靠七灶村，南临民义村，西邻陈桥村，北靠牌楼村。村域面积147公顷，共有8个村民小组560户。村域紧邻国际旅游度假区迪士尼乐园和浦东国际机场，现状依托优越的区位交通优势，积极发展特色民宿和家庭农场。

村域呈现一水、两宅、三林、四田的整体格局。传统的江南水乡特征明显，村民逐水、临路、依田而居，建筑沿河道、街道行列式布局，形成有辨识度的建筑肌理。纯新村土地资源丰富，水系景观优美，七灶港横穿镇域，50条河道连接各个自然村落，560户农宅依水而居，母亲河七灶港和多条支河滋养浇灌着纯新村。

纯新村因虔诚之心（圣心天主堂）而得名。村落约形成于清朝光绪至宣统年间，因一座

170年历史的七灶天主堂而得名。1843年（清道光二十三年）11月，随着上海开埠，世界各国的教会势力迅速向上海及周边地区渗透，尤其是天主教。据记载，清咸丰四年（1854），在今纯新村一带传教布道的英国传教士平神甫在七灶港畔筹资建造一座气势恢宏的天主教堂，名为"大七灶耶稣圣心堂"，因紧邻大七灶港而被当地百姓简称为"大七灶天主堂"。

"大七灶天主堂"是原川沙县域内最早的天主教堂之一，建成后吸引了周边大批乡绅平民入教，传播教义，十分虔诚。由此人们将此地称为"诚心"。后在正式确定行政村名时，考虑到地名用字的习惯，取"诚心"之谐音遂得"纯新"之名。

浦东新区川沙新镇纯新村鸟瞰（2024年4月测绘院摄）

七灶天主堂外景（2023年8月 田景华摄）

七灶天主堂内景
（2023年8月田景华摄）

　　七灶天主堂始建于1854年，1911年重修，也称"六团大七灶耶稣圣心堂"，"文革"期间遭到破坏，1991年经教区和信众集资修缮。教堂坐北朝南，占地面积1800平方米，建筑面积约600平方米。正立面呈对称的竖三段构图，局部受哥特式建筑风格影响。中间钟塔，略前凸，高18米，三层砖混结构，底层尖拱大门，两侧立塔司干柱，二层开拱窗，三层设平台，中起穹顶，两侧有尖锥形壁柱，哥特式风格。两侧山墙顶部有对称的涡纹装饰，水泥砂浆外墙面，墙面多施圆形、三角形、三叶形装饰，转角有仿石块装饰。所有门、窗均为半圆或尖拱券。教堂建筑西侧为洋房，曾供神父居住用，平面为"凸"字形，外立面与教堂风格相似，二层南面有露台。七灶天主堂整体中西混搭外观是江南郊区教堂本土化形式的代表之一。

七灶天主堂鸟瞰（2023年9月杨崛摄）

219

母亲河七灶港横穿纯新村和七灶村，并由此形成七灶老街。七灶老街具有独特的海派集镇韵味，曾是六团地区商店最多的集镇，街道肌理至今仍保留较为完整。目前纯新村以创建乡村振兴示范村为契机，复兴七灶老街，串联七灶和纯新两村，两村联动，进一步突显纯新村独特的教堂人文风情和商业文化。

七灶港（2024年4月 赖志勇摄）

目前，纯新村仍保留部分传统民居，主要分布在七灶港沿线，整体较为陈旧，甚至仅有断墙残瓦，濒临倒塌，在周围的新建筑中很突兀。这些传统民居平面形式多样，有完整的绞圈房、单埭头房子，也有绞圈房和单埭头房子互相拼接而成的新单体建筑，有"一"字形、"凹"字形、"口"字形等多种布局样式。

保存最为完整的传统民居是位于纯新村6组的南王家宅，已有百年历史，是上海郊区典型的绞圈房子。整个绞圈房子坐北朝南，单层建筑四面围合，形成一个"口"字形。中间天井呈正方形，称为庭心。庭心较为宽敞，利于前后埭堂屋之间、东西厢之间的通风。五开间一埭，中间客堂，东西连接正间和次间，南接厢房和落叶。西侧有残留的部分栏脚屋，且四边屋面搭接绞连。绞圈房檐口低矮，屋顶绞圈相连，整体性较强，有利于抵抗台风。

墙面为砖墙外粉石灰，沿街外立面以竹篾护壁，自然质朴，遮挡雨水直接冲刷壁脚。由于为绞圈房，四个立面均为主立面，外墙为白粉墙及浅灰色墙裙。现状因年岁较久，有两个角已经改建，部分外立面被破坏。

浦东新区川沙新镇纯新村百年老宅（2023年8月刘欢 杨崛摄）

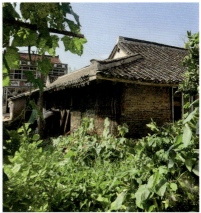

南王家宅外立面砖墙与竹篾护壁（2023年8月刘欢摄）

南王家宅传统木结构（2023年8月刘欢摄）

南王家宅细部（2023年8月刘欢摄）

村域内有 15 棵百年古树，均为榉树，分散在村域的四个点位。位于龄南路南六公路西侧的百年榉树，已挂牌，为二级保护，编号 1619。其他未挂牌古树树龄为村民口述，待考证。

纯新，沪语中与"诚心"一词同音，既有纯真拙朴之趣，又有新兴繁盛之意。因虔诚之心而得名，因七灶港而兴盛，170 多年历史的天主教堂，静静流淌的母亲河七灶港，焕发生机的七灶老街，百年历史的老房子诉说着一段历史，承载着一段记忆，迎接着一个希望。

浦东新区川沙新镇纯新村百年榉树(2023年8月)

浦东新区川沙新镇纯新村风貌(浦东新区)

7.3.7 浦东新区唐镇小湾村

小湾村位于浦东新区唐镇东南部，东靠合庆镇红星村、永红村和东风村，南邻唐镇暮紫桥社区，西临川沙路，北靠唐镇同福社区。村域面积78公顷，有自然村1个，村民小组5个。小湾村位于浦东运河西侧，村域整体南北向呈长方形，内部河网纵横，水系发达，村组分布较集中，整体呈团块状沿路沿水形成聚落。

小湾村位于老护塘北部中段，由于交通便利而繁华兴旺，曾是老护塘上的一颗璀璨明珠。

老护塘全长75公里，在浦东境内为27公里。老护塘如一串珠光闪烁的项链，悬挂在长江口和杭州湾之间的海岸线上，小湾则是被这串项链串联的众多明珠中的一颗。据考证，老护塘始筑于北宋皇祐四年至至和元年（1052—1054），《上海水利志》中有"皇祐老护塘"之称。老护塘有一段由北向西南弯折，因弯度不算大，故名为"小湾"。建塘时，是依当时的海岸线修筑；筑成后，塘东的大片海滩迅速成陆，依塘为市的小湾便成为沿海往来之衢路。

浦东新区唐镇小湾村聚落肌理鸟瞰（2023年11月杨崛摄）

223

特别是到雍正十一年（1733）钦公塘筑成后，海岸线东移，在小湾的东边形成合庆、青墩、蔡路和诸码头，小湾便成为南来北往、东西通达的交汇点。往南经暮紫桥可去川沙、南汇；向北可达龚路、顾路、高桥；东西向上是合庆、蔡路去王家港、虹桥头、唐墓桥、张江栅的必经之地。得天独厚的地理位置成就了小湾镇街市的繁荣。直至浦东运河开凿后，东西运盐河船只减少，加之乡办企业集中在王港镇附近，小湾镇市面逐渐冷落。

小湾区公所建于1934年，2017年1月被公布为浦东新区文物保护点。建筑为砖木结构，是江南传统民居样式。矩形院落格局，建筑坐北朝南，一堂两厢，共两进院落。第一进院一正两厢，天井内有半圈回廊。除二进院配房为歇山顶屋面外，其余建筑屋面均为硬山屋顶。北侧过背弄后为辅助用房，形成两进院落青瓦双坡屋顶。檐下有檐廊，挂落有"喜上梅梢"等传统木雕图案，屋架月梁亦有木雕图案。墙面为落地长窗，装饰有彩色玻璃。

前廊轩的天花，曲折曼妙，轩梁上做斗栱，檐下雕花精美繁复，地铺方砖。居室屋架为穿斗式结构，一斗三升，楣穿雕有植物、人物纹样，穿梁及羊角穿分别雕刻有卷草纹、云雾纹。周边的卧室采用架空地板，广泛采用散水、勒脚等现代建筑做法，架空地板设通风口。

院墙北门，位于报恩桥一侧，采用石库门样式，外砌水刷石，有砖雕装饰。院墙东侧门，两侧以水泥门框固定，门框上保留门闩，木制门扇门闩，非常坚固。木门上部装饰简化为镂空木檩，上覆斗栱与屋面。主人留日归来，中式造型斗栱更舒展。院内还设一处水门，外接河道。这是调研中为数不多在江南民居设有水门、水桥的建筑院落，并且门和台阶均为原物保存下来的。

浦东新区唐镇小湾村区公所鸟瞰（2023年11月杨崛摄）

区公所临河青砖外墙（2023年11月张正秋摄）

区公所白墙黑瓦内院
（2023年11月张正秋摄）

区公所屋檐下雕花穿梁枋
（2023年11月张正秋摄）

区公所雕花木梁一斗三升和彩色玻璃（2023年11月张正秋摄）

区公所斗栱采用云雾稳（2023年11月张正秋摄）

　　小湾村现有古桥三处，分别为报恩桥、重庆桥、公济桥。其中，报恩桥和重庆桥均为浦东新区文物保护点，重庆桥建于清雍正十年（1732），桥身仍可见文字；公济桥建于1926年，桥下是与东运盐河相接的塘河，桥面为条石和碎石。

　　村域内有两棵古树，一棵为香樟古树，位于老屋院内，未挂牌，树龄80年，树冠茂盛。古树位于两栋民居之间，树干需要两人合抱，树冠部分已完全长出围墙，覆盖院内屋顶。另一棵位于区公所院内，未挂牌，树龄60~70年，树木高大挺拔，树干部分已采取保护措施。

区公所穿枋上精美的木雕（2023年11月张正秋摄）

区公所东侧门（2023年11月张正秋摄）

区公所院墙北门（2023年11月张正秋摄）

区公所水门（2023年11月张正秋摄）

区公所架空地板的通风口（2023年11月张正秋摄）

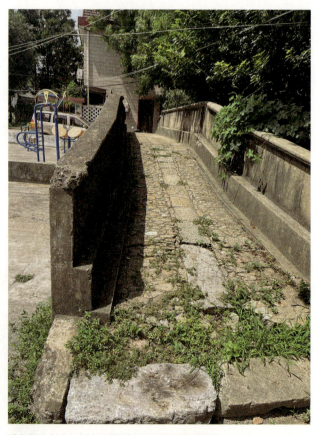

浦东新区唐镇小湾村公济桥（2023年9月张正秋摄）

7.3.8 奉贤区四团镇拾村村

拾村村位于奉贤区四团镇东北部，东靠浦东新区大团镇海潮村，西面毗邻四团镇渔墩村，南面毗邻四团镇渔洋村，北靠浦东新区大团镇南村。村域面积350公顷，有自然村2个（拾村村和南十家村），村民小组共25个。在历史上，拾村村又名"十家村"，曾经是一个镇的建制。拾家村位于四团乡东南，是里护塘"五墩"外1公里处的一个小镇，距四团镇2.5公里。该村南近浦东运河，北靠川南奉公路，水陆交通十分便利。

拾村村的居民点集中于川南奉公路以南，村域位置的中北部，居住较为集中，与南侧的基本农田相对独立。

纵观全村，各建筑单体围绕东横河及分支水系两侧延展，朝向基本在西南方向与南偏西15°夹角之内，这也是典型的江南水乡建筑的朝向布局方式，呈现出有机生长的自然肌理。拾村村聚落整体为集中式布局，聚落大部分沿水系分布，单体建筑朝向自由多变。

建筑外围场地庭院等基本使用围墙围隔，庭院内部用作农具堆放、晒场、禽畜养殖、瓜果蔬菜种植，还有临近池塘与河道的庭院进行渔业养殖。庭院成为村民日常生活最为集中的场所。

奉贤区四团镇拾村村空间格局鸟瞰（2023年8月李杨洋摄）

奉贤区四团镇拾村村建筑鸟瞰（2023年11月）

奉贤区四团镇拾村村空间格局鸟瞰（2023年8月李杨洋摄）

7.3.9 奉贤区青村镇陶宅村

陶宅村位于奉贤区青村镇西北方向，东靠西吴村，南邻岳和村、和中村，西临金汇镇白沙村，北靠金汇镇南陈村、北丁村。村域面积537公顷，有自然村1个（陶宅村和王家村合并），村民小组共30个。陶宅是奉贤历史发展的重要源头，"先有陶宅，后有青村"。陶宅隋唐时期成陆，宋元时期形成集镇，明初是华亭县东南首要集镇。

村域中北部主要为林地和农田，东部主要分布种植果园和少部分林地和农田，南侧以农田为主。民居聚落基本沿横径河道分布。村域内有四条主要河流，为四纵格局，河道宽度约20~40米，河网间距约600~1000米，村域内种农田较多，田块尺度约15亩（1公顷）。

陶宅村内自然村聚落大部分沿水系分散布局，大都呈"一"字形排列。

史传古有松江府大富，名陶宣车，面流而居，故其流曰陶溪，其宅称陶宅。明初，陶宅镇达到历史发展的鼎盛时期，其时"北宅千灶，珠履三千，钟鸣会食，击鼓传更"，是华亭县东南首要集镇。据《陶宅志》记载，大致东起夏家石桥（时称东栅，现西吴村民安十组），西至王家栅（时称西栅，现陶宅村王家六组），东西主街长约5华里（约2500米）；南至护塘港（现陶宅村陶宅八组），北至莫家浜（现陶宅村陶宅五组），南北纵贯约2.5华里（约1250米）。

奉贤区青村镇陶宅村鸟瞰（2023年8月阮尔家摄）

当时的陶宅，商贾官宦云集，名人辈出，白燕诗人袁凯（1310?—1385?）、吴中草圣张弼（1425—1487）、戏曲家黄之隽（1668—1748），以及钟宇淳（1545—1586）、张以诚（1568—1615）等历史名人均出于此，可谓人杰地灵，更留下"陶溪八景"和张弼父子"一门三进士"的传世佳话。

陶宅村历史源远流长，村内仍保留有仁寿桥、南袁桥、寿宁桥、永锡桥和陶宅古井等，见证着陶宅村的故事。如今，陶宅村通过数字技术和实际复原古建筑、恢复陶溪八景的往日景象，通过线上、线下经济同步，搜寻、积累、延伸历史文化，让久居城市的人们有机会感受古陶宅的魅力，回顾、怀念、思考，传承历史、激发乡愁。

奉贤区青村镇陶宅村南袁桥(2023年8月姚佳音摄)

奉贤区青村镇陶宅村永锡桥(2023年8月田保军摄)

奉贤区青村镇陶宅村寿宁桥(2023年8月田保军摄)

7.4 建筑特征

随着人民生活水平提升，滨海港塘区域原有的传统特色民宅多被拆除或者翻建，现有民宅基本以两层小楼房为主，建于1980年后。其中，1990年以前的建筑大多沿用原有脊饰、屋瓦，表现出与传统建筑元素混搭的风格；1990年以后新建民居建筑多为中西合璧的海派风格建筑。目前，滨海港塘乡村地区仍保留部分具有上海本土特征的传统特色民居建筑。它们基于江南水乡民居风格，融合各地及东、西方的建筑元素，形成独具特色的建筑风格。其中最具特色的是绞圈房和中西混合式民居。

绞圈房是上海原住民对屋顶互相绞接的一层"口"字形四合院，或双庭心"日"字形合院的俗称。它既有江南宅院围屋的外形特点，又有滨海乡土建筑的风格特色。滨海港塘中部片区，即典型的灶港盐塘的乡村风貌区域，保留了许多具有上海本土特征的绞圈房。

近代以来，因航运商贸经济发展，浦东受外来文化影响较多，部分传统建筑在江南水乡民居风格基础上，兼收并蓄，杂糅各地的建筑元素，呈中西合璧的风格，出现中西混合式民居。目前主要分布在浦东近郊片区和北部片区。

此外，伴随着西方文化的传播，教堂这一西方宗教文化的产物也在广大乡村地区落地生根，影响着乡村的景观和村民的生产生活方式。

7.4.1 绞圈房子

1.平面布局

"绞圈房"可以理解为较为宽大的四合院，其正屋、厢房、门房等建筑物首尾相连形成"回"字形。"绞"即当地对该种屋面结构做法的称呼，上海地区的绞圈房为45°绞接"绞圈"即将屋面形成一个圈。大部分绞圈房，其前埭有五间房子，居中一间叫墙门间，左右各连一间"次间"，次间左右又各连一间"落檐"（即屋顶为歇山）。后埭也平列五间房子，中间一间叫作"客堂"。前后落檐之间有厢房相连，在墙门间和客堂之间有庭心。

目前滨海港塘区域绞圈房以单绞圈为主，例如浦东新区周浦旗杆村顾宅、张宅；有部分双绞圈，例如浦东新区张江镇中心村艾氏民宅、合庆镇跃进村陶家宅；多绞圈极为罕见。

2.结构形式

绞圈房屋架是全木结构，用榫卯相接。大木结构主要为抬梁-穿斗混合式，木屋架基本没有粗大的木梁木柱，一层立帖用柱和枋的木料较小。部分绞圈房利用扁作的穿斗作法，即正帖位置"边作"，充分发挥"眉川"做法既实用节约、又具有装饰性的效果。其次，眉川构造上也逐步从结构构件变成装饰构件，比如有的梁架从堂屋这侧看是眉川作，而从背面看实质上是直梁穿斗承重，眉川只是局部外饰。

浦东新区周浦镇旗杆村顾宅、张宅（2023年9月杨崛摄）

浦东新区张江镇中心村艾氏民宅宅、合庆镇跃进村陶家宅（2023年9月杨崛摄）

奉贤区四团镇四团村民居华根堂宅（2023年8月）

浦东新区新场镇祝桥村老建筑结构形式（2023年8月田景华摄）

3.细部造型和装饰

绞圈房的细部造型和装饰，跟房主的经济实力息息相关，装饰细节直接反映了当时社会发展水平、审美喜好和风土人情。

（1）门

主要为木门，部分为木骨铁箍。材质大部分为杉木，就地取材，少量为松木；外部门，即沿街和朝外的门常见闼门，大部分为单门，一门一闼，部分为双门式样，双门双闼。在门厅外墙或院墙，以及部分庭心入口处，设有石库门或者仪门，增设两扇门。仪门上多有门罩，现存的较多为砖砌外施粉刷。

（2）窗

窗形式比较多，长窗和半窗最为普遍。作为内立面的墙体，多为落地长窗，采用木制；半窗多设雕花窗、蛎壳窗，还有苏式花窗，19世纪初建造的绞圈房还可见花窗和玻璃窗。

（3）墙面

绞圈房立面都比较简洁。早期的绞圈房，外墙体和分隔墙多为单砖墙，采用黏土米浆作为砌筑砂浆。外面常见石灰粉刷、纸筋灰粉刷，增加墙体的整体性，保护墙体免受雨水冲刷；

浦东新区合庆镇庆星村顾家宅、曹路镇光明村民宅矮闼门（2023年8月曾文韬、孙亚先摄）

浦东新区新场镇仁义村金沈家宅客堂木门、闼门（2023年8月孙亚先摄）

浦东新区唐镇小湾村区公所装饰有彩色玻璃的落地长窗（2023年9月张正秋摄）

浦东新区张江镇中心村艾氏民居蛎壳长窗、合庆镇勤益村1组老宅蛎壳长窗、曹路镇光明村民宅雕花窗（2023年8月曾文韬 刘欢 孙亚先摄）

浦东新区张江镇中心村艾氏民居、长元村曹氏宅，川沙新镇纯新村南王家宅纸筋灰粉刷（2023年8月曾文韬、刘欢摄）

浦东新区新场镇祝桥村黄家宅、周浦镇牛桥村东湖山庄、川沙新镇民义村竹枪篱（2023年8月田景华、孙亚先、苏婉摄）

浦东新区张江镇长元村顾家宅、航头镇王楼村傅雷故居、新场镇仁义村金沈家宅柱子（2023年8月刘欢、孙亚先摄）

开埠后的绞圈房，因为工匠参与西式建筑的建造，学习了现代建筑材料与建造技术，出现水泥砂浆抹面，甚至出现水泥砂浆勒脚。绞圈房墙体外部常采用竹篱作为保护，一个是为了防盗，再个加强整体性，江南多台风暴雨，遮风挡雨和防潮也是个很重要的作用。

（4）柱

绞圈房内柱子大部分采用杉木柱，型制较统一。杉木柱的木材直径较小，利用原有形状上小下大收分，少有通体上下粗细一样，或精致处理过的。为了方便建造，柱间距相仿，因地制宜，选择合适的进深。

（5）屋面

屋面形式多为歇山顶，两侧厢房绞接，不见山墙，但在两边屋面夹层，较为隐蔽，有时可藏物。屋面选用的基本上是蝴蝶瓦，保存好的几处可看到滴水，有文字图案花纹。

（6）地面

随着时间的推移，各种地面形式都有，从早期泥土夯实地面，到后期金砖铺地、青砖铺地，还有木地板地面。后者多为卧室，且地板架空，免受潮气影响，并且架空层设有通气层，在外墙有专门的通风口，铸铁打造，虽经百年仍不影响使用。后期有水泥花砖地面，花砖20厘米见方，机制加工完成。

浦东新区新场镇祝桥村黄家宅、宋氏老宅屋顶（2023年8月田景华摄）

浦东新区曹路镇光明村民宅滴水（2023年8月孙亚先摄）

浦东新区合庆镇庆丰村顾顺和6号老宅青砖铺地、祝桥村宋氏老宅金砖铺地，惠南镇四墩村唐家宅木地板（2023年8月刘欢、田景华、曾文韬摄）

（7）装饰

一般民宅装饰都比较少，大部分在主梁做菱形纹装饰，油漆饰面，部分包铜。

斗栱大部分为装饰构件，在厅堂（客堂）可见一斗三升，部分还有彩绘。在厅堂两侧还多见山雾云、官帽拱、金钱拱。川沙新镇几处老房子见到彩色客堂门楣，在三林镇临江村见有少数斗栱也承力的案例。

（8）墙门仪门

前厅入口，第一埭中间为墙门间，其第一道门为墙门，大部分朴实无华，少量有斗栱和栏板装饰。仪门一般设在院落中，紧邻第一埭位置。绞圈房多数为了不露富，将仪门放在内部，并且在第一埭后面，以区别内外，外显庄重，内掩繁华。

（9）砖石木雕

砖雕主要出现在仪门和山花上。木雕种类比较多，延续肥梁瘦柱，柱间距基本一致。装饰的木雕多为羊角穿，雕花楣穿（眉川），并且连续多跨纹理一样。

浦东新区张江镇长元村顾家宅64号老宅主梁上的装饰、新场镇坦西村 老宅装饰（2023年8月刘欢、张正秋摄）

浦东新区周浦镇棋杆村顾氏老宅正脊下的山雾云与官帽栱（2023年8月陈峰摄）

浦东新区周浦镇棋杆村顾氏老宅墙门、仪门（2023年8月陈峰摄）

（10）其他

山花：绞圈房的第一埭、第二埭等屋面较为高大，多为歇山顶，多施以雕花，较为普遍的为方形、圆形花饰，有的为达到突出墙面效果，砖墙改为顺砌，外挑砌筑。偶见有做成通风窗的镂空设计。

山墙：山墙形式多样，马头墙、观音兜、混合式做法。用在硬山建筑的山墙面上，有时歇山屋顶的小山花也用观音兜装饰。观音兜有大有小，顶部或平直或呈圆弧状。

戗脊：屋面多半为蝴蝶瓦简单瓦片砌筑，少量有兽吻、鸱吻。

浦东新区三林镇临江村有一明末清初老宅（据个人口述，其祖上为明代大夫官职，现不可考），有精美鸱吻，构件尺寸较大。该建筑进深非常大，装饰精美，厢房建造考究。1949 年后，该建筑一度被用作学校，部分教师还在世，也住在临江村。

彩画：绞圈房中的彩画并不多，只有少数客堂、厅堂梁架上做彩画，以几何花纹和植物纹为主。

浦东新区航头镇王楼村傅雷故居仪门、曹路镇光明村民宅绞圈房仪门、唐镇小湾村区公所墙门（2023年8月刘欢、孙亚先、张正秋摄）

浦东新区合庆镇跃进村陶家宅仪门上的砖雕、曹路镇新星村绞圈房上的砖雕（2023年8月田景华、汤少忠摄）

浦东新区唐镇小湾村区公所、川沙新镇长丰村吴氏宗祠、曹路镇迅建村老宅羊角穿（2023年9月张正秋、王向颖摄）

浦东新区新场镇祝桥村宋氏老宅、周氏老宅、仁义村金沈家宅上面的山花（2023年8月田景华、孙亚先摄）

浦东新区合庆镇吴氏宅观音兜与马头墙结合、顾顺和6号老宅顶部圆弧观音兜、高桥镇凌桥村谢氏宅观音兜变形（2023年8月刘欢、张正秋摄）

浦东新区川沙新镇金家村老宅、新场镇祝桥村宋氏老宅、川沙新镇民义村老宅戗脊（2023年8月田景华、苏婉摄）

浦东新区川沙新镇大洪村凌家宅菱形装饰图案预留灯笼挂件
（2023年9月杨崛摄）

7.4.2 混合式民居

近代以来，因航运商贸经济发展，浦东受外来文化影响较大，部分传统建筑在江南水乡民居风格基础上兼容并蓄，杂糅西方建筑元素，呈现出中西合璧的风格。例如，建于 20 世纪 30 年代初位于浦东新区高桥镇的特色老建筑"仰贤堂"，即典型的中西合璧的砖木结构建筑。其从正面看似中式宅院，从背面隔河观望又具有西式别墅的风格。浦东川沙老街、新场古镇等也有诸多中西合璧风格的建筑。康桥镇沔青村内翊园兴建于 1921 年，园主为南汇横沔人，原系犹太人哈同的管家，回乡后在横沔镇东仿效哈同花园建成翊园，为中西合璧的园林特色建筑。

浦东新区高桥镇仰贤堂("市历保中心"公众号)

浦东新区合庆镇青三村小杨房子、曹路镇光明村凌家圈民宅、曹路镇五四村古宅(2023年8月李国文、孙亚先、陈峰摄)

奉贤区金汇镇周家村、金汇村传统民居(2023年8月)

7.4.3 宗教类建筑

上海开埠后，随着西方文化的传播，世界各国的教会势力，尤其是天主教，迅速向上海及周边地区渗透。于是，教堂建筑在广大乡村地区落地生根，其形式兼具中国传统建筑与西式教堂的特征。比如浦东新区北蔡镇五星村南黄天主堂、川沙新镇纯新村七灶天主堂、宣桥镇三灶村施家天主堂、祝桥镇祝西村耶稣堂、祝桥镇星火村六墩天主堂等。其中，川沙纯新村、宣桥三灶村和祝桥星火村三处教堂形制非常接近，三地村庄呈三角形分布，间距约6~9公里，充分反映宗教文化在乡村地区的传播过程。

浦东新区川沙新镇纯新村七灶天主堂、宣桥镇三灶村施家天主堂、祝桥镇星火村六墩天主堂
（2023年8月田景华、孙亚先、赖志勇摄）

1.平面布局

平面形式以巴西利卡式、希腊十字、拉丁十字为主。以浦东新区宣桥镇三灶村施家天主堂为例，中殿为巴西利卡布局，整体为拉丁十字平面。

2.建筑风格

建筑以哥特风格和罗马风格为主，亦有早期西方宗教建筑与中国江南乡土建筑风格的结合。

3.细部特征

屋面：以江南传统民居硬山式样为主，屋顶为蝴蝶瓦。山墙形式有人字形悬山、观音兜等，部分带山花，部分山墙顶部有对称的涡卷纹装饰。

浦东新区川沙新镇纯新村七灶天主堂：哥特式风格融合江南民居风格（2023年9月杨崛摄）

浦东新区川沙新镇纯新村七灶天主堂和祝桥镇星火村六墩天主堂山花(2023年8月田景华、谢文婉摄)

六墩天主堂、七灶天主堂、施家天主堂门窗(2023年8月谢文婉、田景华、孙亚先摄)

七灶天主堂和六墩天主堂中西结合木梁,施家天主堂穹顶(2023年8月田景华、谢文婉、孙亚先摄)

外墙:水泥砂浆外墙,墙面多施圆形、三角形以及三叶形饰,转角有仿石块、彩色玻璃装饰等。

门窗:门、窗均为半圆形或尖拱券,部分有西式彩色玻璃。

内部结构:内部多为中式木梁结构,结合西方拱形木梁与梅花柱(哥特风格)。其中,宣桥镇三灶村施家天主堂内部穹顶为西式混凝土结构。

7.5 特色要素与场景

7.5.1传统老街

江海交汇和沿海地区因筑塘、盐灶等生产活动和港口、码头等商贸活动而产生了众多传统老街。

1.小湾老街

老街所在的浦东新区唐镇小湾村因老护塘塘身在此略向北转弯而得名。老护塘筑成后，塘东的大片海滩迅速成陆，依塘为市的小湾便成为沿海往来之衢路。得天独厚的地理位置，使小湾镇街市的繁荣成为历史必然。至清末民初，小湾已颇具规模，到1926年上川小火车通到小湾时，更成为"十里方圆一重镇"。据《王港志》载，旧时镇上主要行业有米行、布庄、杂货三店，木行、药店和轧花、碾米、糟坊、面粉厂等各类店铺；镇上的肉庄、鱼行、饭店、理发店同时有三家以上，还有竹、木、铁铺，豆腐店，地货行，蜡烛坊，糕团店等，应有尽有。中华人民共和国成立后，小湾便作为合庆区政府的所在地，区公所、文化站、银行、税务所、邮电所、粮管所、供销社、联合诊所、中心校等都陆续在此设立。

浦东运河开凿后，东西运盐河船只减少，加之乡办企业集中在王港镇附近，小湾镇市面逐渐冷落。现存小湾老街长约600米，宽约3米，旧时各类商铺不复存在，原有街巷肌理仍得以保存。现有两处保存较完整的古宅——岳王庙和长寿庵。老街两侧建筑仍可见经典观音兜式马头墙、明清风格仪门、"厚德载福"石板仪门、"进贤"门头等，隐约可见昔日繁华景象。

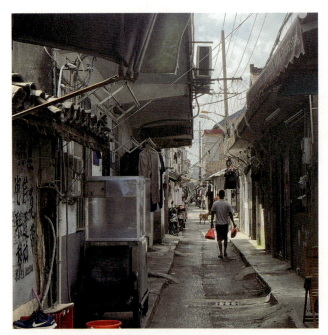

浦东新区唐镇小湾村小湾老街(2023年9月张正秋摄)

老街街巷入口门头("i唐镇"公众号)

老街观音兜式马头墙("i唐镇"公众号)

小湾老街长寿庵

"厚德载福"石板仪门
（2023年11月张正秋摄）

小湾老街明清风格仪门（2023年9月张正秋摄）

筠溪老街（2023年8月孙凡摄）

筠溪老街过街楼旧时米行
（2023年8月孙凡摄）

2.筠溪老街

筠溪老街位于浦东新区三林镇临江村庞家宅，原为三林乡市之最大者，原名康庞宅，以姓为名。市西有筠西第一桥，易石，原名西木桥，光绪《南汇志》中称庞家桥；市东有康家木桥，原名东木桥，光绪《南汇志》中称康家桥。后庞姓事业在康姓上，遂改康庞宅名而直取名庞家宅。庞家宅处于三林镇西南，西滨黄浦江，为三林旧港出口处。庞氏先人自江西迁来此处，经数代努力建有规模庞大的庞兴隆宅，分南庞、中庞、北庞，绵延至今有十四代，为当地望族。

清末，庞家宅南有关港渡，北有王家渡，船工、商贾在此歇脚，遂有商铺、茶馆。民国初年，王家渡造轮船码头，市面更盛，有学校（筠西小学），有烟什店、猪肉鱼鲜店、饭馆、茶馆，织布厂等。1935年建有发电厂（三林电灯公司），后因抗战而中断。庞家宅在发达后，改称"筠西镇"，因三林别称为"筠溪"。1949年有店19家，其中包括烟什店10家，米店3家，豆腐店和茶馆各2家，理发店1家，其他店铺1家。1952年三林港改道并疏浚后，商市剧衰。1969年王家渡口北迁，筠西镇逐渐衰落，后演变成临江村，历经时间变迁，目前保留有一部分老建筑和老街，依稀能看出当年筠西镇的繁荣。

过街楼是老街上的地标建筑，沿筠溪老街两侧"一"字形布置，旧时为米行；二层部分有木制过街楼连接。建筑山墙面为米黄色，沿街首层立面涂刷白漆，二层为木漆，屋顶为青瓦。

7.5.2 古桥

1.洪德桥

洪德桥位于浦东新区唐镇虹三村，为浦东新区文物保护点（第一批次）。洪德桥亦称虹天桥，始建于清雍正年间（1723—1735），重建于清乾隆二十年（1755），清道光十年（1830）重修。洪德桥是一座南北向的石桥，横跨在陈家沟上。陈家沟已有部分被填埋，在填埋区域内将建设规划的财神庙。桥身为苏州金山石，单孔平梁桥，长约 15 米，宽 1.76 米，两侧各设两块石板，镶嵌在三根石柱之间作为桥栏，石板上刻龙凤图案，石柱上有小狮。

2.德润桥

德润桥位于浦东新区周浦镇界浜村十一组，建于清乾隆四十三年（1778），东西向横跨于西黄泥浜上。因跨过洋口，又称"跨洋桥"，桥身刻字依旧清晰可见。该桥仍正常使用，并被列入区级不可移动文物保护名单。2017年，界浜村为德润桥加固河堤和栏杆，更好地保障村民出行。2018 年，因原外环运河延伸段设计方案会破坏德润桥，遂弃用并重新规划。"德润"被用以命名村党建服务站，以践行"德行润泽天下，恩惠广施万民"。

浦东新区唐镇虹三村洪德桥（2023年9月）

浦东新区周浦镇界浜村德润桥（2023年8月李国文摄）

3.众安村三古桥——众安桥、斗姥阁桥、界河桥

浦东新区新场镇众安村有三处古桥，均为浦东新区文物保护点（第一批次）。

众安桥，俗称"盛家桥"。明嘉靖十一年（1532）盛伯珪建。清乾隆二十年（1755）由吴必达（1705—？）重修。该桥为单孔石拱桥，南北走向，跨水仙港。桥身花岗石质，长11米，宽1.95米，呈现出江南水乡桥梁特色。

斗姥阁桥位于新场镇众安村三组。清康熙三十八年（1699）建，嘉庆七年（1802）朱跃重建。单跨花岗石石板梁桥，南北走向，跨

一灶港桥长17.70米，宽1.75米，高2.20米，净跨度6.80米。北境长5.30米，8步石级；南境长5.60米，11步石级。桥墩用石块砌成。桥面西侧刻有"斗姥阁桥"字样及花纹，并刻有"康熙己卯年七月建""嘉庆七年仲冬月重建"小字。因年久失修，南境桥基松动，桥面北境石级基本完好。

界河桥，因地处奉贤、南汇交界，故名。清道光年间（1821—1850）建，南北走向，跨界河港。桥身花岗石质，三跨平梁桥，长16.7米，宽1米。桥面以三块石板并铺，两侧刻桥名和桥联。桥脚并立三块条石，上置横梁长1.75米。两岸桥墩用块石砌成。

浦东新区新场镇众安村众安桥（2023年8月）

浦东新区新场镇众安村斗姥阁桥（2023年8月）

浦东新区新场镇众安村界河桥

4.中心村三古桥——永庆新桥、广安桥、三德桥

浦东新区宣桥镇中心村永庆新桥，又名"施家石桥"，由施嘉文与妻张氏建于清乾隆十六年（1751），道光、光绪、民国年间三次重修。现为浦东新区文物保护点（第一批次）。该桥为三跨花岗石石板梁桥，南北走向，跨一灶港。桥长18.5米，宽1.1米。桥两头各有三步石阶。桥身一侧刻有"永庆新桥"桥名及花纹，另一侧刻有"施嘉文同妻张氏建造，大清道光己丑年（1829）春李国臣、童寅保修，光绪丁酉（1897）九月馀庆堂施重修"字样。桥墩上也刻有花纹图案。桥脚两侧刻有对联："庆连南奉间阊千喜万悦，

永镇本乡通达四面八方；安宁创造耕者尽沐洪恩，和平建设行人咸称便利。"

宣桥镇中心村三德桥建于1929年，现为浦东新区文物保护点（第一批次）。该桥为三跨平梁桥，花岗石质，南北走向，跨一灶港。桥长24.8米，宽1.6米。两岸桥墩用条石砌筑，中间桥脚用大条石拼立，上横龙头石。桥面两侧刻桥名，桥脚两侧有桥联："水贯东西此港是往来要道，路通南北成梁免行旅问津（南）；集金累石永留村道更行人，山店名曾记河滨成小市（北）。"

宣桥镇中心村广安桥，又名陈家石桥，始建年代不详，1940年陈壁堂重建。现为浦东新区文物保护点（第一批次）。该桥为三跨花岗石平梁桥，南北走向，跨一灶港。桥长25.3米，宽1.1米。桥面用两块石板并铺，两侧刻桥名。桥脚用两根石柱拼立，上置横梁，有桥联："彩焕虹梁千里波涛雄巨镇，星临雁齿舟楫便利通申江；桥森锁镉潮平海高丽红霞，刹枕东鳌地控申江凝紫云。"

浦东新区宣桥镇中心村永庆新桥（2023年8月）

浦东新区宣桥镇中心村三德桥

浦东新区宣桥镇中心村广安桥（2023年8月）

7.6 典型民俗文化

滨海港塘地貌位于浦东、奉贤沿海区域。与内陆区域明显不同的是，该区域兼具海洋岸线和内陆腹地的特点，因此其民俗文化也同时具有内陆文化和海洋文化的双重特征。其既有浦东说书等内陆民俗文化样式，又有灶花、卖盐茶、划龙船、打（造）船技艺等具有海洋文化色彩的传统民俗，这些民俗文化共同构成滨海港塘区域丰富多彩的民俗画卷。

7.6.1 浦东说书

浦东说书，其名就散发着江南水乡的气息。作为上海市浦东新区的一种民间艺术，浦东说书的历史已有三百多年。它巧妙地融合说、唱、弹、演，展现出独特的艺术魅力，既有着江南水乡的柔美，又有浦东大地的豪迈。

浦东说书的内容丰富多彩，有传统的经典书目，如《红楼梦》《水浒传》等，也有现代题材的作品。这些作品反映浦东地区的历史变迁、风土人情和社会生活，深受当地群众的喜爱。在表演过程中，说书人善于运用当地的方言土语，使表演更加贴近观众，增强作品的感染力。

然而，随着时代的发展，浦东说书面临着保护和传承的挑战。为了弘扬这一非物质文化遗产，当地政府和文化部门采取一系列措施，如举办培训班、开展演出活动、整理出版相关书籍等，旨在培养新一代的浦东说书人，让这一优秀的民间艺术形式得以传承和发展。

7.6.2 灶花文化

灶花是一种厨房的装饰画，也是珍贵的海洋民间美术，反映了历代劳动人民追求家庭和睦、环境美化、家居装饰的理念，其题材选择、表现手法、审美特点都值得研究和探讨。据传，灶花的产生与海盐生产密不可分。南汇地区早在宋元时期就是著名盐场，建灶煮盐。盐民为了祈求盐业丰收，便在盐灶和家灶上绘制各种吉祥图案。由此看来，灶花也可以归属为海洋文化。

具有代表性的灶花文化分布地区有上海的浦东和崇明地区。在浦东书院镇，乡村居民为追求美好事物在灶台上绘制灶花，为表达信仰祈求平安而祭灶，由此形成一套完整的灶文化习俗，并通过精湛的制作技术、约定时节、传统风俗习惯和百年来流传下来的仪式加以定制，由此形成灶文化习俗。

在川沙、南汇一带，民间绘制的灶花内容十分丰富，人物、山水、花鸟及抽象图案不

旧时浦东说书表演（"影像上海"公众号）

浦东说书（"沪上拾遗"公众号）

7.6.3 卖盐茶

拘。从类型上看，可以细分为人物画（如八仙过海、聚宝盆、赵云救阿斗、古城会等）、风景画（如宝塔、日出等）、花卉画（如荷花、石榴、仙桃、牡丹、万年青等）、动物画（如鲤鱼、喜鹊、仙鹤、龙凤、大公鸡等）、图案画等。在题材上，传统的灶花不外乎五谷丰登、六畜兴旺、神话传说、山川景物等。常见的形象如竹，寓意"祝（竹）报平安"；鱼，寓意"年年有余（鱼）"；山水，寓意"一帆风顺"（画中必有帆船）；鹰，寓意"雄鹰展翅"；鸽，祈祷"和平吉祥"。

随着现代灶具的使用，传统的灶花已日渐退出民众的日常生活。调研发现，浦东乡村仍保留许多有特色的灶头和灶花。

常见的卖盐茶表现为用扁担挑着两个花篮作舞蹈行街表演，看似与盐并无关，其实正是"乔装"打扮，以卖花掩盖"卖私盐"。舞蹈起源于元明时期，全国盐业均为官府管理，在浦东下沙盐业兴旺的背后是繁重的生产，以及苛捐杂税带给盐民的重压。出于无奈，盐民便乔装卖茶叶或者挑花篮卖花，成群结队到庙会上赶集，实际上暗中贩私盐以帮补生计，躲过盐捕的耳目。久而久之，便形成民间舞蹈卖盐茶。

卖盐茶在不同地区有不同的名称，如卖盐婆、花篮舞等。反映卖盐人疾苦的史料，如《盐妇苦》《盐夫叹》等诗文、歌谣在历代《两浙盐法志》《南汇县新志》等志书上屡有记载。目前卖盐茶民俗舞分布主要为南汇西部的下沙、周浦，后来传到中部的新场、六灶、三灶及东部沿海惠南、祝桥、川沙、大团、奉贤等地。20世纪60年代以来，南汇新场镇参加行街表演卖盐茶的队伍有7支，表演人员达150多人，航头镇亦举办过20多次的培训班，通常在庙会展演。

浦东新区惠南镇海沈村灶花（2017年沈月明摄）

旧时卖盐茶（"影像上海"公众号）

卖盐茶（"文创新场"公众号）

7.6.4 打（造）船技艺

　　打（造）船技艺是上海市非物质文化遗产。该技艺起源于商代（木板船的出现），至明朝永乐年间（1403—1424），技术达到世界领先水平。打船技艺因其地理特殊性，主要分布在奉贤四团等沿海地区。手工打船工序繁复，没有图纸靠心记，劳动强度大，全凭师傅的眼光和经验。打出来的船，船身中间大，两头小，大船头后梢翘起，能载人带物，船身造型美观，行船速度快，不仅有实用价值，还有观赏价值。

手打渔船传承人高正德（刘宣兰摄）

奉贤区四团镇渔墩村村史馆手打渔船展示（2023年8月吕佳薇摄）

金山区漕泾镇金光村（2023 年 10 月姜如森摄）

08

泾河低地

自然地貌特征

典型风貌意象

疏枝意象　　川流意象　　棋盘意象

典型村庄聚落

金 山 区 枫 泾 镇 韩 坞 村

金 山 区 亭 林 镇 后 岗 村

金 山 区 漕 泾 镇 金 光 村

金 山 区 漕 泾 镇 阮 巷 村

奉 贤 区 柘 林 镇 法 华 村

建 筑 特 征

传统民居建筑　老街建筑　滨海建筑

特 色 要 素 与 场 景

冈身遗址　　　　　　　古海塘

传统老街　　　船舫　　古桥

典 型 民 俗 文 化

小白龙舞　　打莲湘　　金山农民画

奉贤滚灯　　庄行土布染色经布工艺

8.1 自然地貌特征

泾河低地地貌主要位于冈身线以西、黄浦江以南、杭州湾北岸、上海西南地区的金山及奉贤部分地区。这里是古时太湖泄水、东江古道，形成由北向南的主干水脉与分汊。历史上经历海岸后退、地壳缓慢沉降，坍塌成柘湖，柘泖水面淤浅后形成河港与土地；

筑堤封堵致地势南高北低，川流北连浦江、南入黄海，自由破碎的支流刻画出横纵交织、星罗棋布的沃野村落，展现出"冈身西复南，黄浦水潺潺；地势南北异，水系反覆间；襟江连海处，田垄多变迁；沃野如画中，活水周流源"的海塘生境。

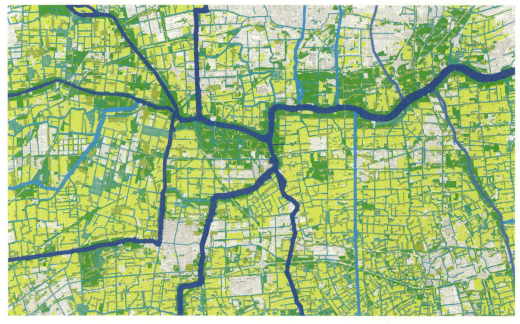

泾河低地地貌特征图

8.2 典型风貌意象

8.2.1 疏枝意象

该风貌意象主要位于金山中部和南部区域、叶榭港以西、秀州塘以南的乡村聚落区域。

1.空间基因传承

由于靠近杭州湾，夏季多台风，且钱塘江口潮势凶猛，明代起该区域多次修筑金山海塘，防止海水入侵，但疏通出海河港与修筑海塘挡潮排涝始终相互抵触。金山一度置闸挡潮，又废闸复堰，反复不定，后来主要以防风、挡潮为主，内部河港、湖泖逐渐淤积成陆。不稳定的湖田环境与窄河道、局部水田的状态，形成聚落随着淤浅陆地分散布局的态势，随之形成沿湾向海的生态格局和疏枝渗透的乡村肌理。

疏枝型分区风貌演变

2.风貌肌理特征

该区域水网、农田各处地势较为平均，村落形态主要为十余户横向成组，零散分布，整体呈现"村在景中、散点渗透"的疏枝形肌理特征。

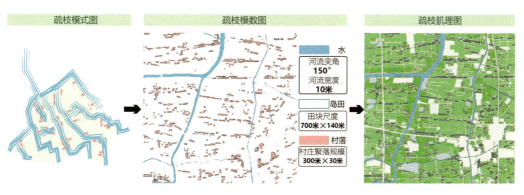

疏枝型分区风貌模式图

疏枝型分区肌理图：金山区廊下镇、吕巷镇及周边地区

疏枝型分区现状鸟瞰：金山区廊下镇光明村

8.2.2 川流意象

该风貌意象主要位于奉贤西部、金山东部，围绕黄浦江、叶榭港、龙泉港、金汇港等冈身南段两侧的乡村聚落区域，以奉贤区柘林镇为典型代表。

1.空间基因传承

民国时期，该区域与冈身平行分布着多条纵塘，如沙冈塘、竹冈塘、横沥塘、巨潮港、金汇港。后期在黄浦江发育、水量增加之后，南北分隔淤浅，次干河道自西向东、向北汇入黄浦江，形成南北干渠、东西支流的"丰"字形布局。人们沿着网状水系，逐渐形成连江襟海的生态格局和川流生长的乡村肌理。

川流型分区风貌演变

2.风貌肌理特征

该区域水系呈现"南北干渠 + 东西支流"的"川"字形总体格局，南北干渠自黄浦江向南延伸入海，平均间距 500~3000 米；支河垂直干渠沿东西向展开，平均间距 200~1000 米。聚落或沿河道南北向两侧展开，布局相对集中紧凑，形成沿水系两岸的带状聚落。聚落密度约为每平方公里 5 个，单个聚落规模适中，以东西横向的聚落为主。

川流型分区风貌模式图

川流型分区肌理图：奉贤区柘林镇、南桥镇及周边地区

川流型分区现状鸟瞰：奉贤区柘林镇法华村

8.2.3 棋盘意象

该风貌意象主要位于金山北部和松江南部、大蒸港以南、秀州塘以北的乡村聚落区域。

1.空间基因传承

明代开始开凿上海南部的范家浜，连通黄浦江，取代原吴淞江中下游河段，成为太湖东部主要的出水干道。黄浦江涨潮时水位高于田面，落潮时反之。在汛潮多雨季节，太湖上游众水下泻，下游又恰逢长江洪水顶托；高水位持续不退，两侧低荡田因无法自排受涝成灾。因此该区域通过平直水渠发挥自流排灌的效能，促进活水周转的能力。开河、筑岸、置闸工程直接影响聚落村宅的布局，随之形成多江交汇的生态格局和棋盘格局的乡村肌理。

清康熙松江府水道图

清末民初上海各区全境拼合水道图
（民国各区县志）

泖港镇现状影像

棋盘型分区风貌演变

2.风貌肌理特征

该区域水系呈现黄浦江、油墩港、掘石港多江交汇和沿黄浦江向南北两个方向纵向延伸的整体特征，支流水系平均直线距离在800~1000米，聚落主要沿棋盘格网水系的交叉点或小塘两岸发展分布，呈现条状集中式。聚落密度约为5个/平方公里，单个聚落规模适中，平均户数在20~30户左右。农田多成块状集聚。

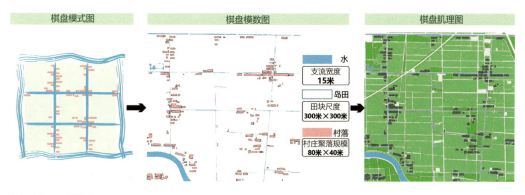
棋盘模式图　　棋盘模数图　　棋盘肌理图

水
支流宽度 15米
岛田
田块尺度 300米×300米
村落
村庄聚落规模 80米×40米

棋盘型分区风貌模式图

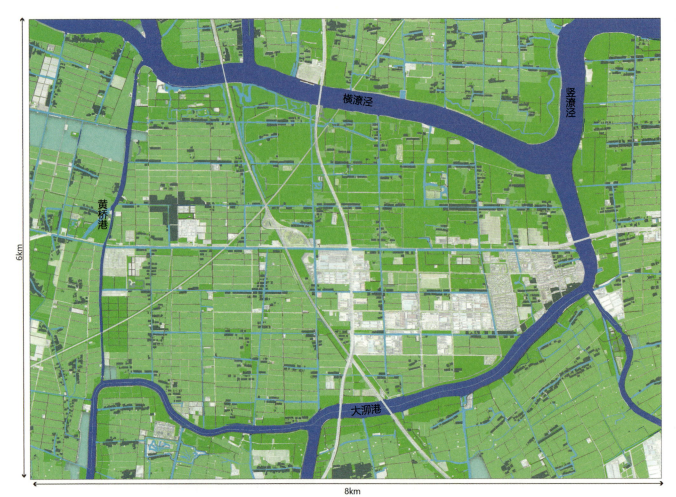

棋盘型分区肌理图：松江区泖港镇及周边地区

棋盘型分区现状鸟瞰：金山区枫泾镇新元村

8.3 典型村庄聚落

8.3.1 金山区枫泾镇韩坞村

韩坞村位于金山区枫泾镇，东邻松江区泖港镇曙光村，南接泖桥村，东北部与松江区泖港镇茹塘村、田黄村相望，西南与松江区新浜镇香塘村、胡家埭村交界。村域面积431公顷，包含20个村民小组，规模较大。南宋韩世忠（1090—1151）曾在此屯兵，因此被称为韩家坞。清中叶，此地设有韩家坞市，典当、染坊、油坊等工商业一应俱全。随着时间推移，韩家坞已不见了昔日的繁华，有些破败冷清。

韩坞村水田相依，河道与农田相互交织，村落顺应河道、湖塘的走向布局。韩坞村大多数民居为单层或两层，建筑布局以"一"字形单屋独栋为主，少数联排建筑，个别有院落，少数"凹"字形、"L"形以及"回"字形合院。年代久远的遗留建筑呈现合院式布局。

金山区枫泾镇韩坞村鸟瞰（2023年11月王鼎平摄）

金山区枫泾镇韩坞村鸟瞰（2023年8月陈炜摄）

村内的观音堂为一栋拥有悠久历史的老旧民居，建筑采用木构，以木梁承接屋面。屋面采用歇山式屋顶，有观音兜。立面保存有彩画，记录村子的历史文化故事。门窗框遗留有木制转轴等构件，并保留有传统纹案装饰，建筑整体保存得相对完整，让人眼前一亮。

韩坞村小集镇被称为"上海市迄今保存最完整的村级小集镇"。依托当地独特的人文底蕴，村委会从2015年开始谋划筹建中国历史文化名村和小集镇。2016年着手设计，打造"韩公＋市集"文化村落，形成以江南水乡村落格局为载体、集中展示水乡市集文化及南宋韩世忠军事文化、体验乡村古朴生活的江南古村落展示基地。2017年施工，如今已经初现风貌。

韩家坞崇虚庙，坐落于韩坞村十三村民小组，始建于明朝。庙址占地面积986平方米，建筑面积146平方米，三开间。庙中供奉有圣帝、玉帝、海瑞、包公等神像，是一处道教场所。

金山区枫泾镇韩坞村老街（2023年8月张威摄）

金山区枫泾镇韩坞村传统民居（2023年8月陆昊宇摄）

金山区枫泾镇韩坞村传统民居（2023年8月张威摄）

金山区枫泾镇韩坞村村内场景（2023年8月张威摄）

金山区枫泾镇韩坞村观音堂(2023年8月陆昊宇摄)

金山区枫泾镇韩坞村纪念韩世忠的特色场景 (2023年8月李坤恒摄)

金山区枫泾镇韩坞村崇虚庙(2023年8月张威摄)

8.3.2 金山区亭林镇后岗村

后岗村位于金山区亭林镇西南部边缘，东靠油车村，南越中运河与吕巷镇颜家村接壤，西临张泾河，北靠后岗塘。村域面积685公顷，含村民小组15个。民国时期，后岗是乡公所驻地，1949年划归金山县，也是后岗乡治所在地，隶属张泾区，曾一度为张泾区政府驻地，1957年并入松隐乡。

后岗村地势低平，河流纵横，阡陌交错，素为鱼米之乡。河网间距约200~500米，田块尺度约300米×200米。整个地区水系丰富，有张泾河、紫石泾、后岗塘、中运河等主要水系。不同于20世纪70年代开凿的紫石泾、中运河的笔直水系，后岗塘水系蜿蜒，历史更为悠久。其东北—西南斜向走势决定了后岗村水网、村落及农田的空间分布格局和肌理，是地区自然和历史空间发展脉络的集中体现。

后岗集镇依水而建，因水而兴，明末清初已有集市；清代中期，镇上富户颇多，乾隆时期《华亭县志》作者程明悰，将其列在"市镇篇"中，后在太平天国和抗日战争时期两度毁于战火。抗战后期，市面又有恢复，店铺不下百家，七八百人口，日渐繁荣。当年经后岗塘有脚摇船每天至松隐接送货物，20世纪60年代曾有小汽轮到上海接货充足市场。70、80年代集镇上有国营供销合作社和个体商店近50家，还有邮政代办所、卫生院、粮管所、邮电所和剧场等单位。目前镇上仍有百年以上桂花树3株、广玉兰1株，民宅内还有1棵百年柚子树，至今硕果累累。

金山区亭林镇后岗村鸟瞰（2023年8月陈炜摄）

金山区亭林镇后岗村鸟瞰（2023年11月姜如森摄）

金山区亭林镇后岗集镇鸟瞰（2023年8月陈炜摄）

金山区亭林镇后岗集镇影像

金山区亭林镇后岗集镇鸟瞰(2023年5月沈峰摄)

金山区亭林镇后岗塘沿线景观（2023年5月沈峰摄）

金山区亭林镇后岗集镇上的百年老宅（2023年8月何欣翼摄）

金山区亭林镇后岗集镇上的百年老宅
（2023年8月何欣翼摄）

整个集镇呈"北旧南新、前水后街"的双鱼骨状平面格局。后岗老街平行于后岗塘，东西走向，全长300米左右。集镇中心位置有店浜港纵连后岗塘，把集镇分成东、西两岸。集镇格局保留基本完整。后岗塘上建有万余桥、盛梓庙桥和太平桥三座桥，见证着老街和老镇发生过的诸多故事。

后岗老街街巷狭窄，空间紧凑，街宽约三四米，两侧建筑以一层和两层为主。老街上有一处百年老宅，檐口瓦当、滴水造型精致。梁架为抬梁与穿斗相结合，正屋次间为抬梁式结构，梢间为穿斗做法。老宅的木雕花窗工艺简洁，局部有传统样式的窗花，造型精致。

老虎灶、豆腐店、老茶馆是后岗人共同的回忆。一家前店后坊的豆腐店，还在老街面北门面开张着。这里主要经营豆腐和豆腐干，有人预订还可冲桶水豆腐。跨出豆腐店往西行，不多几个门面，一家茶馆便映入眼帘。茶馆内四方桌，长条凳，空间还算宽敞。一座20世纪60、70年代砌就的老火灶，是茶馆内的镇馆之宝。

8.3.3　金山区漕泾镇金光村

金光村位于杭州湾北岸，地处金山区漕泾镇西约1公里，东邻沙积村、营房村、东海村和漕泾镇镇区，南接增丰村和山阳镇九龙村，西靠护塘村，北邻阮巷村、水库村。金光村由原金光村、泾西村及水库村的部分小组合并而成，村域面积516公顷，含25个村民小组。

金光村所在的漕泾地区，历史上是古柘湖所在地。根据孙昌麒麟《上海金山柘湖考略》一文的考证，柘湖是上海西南地区一座已消失的古湖泊，位于今金山区东南部张堰镇、金山卫、大金山岛和漕泾镇之间，湖体形成于公元前，在北宋政和年间（1111—1118）进入消亡期，元代完全淤积成陆。

漕泾地区水网密布，河汊纵横，被称为水泽之乡。水网条件催生独特的交通方式。旧时开门见水，举足登舟，南北横塘横贯其间，河宽水深，村民靠渡船进出。渡船造型方形，似无盖木箱，无橹无桨，由渡者自操绳索，牵动渡船。

金光村地势南高北低，历史上南部地区河小而少，水源不足，断浜多，宅河多；北部地区河流纵横成网，河面宽广，水系的间距在100~200米之间。目前村域主要河流有东海港、新东海港、备战港、南横塘等，东海港与新东海港从村域中部横向穿过。

南部自然村落的规模较大，沿水系横向

金山区漕泾镇金光村鸟瞰（2023年8月4日陈炜摄）

金山区漕泾镇金光村济渡桥（2023年8月汤春杰摄）

一字排开，村落周边为连片的蔬菜大棚种植基地和林地；北部水网密集地区的自然村落规模较小，分布零散，村落形态与邻近的水库村和沙积村相似，体现为农田、水网、河塘、村落交错分布的景观特征。

金光村地势平坦，农居呈"一"字形独栋的布局为主，结构体系以20世纪80、90年代的砖木和砖混结构体系为主，外墙为白粉墙，局部贴石材，屋顶以双坡硬山为主，屋面为釉面瓦。建筑层数以2~3层为主，群体错落有致。

河流多，河面宽，古桥也多。现存古桥有济渡桥、彩虹桥、惠农桥等。其中济渡桥又名七星桥，是上海浦南地区现存仅有的七孔桥，是目前上海地区跨度最大的石板桥。

金山区漕泾镇金光村彩虹桥（2023年8月汤春杰摄）

金山区漕泾镇金光村鸟瞰（2023年11月23日王鼎平摄）

8.3.4 金山区漕泾镇阮巷村

阮巷村位于金山区漕泾镇西北部，东邻水库村，东北与奉贤区柘林镇兴园村相连；西与蒋庄村相望；南与护塘村金光村相邻；北与亭林镇欢兴村、红光村相望。村域面积500公顷，由原阮巷村、明华村合并而成，辖21个村民小组，1个居民小组。

阮巷村所在地区地势较低。西侧有龙泉港，为市级河道，北起盛梓庙，南连运石河。村域内河网密布，均属龙泉港水系。东西向主要河道有仙水塘、张家塘、中心河等，均连通龙泉港，主干河网间距约500~600米。村域东侧和南侧靠近水库村的区域河塘水系丰富，大片农田和港汊交错分布。

阮巷集镇地处金山的漕泾、朱行与奉贤的胡桥，三镇交汇点。相传三国魏人阮籍（210—263）晚年择居于此，故名。明洪武年间（1368—1398）成镇，清代市容颇为兴旺。乾隆《奉贤县志》载，阮巷"与华邑接壤"，街道盘旋，市井栉比，居民200家，椎者耕，黠者贾，各行各业，熙熙攘攘，颇称巨镇。集镇上曾有九龙庵、九龙庙、仙水道院、三官堂庙等宗教文化遗迹，文化底蕴浓厚。

阮巷集镇街道格局保存较好。阮巷市河贴着阮巷集镇南侧流过，平行于河道为阮巷集镇东西向的中心街。

金山区漕泾镇阮巷集镇鸟瞰（2023年8月陈炜摄）

金山区漕泾镇阮巷集镇卫星影像

金山区漕泾镇阮巷村鸟瞰(2023年8月陈炜摄)

金山区漕泾镇阮巷集镇鸟瞰(2023年8月陈炜摄)

阮巷的书场较为有名。清代，阮巷九龙庙、南张宅就曾设戏台，进行曲艺表演。1939 年，阮巷在城隍街杨根明茶馆设书场，请艺人唱评弹。如今的阮巷书场设在北街毗邻农贸市场，是漕泾镇仅有的一处书场。阮巷书场的说书活动吸引着朱行、亭林，甚至胡桥、叶榭的观众前来，传统剧目、名家名段、流派唱腔等深受观众欢迎。

重阳节的阮巷香市是特色传统节日。香市是一个集文化与商业为一体的小镇民间节日，1938 年由本地人唐宗敏发起并成为往后每年重阳节阮巷的传统。据记载当时阮巷香市三天三夜，小镇街上百货兴盛，人头攒动，还有说书、打湘莲、调龙灯等文化活动，热闹非凡。现如今，阮巷香市是传承乡村文化的休闲娱乐平台，时间也不只限于重阳节，2024 年元旦阮巷村举办的阮巷香市，吸引了大量游客，成为阮巷村一张特殊的文化名片。

金山区漕泾镇阮巷老街（2023年8月汤春杰摄）

金山区漕泾镇阮巷老街阮巷书场（2023年8月何欣翼摄）

金山区漕泾镇阮巷集市（2023年12月沈宏阳摄）

8.3.5 奉贤区柘林镇法华村

　　法华村位于奉贤区柘林镇西北方向，东靠三桥村、南桥镇沈陆村，南邻迎龙村，西邻庄行镇潘垫村，北靠庄行镇长堤村。村域面积576公顷，有自然村6个（法华村、秀才村、广福村、三家村、太平村、关帝村），村民小组共31个。

　　村域用地以基本农田为主，沿浦卫公路两侧工业厂房集中，村落东部有高压走廊通过，走廊下为绿地和开敞空间，东南角为原法华老街，民居聚落基本均沿河道布局。村域内共有河流四条，两横两纵交织，宽度约5~20米，河网间距约160~400米。法华村内自然村聚落则分散布局，沿水系呈"一"字形排列或组团散落，散落的民居与水系关系亲密，河水依宅而过。

奉贤区柘林镇法华村鸟瞰（2023年8月潘健摄）

奉贤区柘林镇法华村法华老街鸟瞰（2023年8月潘健摄）

宋代，有宋氏聚族居此。法华禅院建于宋代，元至正廿二年（1362）于镇东侧建升真道院。明天启年间（1621—1627）建法华桥，桥身横跨下横泾，清乾隆元年（1736）维修。清代至民国年间，法华镇有南北大街，市中心与东西街交叉成丁字形，商贾众多，市面较盛；法华寺香火旺盛，每逢庙会，街上人群熙攘，店员售货应接不暇，工商业繁荣；曾设过区、乡自治公所和子隆乡公所。抗日英雄王子隆牺牲后葬于法华桥，1947年胡家桥、法华桥、阮巷三地合名为"子隆乡"，以示纪念。20世纪50年代初为法华乡政府所在地。至80年代时，该地设有百货、杂货、国药、茶馆、肉店等门市部，百货较全。

法华桥老街长约300米，宽度约3~4米，基本保存了原始面貌，有不少老建筑。如始建于元代的清白堂旧址，内有明代牡丹两株，参观者不绝，1980年移植于奉贤区人民政府花圃，今尚存。

清嘉庆年间法华桥位置示意图（《图说奉贤地名》）

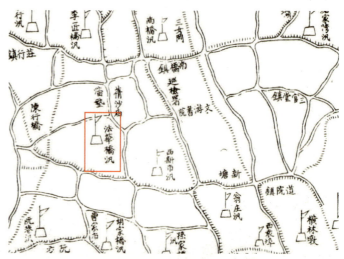

法华老街老地图（光绪《重修奉贤县志·奉贤县全境图》）

奉贤区柘林镇法华村法华老街聚落肌理1972年历史影像

奉贤区柘林镇法华村法华老街鸟瞰（2023年8月潘健摄）

8.4 建筑特征

冈身线以西、黄浦江以南的杭州湾北岸、上海西南地区的金山及奉贤部分地区，这一带乡村中大部分房屋为20世纪八九十年代重建，少量为2000年后重建，仅有少数传统民居历史遗存散落在乡村中。该区域因靠近杭州湾，滨海建筑也颇有特色。

8.4.1 民居建筑

1.民居建筑概况

现存的传统民居主要为单屋与一两进的小型合院。布局上与苏州民居近似，俗称"一正两厢，三间五架"，三开间的民宅围合成院，前后以厢房相连。建于一侧为单厢；两边都有厢房的称一正两厢；规模再大一点，则是前面设前厅墙门间作为入口，正房之后设后院。

传统民居建筑风格在典型江南水乡民居特征基础上，充分体现"内溯太湖、外联江海"的独特性，乃至近现代以后兼具中西融合的特点。在营造技术上，师从传统江南木构技艺，结合本地乡土生产，就地取材的变化。

目前现存的传统民居平面布局多以"一埭"主屋为基本原形，少量有"门"字形或"口"字形合院。

大部分历史民居采取穿斗与抬梁相结合的方式。穿斗式是以穿枋穿连柱子形成房架的结构形式，木构架用料小，整体性强，但室内空间大小相对受限。抬梁式木构架用料大，可形成大空间。结合境内家庭手工业发展的特色，为争取较大空间放置手工工具，室内采用抬梁式梁架结构。

金山区典型传统建筑（2023年8月）

奉贤区冈身线以西片区典型传统建筑

2.建筑细部特征

（1）屋面与立面

屋面多用青灰色板瓦，少见筒瓦、滴水瓦、花边瓦。从屋顶样式上看，有双坡硬山、双坡悬山、四坡落库屋、四坡局部歇山等丰富造型。

硬山墙还有观音兜、马头墙等样式。屋脊为传统的纹头脊、雌毛脊、甘蔗脊、哺鸡脊等。

外墙立面为砖墙外粉石灰，部分传统建筑朝外的立面上以竹篾护壁，二层立面多为木板墙面。

传统建筑结构体系：奉贤区庄行镇潘垫村（2023年8月）、柘林镇迎龙村（2023年8月）

民居屋脊的不同样式（2023年8月何欣翼、刘磊、李妙晗、刘磊摄）

悬山屋顶：奉贤区柘林镇迎龙村徐兆奎宅

四坡落库屋：奉贤区柘林镇王家圩村王藕英宅（2023年8月）

歇山屋顶：金山区漕泾镇营房村（2023年8月）

木板墙面：金山区枫泾镇泖桥村（2023年8月）

民居竹篾护壁：奉贤区柘林镇迎龙村

传统民居砖墙外粉石灰：金山区廊下镇光明村

（2）山墙

山墙样式是比较直观的外立面装饰元素，除了"人"字形硬山，也有少部分观音兜、马头墙。悬山、歇山等样式也可见，且部分元素混合使用。"人"字硬山双坡屋顶，以中间横向正脊分两坡，两侧山墙平齐或高出屋面。因屋檐不盖过山墙民房屋面多为硬山顶坡屋顶，小青瓦，屋脊无装饰。

（3）细部装饰

砖石木雕，深浅细刻；瓦饰灰塑，朴素雅致。该区域民居建筑的装饰较朴素、雅致。在雕镂方面，木雕最为常见，一般位于梁、廊轩、门窗挂落、垂花吊柱等处。

许多沿街建筑都有出挑的檐廊，既丰富了立面形体，又为过往的行人提供了庇护。许多临河建筑，常常在底层延伸出一排屋顶，设置栏杆与坐凳，两者共同构成临水敞廊。

（4）门窗

传统民居门窗多为木制，门分双开和单开两种，部分门上带窗；窗为木制，分为两扇，有简单几何形装饰。自建房设计独特，在屋檐下开窗，并且开窗面积大，墙体面积小，多设置窗台，半窗形式；落地长窗较少。

（5）材质与色彩

粉墙黛瓦，灰砖石础；黑白灰调，水墨意境。外墙多为小青砖砌筑，外粉石灰；屋顶为小青瓦；门窗券楣为灰塑或砖砌；柱础、勒脚为深浅不一的灰色石材。整体色彩为白墙＋黑瓦＋灰色细部，呈朴素的黑、白、灰色调关系。

多数民居砖墙采取下部顺砌实墙、上部砌筑空斗、外部抹纸筋石灰的做法。在砖墙外粉刷白石灰的做法非常普遍，这既有保护墙体避免受潮的考虑，也有利用白墙反光，提升环境亮度的考虑。

柘林镇法华村硬山山墙、迎龙村顶部平直观音兜传统民居山墙不同样式（2023年8月摄）

民居门窗形式：奉贤区庄行镇存古村、柘林镇南胜村（2023年8月）

民居细部门窗：奉贤区柘林镇南胜村、迎龙村（2023年8月）

奉贤区柘林镇三桥村叶永梅宅

奉贤区庄行镇潘垫村老宅

3.典型传统民居建筑落厍屋

该传统民居屋顶为四坡顶，四面落水，正脊多弯曲，屋脊两头翘起，四角拖戗也向上翘起，称"四角翘棱"，形态朴素、柔美。在分布区域内，此类民居根据功能、外观以及结构特点有着不同名称，分别为落厍屋、四戗屋、四落戗、翘脊屋等。

一般硬山三开间房屋各有两榀正帖、两榀边帖。落厍屋在当心间用正帖梁架，次间枋、檩直接搁在与山墙同高的边柱上，或砖墙直接承枋，没有完整的边帖。次间屋架通过檩枋逐层内退，并与短柱相互搭接，构成从正帖屋脊向四个屋角的斜向坡度，转角不设角梁，以斜向角搭接，形成四坡顶，屋面四个垂脊上常有灰塑装饰。

落厍屋虽然压缩了次间的净高空间，檐口较低，但适应浦南片特殊的自然地理环境。金山历年县志记载，浦南低地一带，曾受海潮侵袭较多、地层不稳，且夏秋台风频繁，海塘屡遭溃堤决堤。采用四坡落厍构架形式，四个方向的抗风性比较均衡，且圆作梁柱和简单的穿斗式梁架亦经济实用。这种结构上的特殊优势，使得落厍屋在泾河低地地区成为常见建筑形式。

多数落厍屋正间比次间向里缩进一到二路，以设置大门，这一区域称为廊屋。这样做既保护木制大门不受雨水侵扰，也减少太阳的暴晒。

落厍屋：金山区朱泾镇待泾村（2023年8月）　　　落厍屋：金山区枫泾镇新元村（2023年8月）

落厍屋：金山区廊下镇中华村、金山区枫泾镇韩坞村（2023年8月）

8.4.2 老街建筑

　　"下店上住"的传统建筑形式、木板墙面、沿街灰空间等乡村集镇建筑特征金山区漕泾镇阮巷村、廊下镇山塘村、廊下镇中民村、亭林镇后岗村等集镇老街中均为常见形式。底层为商铺，一般为砖墙外粉石灰墙面或木板墙面，设置铺板门扇，满足商业需求，常采用挑檐、敞廊等手法形成灰空间，满足遮阳避雨需求。二层为居住空间，外墙多为木板墙面，部分设置木围栏出挑外廊

落库屋正帖梁架：金山区朱泾镇待泾村

落库屋正帖梁架横栏早先用以放置先人牌位：金山区枫泾镇新元村（2023年8月）

落库屋立帖式木构：金山区枫泾镇韩坞村（2023年8月）

金山区亭林镇后岗村后岗老街木板墙面建筑

金山区廊下镇中民村老街木板墙面建筑（2023年8月何欣翼摄）

金山区漕泾镇阮巷村老街

金山区漕泾镇阮巷村老街沿街木板墙面

金山区廊下镇山塘村山塘老街

金山区廊下镇山塘村山塘老街敞廊灰空间（2023年8月李妙晗摄）

8.4.3 滨海建筑

  该区域民居建筑沿海而建，建筑布局主要以"一"字形单层屋为主，大多建于 20 世纪80、90 年代。建筑层数多为 1~2 层，个别遗留建筑搭建院墙，呈现合院式布局。

  老旧民居大多为木构，以砌体墙为主要承重构件，顶层以木梁承接屋面。墙面多为白粉墙，部分可见黄色粉刷、瓷砖贴面等。屋面以硬山顶为主，少量为落库屋。山墙部分采用观音兜或马头墙的形式，屋脊可见仿纹头脊、仿哺鸡脊等形式。村内妈祖庙墙面为明黄色，南开木门，入门处有石台阶。

滨海建筑：金山区山阳镇渔业村（2023年8月）

8.5 特色要素与场景

8.5.1 冈身遗址

吴淞江以南目前能够辨识的主要冈身有沙冈、竹冈、横泾冈三条。最西的沙冈相当于马桥、邬桥、胡桥、漕泾一线，是上海最早的海岸线；最东的横泾冈相当于诸翟、新市、柘林一线。由于长期以来人类活动的影响，到 20 世纪四五十年代，冈身只留下比较明显的沙岸。70 年代末和 80 年代初，当地群众大量挖沙建房，沙冈遭到极大破坏，部分地方甚至成为鱼塘，只有沙积村高宅基下的冈身，因上面建有民房而得以保存，成为上海地区目前保存得最完整的古海岸遗址。这段冈身的存在，验证了金山地区早在 6000 余年前就已成陆的事实。

冈身遗址位于沙积村 2140 号，现存冈身为南北走向，长约 40 米，东西宽约 20 米，面积约 800 平方米，高出地面、深入地表各 1.5 米左右，表土 0.15 米以下为泥沙夹层，0.3 米以下为白色蚌壳砂。经碳 -14 同位素测定，形成时间至今为 6400 年。

金山区漕泾镇沙积村"高宅基"古冈身遗址（2023年8月何欣翼摄）

8.5.2 古海塘

塘是冈身以东区域成陆的见证。冈身线以东区域滨江临海，三面环水，易受台风、暴雨、高潮等自然灾害侵袭，历朝历代修筑了诸多海塘以抵御风暴潮侵袭。历代海塘的修筑，使得上海陆地得以巩固稳定，并向外拓展。

文献中唐宋记载第一条海塘为捍海塘（瀚海塘），至明代历经近 400 年方才被海潮冲毁重修，明成化年间（1465—1487）捍海塘加固，又称老护塘、里护塘。

明万历十二年（1584），在成化老护塘东侧三里，修筑与老护塘平行的"外捍海塘"。清雍正十年（1732）海塘遭毁，次年南汇知县钦琏又在原址重修，故又称"钦公塘"。全线工程包括川沙、南汇、奉贤三厅县的段落，塘身现为川南奉公路的一部分。

钦公塘以外一里多位置，修筑人民塘，多次修缮，1949 年塌毁重修并加筑，长 110 余公里，奠定了上海海岸轮廓。

历史上大部分的海塘皆位于如今的浦东新区和奉贤区范围内，但历经数百年时代变迁，如今大部分的古海塘已难觅踪迹。现存较为完整的古海塘遗址——华亭海塘奉贤段位于上海市奉贤区柘林镇奉柘公路南侧，现为全国重点文物保护单位。1996 年 5 月，在奉柘公路段海塘路基扩宽工程中，华亭海塘奉贤段暴露于地面，全长约 3.9 公里，底宽 3 米，高出地面 1.0~2.5 米左右，顶宽 1.5 米。通体塘身由青石和花岗石的条石垒砌而成，被称为"上海小长城"。它可以说是上海市郊最具规模、最具气势的历史文化遗产，见证着上海的海陆变迁。

上海古海塘位置示意图（《上海乡村空间历史图记》第83页）

华亭古海塘：奉贤区柘林镇营房村段（2022年2月）

8.5.3 传统老街

冈身以西的滨海地区，水系通航和盐业发展的优势使其较早出现商品经济繁荣的市镇。最早可以追溯至秦汉时期金山地区盐业的发展。秦汉时期，金山地区所属漕泾、戚家墩等地已形成以制盐业为中心的集市或聚落；南北朝时，江南经济有了进一步发展，前京县、胥浦县的设置，促进了金山中部地区经济的开发，中小集市应运而生；南朝陈至唐中期，集市兴起；中唐以后，随着寺院经济的兴起、农村经济的发展与地方行政机构的设置，该地区市镇进一步发展，出现新的集市；至明清时期，随着农业、手工业、商业的进一步繁荣，形成区域内各地小集镇星罗棋布的局面。虽然时至今日，生产生活方式和交通条件的变化让这些集镇失去了往日的繁华，但延续下来的聚落肌理、街巷格局依然承载着地区集体历史记忆，展现着传统乡村空间的特色场景。

1.阮巷老街

位于金山区漕泾镇阮巷村的阮巷老街已有650多年历史，2019年初在阮巷老街北侧发现古代陶瓷片，经专家初步鉴定该陶瓷片约有2000多年历史。

阮巷老街空间格局基本保存完好，阮巷市河蜿蜒从集镇南侧流过，临河为小路，也有少数建筑临水而建。平行于河道为中心老街，街道东西长约200米，宽度约3～4米，并有若干南北向的巷道连接，形成鱼骨状的空间结构。老街上仍有茶馆、书场、菜场等设施，生活气息浓厚。

阮巷老街街巷狭窄空间紧凑，街宽约三四米，两侧建筑以一层和两层为主。沿街传统民居多为灰瓦白墙，局部保留了木制窗框等传统做法，呈现"黑、白、木色"的主色调；建筑形式以硬山为主，有少量马头墙。街上有

一两层传统建筑保存较好，其原为唐氏老宅。临河而建，西墙外侧近河处嵌有"泰山石敢当"一石。1949年后曾一度作为阮巷乡政府驻地，故称"小乡里"。此楼东侧原有座吊桥，日收夜放，可以通行到浜南，浜南有座"唐家花园"。

金山区漕泾镇阮巷老街"小乡里"（2023年8月何欣翼摄）

金山区漕泾镇阮巷老街（2023年8月汤春杰摄）

金山区漕泾镇阮巷老街茶馆（2023年12月杨阳摄）

2.韩坞老街

韩坞老街以桥头为起点，长约120米，宽度约3米，形态随水系蜿蜒。老街沿街建筑多为1949年前建，以典型的"下店上宅"传统形式为主，底层为商铺，二层为居住空间。其山墙面通常为硬山顶、砖墙白色粉刷；二层外墙多为木板墙面，部分设置木围栏出挑外廊；一层砖墙外粉石灰墙面及木板墙面两种样式均存，其中，木板墙面更方便一层商铺设置铺板门扇，满足商业需求。建筑木门窗样式精美。同时，部分沿街建筑采用挑檐、敞廊等手法形成灰空间，方便避雨和遮阳，满足集镇日常通行需求。

韩坞村老街的尺度目前保存完好，现在仍是整个村子的商业中心，作为村民喝早茶、休闲娱乐的重要的空间载体。沿街的老建筑大多为两层的木结构建筑，商店、肉铺、麻将馆等各色商业业态分布其中。

金山区枫泾镇韩坞老街(2023年8月张威摄)

8.5.4 船舫

船舫是江南水乡特有的建筑类型，通常采用石柱上架梁盖棚的营造方式，供船只停靠以避免风吹雨打。上海乡村地区船舫并不多见，金山区朱泾镇待泾村的朱氏船舫遗址是上海至今发现的唯一一处古代私家船舫遗址。该处船舫约建于清朝，距今已有250年的历史。据当地村民介绍，朱氏船舫遗址所在的小河叫蔡家浜，相传居住于此的朱姓先辈在清代考中进士，官至二品，故在此修建私家船舫。由此可见，清代中晚期朱泾地区舟楫往来，繁荣兴盛。

朱氏船舫遗址于2016年进行蔡家浜河道整治时发现，当时仅剩7根柱子，后经上海市文物保护研究中心抢救性发掘，确认其为江南地区罕见的古代船舫遗址，也是上海首个经正式发掘与水下文化遗产密切相关的半淹没古船坊遗址，具有重要的历史、科学和艺术价值，于2017年被列入金山区文物保护单位，现已完成复原整修。

金山区朱泾镇待泾村蔡家溇发现的7根石柱（2016年2月吴叶萍摄）　　　　　　金山区朱泾镇待泾村朱氏船舫遗址（2023年8月）

8.5.5 古桥

1.济渡桥

金山区漕泾镇金光村济渡桥又名七星桥，为立壁柱墩混合式的七跨梁桥，始建于清光绪元年（1875年），于光绪三年（1877年）落成，架设在南横塘之上。全桥长度达43.6米，六墩七跨，两端桥堍各五阶石级，桥面由四条石合成，宽2.19米，共28块条石，中跨条石长7米。桥离水面5~6米，桥东侧装有木栏杆8柱。济渡桥是上海浦南地区现存仅有的七孔桥，被誉为上海地区跨度最大的石板桥。《济渡桥记》石碑现藏于金山博物馆。济渡桥于1992年成为金山区的文物保护单位。

2. 山塘桥

山塘桥位于金山区廊下镇山塘村，是上海市金山区第一批登记不可移动文物。山塘桥始建于清代，南北走向，跨西山塘河，黄砂石制，全长22米，宽2.12米。桥面由12块长条石拼合。山塘桥最为人津津乐道的是"一桥两山塘"的意境，其地处上海、浙江两省市交界位置，是山塘老街跨西山塘河的桥梁，一边连接上海市金山区山塘村，一边连接浙江平湖山塘村，是上海、浙江两地居民商贾沟通的桥梁，连接着两地的生活和文化。

3.法华桥

奉贤区柘林镇法华村法华老街上有一座著名古石桥——法华桥，跨下横泾，为青石制单孔石拱桥，长16米，宽2.6米，高6.5米。法华桥始建于明万历年间（1573—1620），清乾隆元年（1736）重修。桥拱正上方镌刻"法华桥"三字，面西桥柱上刻有对联一副"彩虹高揭民安国泰迴万古，翠石横空人寿年丰历千秋"。面东桥联的上联被民房遮盖，下联已模糊不可辨。2004年法华桥被公布为区级文物保护单位。

4.通津桥

柘林镇新塘村通津桥是奉贤地区最古老的单孔石拱桥，始建于南宋嘉定九年（1216），桥长17.5米，宽2.6米，高7米余，孔径6.5米。桥面上四角各立方柱，上雕四只石狮子。桥面中央有0.8米见方的定心石（券心石）一块，左右两侧矮栏卧石上各镌刻"通津桥"桥名。桥身为青石垒筑。

明末清初，新塘成市，此桥位于镇十字街南端。清雍正四年（1726）奉贤建县，通津桥成为华亭、奉贤两县界桥，民间俗称"二县四图一座桥"。桥中心的"定心石"是二县四图分界的标志。

通津桥是当地民众来往于南桥的重要路径，在沪杭公路未通之时，更是前往南桥的必经之路，古称"官路"上的一座重要桥梁。

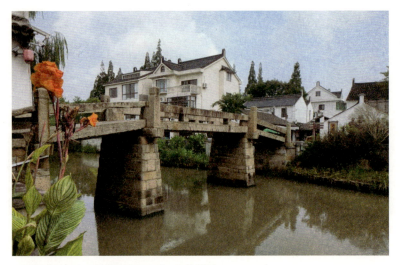

山塘桥：金山区廊下镇山塘村（2023年8月潘勋摄）

山塘桥：金山区廊下镇山塘村（2019年7月）

法华桥：奉贤区柘林镇法华村（2023年8月马冬峰摄）

济渡桥：金山区漕泾镇金光村

通津桥：奉贤区柘林镇新塘村（2021年11月）

通津桥：奉贤区柘林镇新塘村（2021年11月）

8.6 典型民俗文化

泾河低地地貌位于杭州湾北岸，水系发达，地势低洼，是古时太湖泄水古道，水环境复杂。千百年来，当地农民在复杂的水环境中出海捕鱼、营田耕种，体现了古人亲水用水、理水治水的伟大智慧，也因此产生很多和水相关的信仰、民俗，以祈求风调雨顺、五谷丰登、安居乐业，典型的有小白龙舞、打莲湘、奉贤滚灯、金山农民画等。另外，棉花是该区域的主要作物之一，也形成棉布纺织的传统工艺，如庄行土布染色经布工艺。

8.6.1 小白龙舞

金山吕巷小白龙舞是在金山区吕巷镇流传的一种祭祀求雨的民间舞蹈，是第三批国家级非物质文化遗产。明清两代，吕巷寺庙众多，佛事庙会不辍，龙舞在当地很盛行，而当地有关白龙的传说也很多见。到了清末，居住在吕巷网船埭地区的村民自愿集资将以往祭祀求雨的草龙改为白绸布裹身的白龙，并在庙会中进行表演。此后，小白龙舞便在这一地区流传开来。1949 年后，舞龙求雨的习俗虽被废止，但小白龙舞的娱乐功能保留下来，当地龙舞依然兴盛，有平调、横八字调、过桥调、跪调、座调、困调、穿空调、穿花背调、蹬天路和祥龙戏珠等十种舞龙调法。

8.6.2 打莲湘

金山区廊下镇是金山莲湘的发源地，已有 100 多年历史。起初，打莲湘主要是在当地民间的一种祭祀活动中表演，"老爷出会"时跟在后面，边走边打，其目的多为驱邪、撵鬼、祭奠神灵，祈求五谷丰登、岁岁平安等。1949 年后，作为一种百姓喜爱的文娱活动，经常在慰问军烈属时作表演。如今，廊下莲湘已经成为金山地区家喻户晓、上海市具有较高知名度、长三角地区具有广泛影响的文化、体育项目。廊下打莲湘的动作轻快、明朗，节奏感强，主要有交齐、转棒、敲肩、打地、对打转身等基本动作。敲击肩、腰、背、臂、肘、两手、两膝、两足等部位和穴道，可以达到舒筋活血的功效；同时，敲击时振动铜钱作响，再配上音乐、唱词，形成丰富的节奏变化，既锻炼身体，又愉悦身心。打莲湘者，多数为女性，初时穿便装，逐步发展到统一服饰。如穿大花对襟衣，围小围兜，戴顶头手巾等，乡土气息甚浓。廊下的打莲湘现为上海市非物质文化遗产项目。

金山吕巷小白龙舞（陈志军摄）

2020年12月在上海外国语大学
语言博物馆展出的金山农民画《丰收》
（作者季芳）

庄行土布纺织工艺（奉贤区）

8.6.3 金山农民画

金山农民画是从田亩垄野间脱颖而出的群体性民间美术再生态（re-ecology）。它充分吸取了民间工艺美术养料，并将这些古老艺术巧妙地运用到绘画中，以当地多姿多彩的生活习俗和热火朝天的劳动场景为题材，采用朴实的手法，成为散发着泥土芬芳的当代民间艺术奇葩。金山农民画作品风格鲜明强烈，寓意质朴，色彩明快，造型夸张，构图饱满，强调作者主观感情色彩，舍技巧而重神韵。

金山农民画由朦胧摸索到成熟定型的发展轨迹，经由本地及周边地区流传上海画坛，影响全国"画乡工作"，后通过国际展示交流，风靡欧美等二十几个城市。至今，已有数万幅作品先后参加展示交流，并在世界范围内被广泛收藏，被国际媒体誉为"中国最优秀的民间艺术"。因此，金山区先后被文化部社文局首批命名为"中国现代民间绘画画乡"（1988年），被中国民间文艺家协会授予"中国农民画之乡"称号（2006年）；金山农民画艺术被上海市政府宣布为第一批上海市非物质文化遗产名录项目（2007年）。

8.6.4 奉贤滚灯

滚灯流传于奉贤的西部，是奉贤具有代表性的民俗文化遗产项目，至今已有700多年的历史。奉贤临海，地处于杭州湾入海口，历史上水患频繁，于是在民间在生产生活中产生了戴着二郎神面具舞滚灯，以求降伏水魔的祭祀仪式。随着这项艺术的发展，奉贤的滚灯从原来的祭祀仪式转化为一种娱乐方式。滚灯原本是一种可以滚动、旋转的纸灯，后来发展为竹灯，滚灯也从地上改为人手执，成为一种行街杂耍的舞蹈形式。每逢各种灯会、节庆或者是庆丰收、贺高升之日，庆祝活动中绝对少不了滚灯的身影。

8.6.5 庄行土布染色经布工艺

庄行土布至今已有700多年的历史。自元代至元年间（1264—1294）起，由于黄道婆棉纺织工艺传入本地，民间涌现出众多的能工巧手，以家家植棉、户户做布，工艺精湛，成为上海土布的发祥地之一，有"衣被天下"之美誉。庄行土布染色、经布工艺是元代黄道婆棉纺织工艺在当地的发展，使土布的品种、花色丰富多彩。庄行镇围绕土布独有的格子花纹，融合现代时尚元素，倾力打造"庄行格子"创意品牌，结合乡村旅游，逐步形成土布服饰、家居用品、土布贴画等极具特色的土布手工艺品。2009年，土布染织技艺被列入上海市非物质文化遗产保护名录。奉贤区仅存部分老人会此项工艺，近年来设立土布馆以传承和发扬该项手艺。

松江区佘山镇刘家山村（2024 年 8 月 2 日赖剑青摄）

09

九峰三泖

自然地貌特征
典型风貌意象
峰　泖　意　象

典型村庄聚落
松江区石湖荡镇洙桥村
松江区新浜镇鲁星村
松江区佘山镇刘家山村
松江区佘山镇横山村

建筑特征
民居建筑　　　　宗教类建筑

特色要素与场景
传统老街　　　　铁路桥遗迹
古树　　　　　　古塔

典型民俗文化
顾绣　　舞草龙　　花篮马灯舞

9.1 自然地貌特征

　　九峰三泖地貌主要位于冈身线以西的松江西北部、金山西北部区域，市域范围内地势变化最大，有佘山、天马山、横山、小昆山、凤凰山、辰山、薛山、机山、库公山、北竿山、钟贾山和卢山12座（九为多的意思）低浅山峰。同时有黄浦江上游三大源流——长泖、大泖、圆泖"三泖"，泖河和大泖港为其中主要河道，共同形成上海独有的平原浅丘风貌。随着千年来松江府繁荣历史变迁，展现出"九峰三泖处，山水寄宿间；复有十二峰，相对势俨然；松江府城依，魏晋文化传；黄浦源流长，此间真自然"的山水画境。

九峰三泖地貌特征图

9.2 典型风貌意象：峰泖意象

该风貌意象主要位于松江西部和北部，围绕西大盈港、淀浦河、油墩港、横山塘的乡村聚落区域，以松江区佘山镇为典型代表。

1.空间基因传承

　　九峰是长江三角洲前缘最早的地质标志。约 7000 万年前，岩浆沿着今松江区西北的断裂线涌出地面，经过风化侵蚀，形成被称作九峰的一系列山丘。三泖为太湖下游泄水出海，因埋塞形成大型的带状湖泊，按其形状分为圆泖、大泖、长泖三段，统称三泖。太湖上游下泄之水，先入三泖，然后进入柘湖，再经金山卫南青龙港入海。近代随着泄水逐渐改道黄浦江，潮汐作用增强，泥沙淤积，三泖湮成平陆。山水格局直接影响聚落村宅的布局，随之形成山水相依、峰泖延绵的生态格局和依山傍水的乡村肌理。

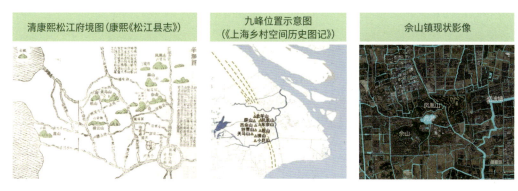

清康熙松江府境图(康熙《松江县志》)　　九峰位置示意图《上海乡村空间历史图记》)　　佘山镇现状影像

峰泖型分区风貌演变

2.风貌肌理特征

　　该区域整体呈现山水相依共生的村落肌理格局。区域重要山体包括佘山、天马山、横山、小昆山、凤凰山、辰山、薛山、机山、库公山、北竿山、钟贾山和卢山十二座山体，聚落多为背山面河呈团状聚集。

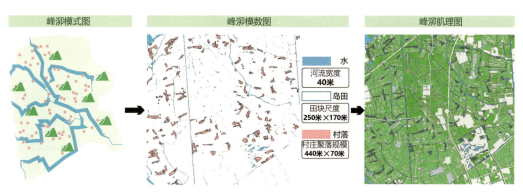

峰泖模式图　　峰泖模数图　　峰泖肌理图

水
河流宽度 40米
岛田
田块尺度 250米×170米
村落
村庄聚落规模 440米×70米

峰泖型分区风貌模式图

峰泖型分区肌理图：松江区佘山镇、小昆山镇及周边地区

峰泖型分区现状鸟瞰：松江区佘山镇横山村

9.3 典型村庄聚落

9.3.1 松江区石湖荡镇洙桥村

洙桥村位于松江区石湖荡镇西南、黄浦江南岸区域，为两区（青浦区、松江区）三镇（石湖荡镇、新浜镇、泖港镇）交界处，东与松江区泖港镇南三村接壤，南与松江区新浜镇文华村隔南界泾相望，西与松江区新浜镇鲁星村和青浦区练塘镇浦南村接壤，北以圆泄泾为界。黄浦江上游的大河大蒸港在村北，使得洙桥与石湖荡镇及其他乡镇隔河相望，保留着远离城市喧嚣的宁静小村气息。

洙桥村地处二级水资源保护区，坐落于黄浦江生态廊道，被 938 亩（62.5 公顷）生态涵养林环绕，生态资源极为优越。村域面积 314 公顷，由自然村洙桥村、王家埭、东村头、薛家浜组成。全村共有 14 条小河塘穿村而过，蜿蜒曲折，水网密布，水质清澈，呈典型的水乡风貌。村内民居呈现小而密集的布局特征，以水系为纽带呈树状分布。

洙桥村盛产国家地理保护标志产品松江大米、仓桥水晶梨和黄浦江大闸蟹。村内南庵旧址上，有一棵古老的银杏树，植于清康熙年间（1662—1722），树龄 300 多岁。

松江区石湖荡镇洙桥村聚落鸟瞰（2024年4月测绘院摄）

松江区石湖荡镇泖桥村古银杏树(陈振宇摄)

松江区石湖荡镇泖桥村涵养林中的林荫小路(2024年3月)

据《石湖荡镇志》，元明时期泖桥村即已成村。传说明朝皇帝朱元璋得知松江府有一处龙穴地，今后要出皇帝，将要危及朱的皇帝宝座，即派军师刘伯温前往破解。刘指使在村中心小河上造一座石桥，村南北各建庙一座，以断龙脉，龙穴地就此被诛灭。后人将此桥取名为诛（泖）桥，泖桥村就此得名。泖桥村是松江乡村地区为数不多的保留了传统村落风貌的古老村落之一，现存古宅的数量居乡村前列。其中保存比较完整的有泖桥村 216 号沈氏"继财堂"、泖桥村 405 号曹宅、泖桥村 479 号钟宅、泖桥村 616 号唐宅、泖桥十二队吴宅、泖桥八队陆宅。

泖桥村历来重视教育，1913 年在河北溇（土话音）创办学校。两年之后，迁至北庵，校名五库乡乡立第六初等小学，后改名泖桥镇国民学校。1949 年后，改为泖桥小学。1996 年原泖桥小学撤点并入古松学校，原校址成为现泖桥村委会。泖桥村是知名人士高良佐的故乡。

松江区石湖荡镇泖桥村沈氏民居正脊下方山雾云等装饰(2020年4月夏筱俊摄)

松江区石湖荡镇泖桥村216号沈氏民居庭心及客堂格子门窗(2020年4月夏筱俊摄)

松江区石湖荡镇泖桥村陆宅(2020年10月夏筱俊摄)

陆宅仪门头(2020年4月夏筱俊摄)

沈氏继财堂客堂间西侧正帖(2020年12月夏筱俊摄)

沈氏继财堂大门上槛处的木雕(夏筱俊摄)

松江区石湖荡镇洙桥村唐宅正面(夏逸民摄)

吴宅前头屋边帖(2021年10月夏筱俊摄)

唐宅西次间的抬梁屋架(夏逸民摄)

唐宅西厢房短窗(夏逸民摄)

  村内传统民居屋顶形式以四落庳为主，材料主要为小青瓦。檐口瓦当及滴水较为简洁，瓦当上有花纹雕刻。正脊形制为筑脊，不设脊头，部分脊心设脊花。少数民居为歇山顶，两端有观音兜式山墙。后期砖木民居，屋面主要延续了双坡硬山顶，上铺小青瓦或灰色、红色机平瓦，在洙桥河浜两旁错落分布，环境优美。

  洙桥村内现存多座建于清末或民国的一埭落庳屋及前后埭落庳屋。为了保护和传承洙桥的这些文化和历史，村两委在镇党委的支持下修缮了村史馆，将建村以来的种种记忆收集起来，一方面以史待客，宣扬洙桥；另一方面也是保留文脉、激励后人，通过这些过去的老物件展示洙桥村以往的民俗工艺以及农耕生活。

  村内的古银杏树和古宅见证洙桥点点滴滴，历经沧桑而又愈发青翠，目前村委对古树、古宅的环境进行提档升级。在保护传统乡村文化的同时，这里提高了交通硬件配套设施，方便游客前来游玩，还增设了可以体验农耕活动等多个特色项目的打卡点，以便更多人了解这里、享受乡村生活、感受古村落的魅力。

9.3.2 松江区新浜镇鲁星村

鲁星村位于松江区新浜镇，东与石湖荡镇洙桥村、新浜镇文华村相接，南接胡家埭村，西接黄家埭村，北与青浦区练塘镇浦南村相接，村域面积 510 公顷，共有 27 个村民小组。村域横跨大蒸港以及大蒸港的两条支流，河流纵横，叶新公路和沪杭高速从村域内横跨而过。居民聚落沿着大蒸港大河的支流河道按照"非"字形排列。

鲁星村历史浓厚，有距今约 400 年的隆庆寺，一条明代老街，一株距今约 140 年的牡丹花和一座日占时期的碉楼遗址，旅游资源较为丰富。

松江区新浜镇鲁星村鸟瞰(2023年11月)

1.甪钓湾牌坊

甪钓湾牌坊（节孝石牌坊）清乾隆十一年（1746）为诸涛妻朱氏立。现为松江区不可移动文保点。

2.百年牡丹

鲁星村的牡丹树龄 140 年左右，品名徽紫，最大朵径达 18 厘米，蓬径（冠幅）2.5米。据村民说，每年冬天都要在土中埋入一锅肥肠作养料。而来年牡丹开花的数量会预示着当年村子的收成，花开越茂，粮食收成越好。20 世纪 80 年代该株古牡丹被列为上海市古树后续资源。

松江区新浜镇鲁星村甪钓湾牌坊(2023年8月)

松江区新浜镇鲁星村百年牡丹(2023年8月)

松江区新浜镇鲁星村百年牡丹

3. 日占时期碉堡遗址

原沪杭甬铁路 41 号铁路桥（俗称"甬钓湾大桥"）旧址，有一座侵华日军占领松江后所建的碉堡。这处碉堡群是抗战时期日寇为了监视铁路和水路枢纽建造的。碉堡后方是沪杭甬铁路遗址，现今依旧留有铁路路基。这座碉堡的历史与不远处的铁路——现称为"沪昆铁路沪杭段"（沪杭甬铁路）紧密关联。原沪杭甬铁路是连接上海市和浙江省杭州市的重要铁路干线之一，承载了中国早期铁路交通的重要功能，成为苏、沪、浙三省市之间的交通干线。碉堡为 3 层、砖混结构、圆筒形碉楼，内径约 3.2 米，总高度约 8 米，俗称"炮楼"。每层设有机枪或步枪射击孔，覆盖各个方向，射击孔呈喇叭状，外宽内窄，增加了攻击方的难度。大型射击孔处修有砖砌射击墩台，小型孔处修有砖砌扇形射击平台。碉楼的顶层作为瞭望台，设置有便于瞭望和隐蔽射击的垛墙，共有 8 个垛口。周边原设有军事基地，包括营房、库房、瞭望塔楼、厨房和卫生设施等，以满足守军的日常需要。建筑材料主要包括青砖、水泥、石料、钢筋和木材。由于侵华日军物资匮乏，建筑多于附近取材。

该处遗址与沪杭甬铁路沿线的发展及中国近代历程紧密相连，是非常珍贵的文物遗址遗存。

4. 隆庆寺

隆庆寺全称"大方禅院易地隆庆寺"，始建于明朝隆庆年间（1567—1572），距今400 多年，是少数用皇帝年号命名的寺院，取隆盛之年庆佛光普照之意。据《新浜志》记载，二十九图林楼南，肇始于明隆庆年间。

碉堡遗址（2023年8月）

隆庆寺（2023年8月）

9.3.3 松江区佘山镇刘家山村

松江区佘山镇刘家山村原为天马小乡，2002年与原许家浜村合并，位于天马山南麓。辖区东与辰山村毗邻，南与横山村接壤，西靠天马山集镇，北邻新镇村。区位交通便捷，南至辰花公路，北至沈砖公路。全村有外下洋、里下洋、夏东浜、大字圩、东西村、刘家山、许家浜、翁家浜、虹桥头，共9个自然村，村域面积380公顷。村内主导产业为第一产业，培育出了优质早稻品种"松早香1号"，由上海佘农稻米专业合作社种植。

村内民居主要沿水系与道路排列展开，各村自然环境优越，里外下洋村位于油墩港两岸，水系环境较好，保留着较为传统的水乡式肌理格局。

历史上的天马乡在清代属娄县修竹乡，民国设天马乡公所、天马行政局，1949年后设天马乡，属天昆区。而后天马乡建制又经变动，1994年撤乡建镇，成立天马山镇。2001年，撤销天马山镇，建立佘山镇。

村旁的天马山在《松江府志》记载中被誉为"九峰三泖"首景，也是《天下名山图》中最有名气的低浅山丘。天马山原名干山，相传春秋时吴干将铸剑于此。山势雄伟，形似奔腾的天马，故名天马山。天马山高98.2米，山体脊线东西方向长约800米，南北宽约1000米，有"天马耸脊"之称。旧时山中多庙宇，中峰有东岳祠，其下有朝真道院，山南麓有圆智寺。古有十景：三高士墓、看剑亭、餐霞馆（在

松江区佘山镇刘家山村鸟瞰（2024年7月）

朝真道院左侧）、八仙坡（在园智寺后）、留云壁（在朝真道院前）、二陆草堂（朝真道院修建处为草堂旧址，一说在小昆山）、半珠庵、双松台、一柱石、濯月泉，以及护珠塔、双石鱼、菊庄等古迹。元代诗人陶宗仪有《干山看菊》诗句："干山盘曲带诸峰，与客寻幽向此中。溪色秋同天色净，篱花晓裛（音 yì）露花浓。云林泉石清深处，人物衣冠太古风。酌酒赋诗忘路远，放船归晚意无穷。"

《九峰志》中的天马山图（《上海松江山水地图》）

天马山上长眠着三位元、明之际隐居林泽的著名学者与诗人，会稽杨维桢（1296—1370）、华亭陆居仁（约 1335 年前后在世）和钱塘钱惟善(?—1379)三位高士埋骨之地，即九峰胜迹之一的"三高士墓"。"三高士墓"是位处干山东麓，三墓毗连，南为杨墓，其西两丈为陆墓，陆墓西北一丈为钱墓。

三高士在华亭峰泖的行踪颇多。杨维桢应天马山"春远轩"主人钟和之请，为撰《春远轩记》；杨本人也在泖滨建有光禄亭，作为避暑之地，并赋有《泛泖》诗。杨维桢在天马山还筑有看剑亭；其手植双松处，后人为其建双松台，成为天马山的又一景观。钱惟善则有《九峰》各咏，又有《三泖》诗传世。

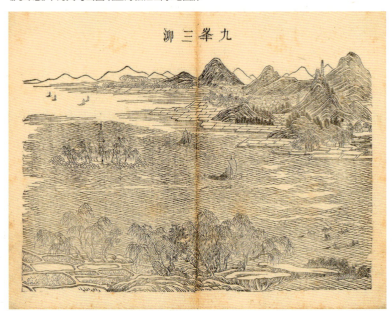

《天下名山图》清初刻本之九峰三泖

佘山镇近年来虽推动宅基地平移归并项目，天马山、机山、小昆山周边很多村农民已"进城上楼"，但在这片历史文化悠久的宝地上，仍保留有不少文化遗址，如平原村古文化遗址、汤村庙遗址、姚家圈古文化遗址等，附近乡村还有北竿山古文化遗址。平原村据传为陆机早年隐居读书地，后任平原内史，故名。采集遗物有新石器时代崧泽文化石斧、陶豆和罐，良渚文化石犁，西周陶簋、鼎和三足盘。平原村古文化遗址、汤村庙遗址为上海市级文保单位，姚家圈古文化遗址、北竿山古文化遗址为区级文保单位。

松江区佘山镇刘家山村马山塘水闸(2023年12月)

9.3.4 松江区佘山镇横山村

松江区佘山镇横山村坐落在松江西北部、佘山镇西南部，毗邻天马山，横山塘东西横贯村庄南部，西北邻天马山高尔夫乡村俱乐部和刘家山村，东临广富林街道，南邻松江工业区。交通条件上，绕城高速规划辰花路匝道出口，极大提升横山村交通便利性。村域面积540公顷，由原横山村、花园村、新罗村、西吴村四个村合并而成。目前村庄民居住宅用地位于横山塘以北的横山山脚一带，为九峰山脚下少见的依山而居村落，耕地主要位于横山塘、辰花路以南。

横山村内水宅相生，村庄聚落多沿河布局，为典型的沿水聚落型。堤、田、塘、居有序分布，形态自由而有机。横山村民居大体沿河道展开，形成"水—林—居"的乡村肌理和空间形态。

历史上的横山是九峰之一，因山势东北西南向横卧，故名横山，又名扁担山。山高68米，山体面积53.3公顷。古时山麓有放鹅庄，大户人家儿子订婚以一对鹅为重要聘礼，取双雁终身相伴之意，象征夫妻白头偕老。旧时山上有十景：白龙洞、联云嶂、丽秋壁、碧岩、三冷涧、只怡堂、来谷潭、忠孝祠、黄公庐、得月塔。另有横云山庄（清王鸿绪别业），陆逊、陆瑁、陆机三墓，朱端常墓。横山东隔河原有一小山，名小横山，壁立数仞，俗称"小赤壁"。近代开山炸石，小赤壁已被炸光，并深入地下60米，成一大坑。横山每年有登高节，还有农历二月初二的祭龙节。祭龙节这一天，人们身穿花衣，脸上画各种脸谱，满山游行，是一年中最为热闹的时刻。

松江区佘山镇横山村从东北往西南方向鸟瞰（2023年6月）

松江区佘山镇横山村鸟瞰（2023年9月）

横山图（《上海松江山水地图》）

松江区佘山镇横山村村口花园（2023年8月）

　　历史赋予横山村深厚的人文底蕴，重阳节游横云山和手工编织是横山村重要的传统文化遗产。记载中苏轼、黄庭坚、董其昌、徐霞客、柳如是等名人，曾到横云山游览小住，留下大量诗词瑰宝。

　　横山村民居多为单层或两层砖混结构，平面形制多呈"一"字形，个别搭建围墙。屋面铺小青瓦、红色机平瓦或彩色陶瓦。墙面多为白粉墙，翻修后的民居多采用瓷砖、马赛克贴面，山墙面多为"人"字形硬山。横山村内还存有多种花砖漏窗，用于民居墙面或民居周边的围墙。

9.4 建筑特征

九峰三泖传统民居建筑处于过渡地带，富有苏浙融合的江南民居风格。按照用途，将该地区具有较高历史和艺术价值的建筑分为居民建筑和宗教类建筑两类。该片区特色建筑分布较为广泛，居民建筑以落库屋为主，少量徽派建筑，多数建于清末民初，主要分布于小昆山镇（两处）、车墩镇（四处）和佘山镇（两处）；宗教类建筑以佛教、道教和基督教建筑为主，主要分布在车墩镇和佘山镇，车墩镇有三处佛教寺庙和一处道教道观，佘山镇有一处基督教堂。

9.4.1民居建筑

建筑主要包括落库屋、落库屋与平楼结合体、三垛头徽派建筑以及特殊形落库屋。落库屋分为单垛和前后垛两种，都建于清末民初时期，佘山镇江秋村，车墩镇永福村、长浜村和汇桥村内各有一处单垛落库屋，小昆山镇周家浜村内有一处前后垛落库屋。车墩镇高桥村内有一处老宅，原为前后垛平楼结合，现存一幢楼房，建于清末民初。小昆山镇大港村内，有一座拥有百年历史的三垛头徽派老宅，名为"陈氏老宅"，建于20世纪20、30年代。佘山镇横山村内有一处特殊型的落库屋。

1.建筑布局

本区域民居和上海其他区域民居布局几乎相同，仍分为单屋式和合院式两种。

1）单屋式民居

浦南的单屋式民居平面布局较为简单，三开间为主，中间客堂，左右为次间。

（1）"一"字形单屋

落库屋平面布局通常简单，以三个开间为主，中间是客堂，左右两侧为次间。在落库屋门前，一些家庭会根据自己的需求建设菜园。连接房屋和往来道路的区域通常没有经过特别设计，而是根据居民的生活习惯形成自然的行走道路。

前后垛落库屋

"一"字形单屋示意图

（2）曲尺形屋

如今，曲尺形屋依然存在，尽管数量相对较少。在石湖荡新源村，一座独特的曲尺形房屋傲然屹立。它坐北朝南，面向温暖的阳光。平面设计简洁而巧妙，由宽敞的客堂和左右两个次间构成，在纵向上巧妙地增设两间雅致的厢房。

（3）特殊的单屋形式

浦北地区存在一些较特殊的民居建筑，如佘山镇横山村和车墩镇高桥村建筑。

佘山镇横山村的建筑，歇山顶，较为罕见的两层。平面布局呈横向"一"字形，五开间。车墩镇高桥村的建筑采用传统的"一"字形单屋结构，平面设计为简单的三开间，但两侧山墙经过跌落式处理。建筑背靠山脉，形成背山面阳的布局。

2）合院式民居

合院型的布局以江南传统的院落为核心，将三开间的房屋巧妙地围合成院，前后以厢房相连。在这种布局中，单建一侧的常为单厢，两侧建则有一正两厢的结构，形成错落有致的空间格局。

（1）"门"字形合院

"门"字形合院的客堂位于北面，东西两侧为厢房，院落在当心间的位置。随着时间的推移，建筑格局逐渐发生变化。例如石湖荡洙桥村民居，旧有建筑通过居民加建，仍在使用，但是建筑入口改在东面，原本中心院落现在杂草丛生。在小昆山镇的大港村，金家的多进院落彰显了金氏家族的显赫地位。整体建筑分为三进院落，前后埭通过厢房相连。院落作为建筑的核心，发挥着通风采光的重要作用。

曲尺形屋：松江区叶榭镇大庙村　　　曲尺形屋：松江区石湖荡镇泖新村

松江区车墩镇高桥村

松江区佘山镇横山村（2023年8月）

松江区石湖荡镇洙桥村

松江区小昆山镇大港村

（2）"凹"字形合院

"凹"字形合院以坐北朝南的格局展示。居住主要集中在东西两侧，客堂被翻转，朝向南方，同时作为主要入口。庭院与树林相邻，远离道路，显著提升了院落的私密性。

"凹"字形合院示意图

松江区石湖荡镇洙桥村

松江区石湖荡新源村

（3）"口"字形合院

"口"字形合院呈现建筑围合院落的形式，形制类似北方民居四合院，更具私密性。屋朝南，以便最大化阳光的照射；而北侧则相对封闭，起到防风防寒的作用。平面形制前后埭落库屋的形制，现存建筑缺少一个角部次间，作为生活菜园。庭院尺度较小，不用连廊，但是便于采光通风。

"口"字形合院示意图

松江区小昆山镇周家浜村

松江区车墩镇华阳村

松江区石湖荡镇泖新村

2.建筑立面

　　九峰三泖民居主要以白墙灰瓦为主色调，连绵的墙、错落的黛瓦、古老的木门，共同构成一幅水乡独有的画卷，给人一种宁静舒适的感觉。

　　与江南其他地方民居相比，上海地区的村镇民居建造更为朴素。上海乡村民宅大多为自建房，普遍在 2~3 层，二层多做向外出挑的阳台或屋檐向外挑出。这种做法不仅提供了遮蔽阳光和雨水的灰空间，也在一定程度上抵挡雨水侵蚀墙体，且总体形态轮廓线丰富，外立面整体简洁。只在少部分地方做木雕镂空加以装饰，例如佘山镇陆其浜村。

　　从立面材质上，民居建筑构件不施彩绘，用青、黑、褐以及竹木自然色与白粉墙、条石等相组合，素雅质朴。例如小昆山、车墩镇打铁桥村等整体呈现白墙＋黑瓦灰色细部，不施彩绘呈现古朴的黑白灰色调关系，门窗的红棕木色则为之增添暖色点缀，整体设计基调注重简洁而不失精致。

3.营建体系

　　浦北片区民居的结构形式可分为穿斗式和四坡落库式两种。穿斗式就是较细的柱子之间用枋木相互穿连而成的构造形式。柱子直接承檩条的重量，因其建造相对便宜且简单，因此常见于松江的乡村民居建筑中。例如佘山镇江秋村民宅内部屋架，还有车墩镇永福村就为穿斗式。

　　四坡落库式，是一种四向坡顶的乡村房屋，现存在金山、松江、青浦南部较多。边上坡顶的房间（次间）屋架通过檩条逐层内退，并与短柱相互搭接，构成从正帖屋脊向四个屋角的斜向坡度。转角不设角梁，以斜向角椽搭接，形成四坡顶。屋面四个垂脊上常有灰塑装饰。

　　浦北片区民居建造材料讲究材料本身的质感，主体结构采用木作工艺搭建，砖石砌筑墙体，屋顶均为瓦面，砖石作、木作、瓦作就地取材，古朴自然，工序众多，只有个别局部采用彩色玻璃或水泥地砖等。整体上呈现青、黑、褐，以及竹木自然色与白粉墙、条石等相组合，素雅质朴。

松江区佘山镇江秋村民宅内部结构

松江区车墩镇永福村民宅内部结构（2023年8月）

4. 建筑细部特征

上海传统民居因受到外部文化的影响、具有建筑风格交叠的特点，但整体仍保以白墙灰瓦为主色调，形成清新、朴素的外观。该区域乡村中大部分房屋为 20 世纪 70 年代和 80 年代重建，仅有个别传统砖木结构古民居历史遗存，建筑风格、细部特征更趋向实用性。

1）屋顶形式

（1）硬山

硬山式屋顶只有一条正脊和四条垂脊，形成两面屋坡，屋顶在山墙墙头处与山墙齐平。硬山墙或形成观音兜、马头墙等样式，简单朴

素。上海地区的传统民居屋面形式以硬山顶为主，小青瓦屋面，其屋顶的设计不仅具有美学上的考量，还具有一定的实用性，能够在一定程度上抵御雨水的侵袭。

（2）歇山

歇山顶由一条正脊、四条垂脊和四条戗脊组成，是上海乡村常见的一种屋顶建造形式。屋顶左右两侧正脊与两条垂脊组成的三角形区域成为"山花"，山花下为梯形屋面，其山面有搏风板、悬鱼、惹草，是装饰的重点。

松江区小昆山镇大港村陈宅（2023年8月）

松江区车墩镇永福村（2023年8月）

松江区叶榭镇井凌桥村

松江区石湖荡镇洙桥村

松江区叶榭镇东勤村

（3）四落撑结构

落库屋为庑殿式的大屋顶，由一条正脊和四条垂脊组成，出檐深远，这种民居独特的流线形四面坡大屋顶有利于雨水顺势流下，因此被称为"落舍"，也称"落库屋"。小昆山镇周家浜村民宅为传统的落库屋形制。石湖荡镇张庄村金宅为上海地区现存最完整的前后埭落库屋。

2）滴水瓦当

瓦当上常雕刻各种图案，例如文字瓦当、动物纹瓦当、植物瓦当，等级制度和雕刻风格为建筑赋予不同的特色。上海传统民居中几乎都会用到滴水瓦当进行装饰，例如叶榭镇八字桥村滴水上刻有精美五福寿字纹样式，有镇宅祈福之意。

3）墙门仪门

仪门庄重如礼，是苏式传统民居内院的重要装饰，种类繁多且形态丰富。如宋家仪门，俗称老门头，老宅原来为茹塘村的一位地主宋家老宅院落遗存。房屋倒塌加上后来被拆除，现今只剩一个老门头，檐下有砖雕花饰，四字砖刻匾，牌子上的四个字现今缺少一个，有百年以上的历史工艺精美。又如石湖荡镇张庄村金宅墙门间背后设有仪门，梁架上设有精美木雕。

4）花砖漏窗

窗是依附于建筑存在的，它的发展也是与建筑基本一致的。该区建筑的窗框构造较为简单，通常采用木制，以双扇木窗与格栅窗为主。其中松江横山村内还存在多种花砖漏窗，多用于民居墙面或民居周边围墙处。

四落撑结构：松江区小昆山镇周家浜村（2023年8月）

滴水瓦当：松江区叶榭镇八字桥村（2023年8月）、石湖荡镇新源村

松江区泖港镇茹塘村仪门　　松江区石湖荡镇张庄村仪门　　松江区泖港镇茹塘村仪门（2023年8月）

松江区佘山镇横山村民居的花砖漏窗

9.4.2 宗教类建筑

该区域宗教类建筑较少，主要分布在车墩镇和佘山镇，包括佛教寺庙、道教道观和天主教堂。车墩镇东门村内现存三个宗教建筑，一处道教建筑为施公庙，两处佛教建筑分别为东禅古寺和地藏古寺。施公庙始建年代不详，正在重建中。东禅古寺始建于南宋绍兴元年（1131）。地藏古寺，建在明代杨忠裕招鹤台旧址，始建年代不详。车墩镇联庄村的慈祥禅寺，始建年代不详。佘山镇张朴村内有一座张朴桥教堂，位于佘山山脚下，始建于清道光二十四年（1844），又名圣母无染原罪天主教堂，与佘山天主堂遥遥相望。

1.佛教、道教建筑

1）选址方位

佛教建筑的选址与自然环境中的山水紧密相连，体现了对自然元素的崇敬以及对宇宙奥秘的信仰。东禅古寺和地藏古寺都位于松江区的东部边缘，南濒黄浦江。东禅古寺位于上海市松江区车墩镇东门村659号。地藏古寺位于上海松江区车墩镇东门村800号杨家桥，原名松江的化城安养禅院，前身为地藏庵，建于明代杨忠裕招鹤台旧址上，始建年代不详；清顺治初年（1647年前后）改建，同治年间（1862—1874）重修，光绪初年（1878年前后），住持何师太增建后殿以奉地藏。

松江区车墩镇东门村古寺位置及布局图

松江区车墩镇东门村东禅古寺鸟瞰

2）建筑布局

按照中国传统建筑的营造法则，佛教主要建筑置于南北中轴线上，附属建筑放在轴线的东西两侧。如车墩镇东门村东禅古寺，格局和传统建筑类似，呈中轴对称，主轴上依次是山门、天王殿、大雄宝殿、法堂或藏经阁等主要建筑，东西配殿有伽蓝殿、观音殿、药师殿、地藏殿等。

而地藏古寺在建筑群体上没有明确的中轴线，没有对称的房屋布局，也没有层层重叠的院落，主体建筑为地藏宝殿。宝殿坐落于五层台阶之上。位于宝殿以北的是上海崇恩书画院。

3）建筑外立面和营建体系

古代礼制典章中依据建筑本身功能、对象等级等因素，对建筑的开间、形制、建筑装饰、色彩均有严格的规定，整体呈现出中正威严与稳定协调的氛围。如车墩镇东门村东禅古寺，始建于宋绍兴六年（1136），立面源于传统民居，坡曲屋面。建筑风格为明清风格，庙基和栏杆选用蓝宝石色调的大理石，上面刻有近百幅带有吉祥图案和美景，如锦绣前程、富贵长寿、欢乐满堂、荷塘月色等各种壁画。所有梁柱木材，全部选用进口的优质红松。所有佛殿和厢房，除第三埭的三层大楼主体结构由钢筋水泥浇筑外，其余全部是砖木结构、梁柱和斗栱，架接全是榫头。

4）细部装饰

上海松江的宗教建筑都有着共同的特点，其正脊和垂脊上通常会装饰丰富的走兽石雕以及半镂空脊砖。其形状大小和数量往往有着不同的寓意、代表着等级的高低。

松江现存公共建筑其门窗装饰较为简单，通常为无繁杂装饰。其中车墩镇东门村的东禅古寺和地藏古寺，上有牌匾、雕花屋脊以及走兽，下有一对石狮子相对坐镇。侧门为双扇木门，较正门屋脊雕花简单，竖向高度较低。内殿正门为半镂空六扇，上部呈栅格状镂空，以古朴木作的砖红色与黄色牌匾漆料相结合，塑造出庄严敬畏的感官体验。

松江区车墩镇东门村东禅古寺立面

2.天主教建筑

（1）选址方位

教堂方位坐西朝东，以满足礼拜仪式的需要。如佘山脚下的张朴村有一座张朴桥教堂始建于清道光二十四年（1844），又名圣母无染原罪天主教堂，与佘山天主堂遥遥相望。1844年，南格禄神父来到松江，到佘山勘测地形，见到这里九峰起伏，环境幽雅，认为是修养祈祷的好地方，所以教堂建在此地，后靠佘山。

（2）建筑布局

该地区天主教堂在平面上延续西方教堂传统，主要采用改良的巴西利卡式和拉丁十字式。此外，该区有些天主教堂由于规模较小，采用简洁的矩形平面，大厅内部不设柱子，没有中厅与侧廊之分，只通过座椅的排布划分中间走道和两侧的祈祷空间。型制的主要特征：入口设有三门，中间为主入口，单钟塔式教堂平面入口凸出；教堂内部为长方形空间，根据教堂规模设定进深间数，两排柱廊将内部分隔为中厅和侧廊空间；平面尽端为祭坛，祭坛有半圆形、多边形和矩形等形式，两侧围绕祭坛对称布置有储藏、更衣等辅助空间。佘山镇张朴桥教堂就是按这种布局，堂体为中西混合型，且为单中塔式，可容纳一千人左右。

（3）建筑外立面和营建体系

张朴村教堂建筑形式为中西混合型，像中国的皇宫，又像西方的十字形建筑。色彩方面，钟塔采用红色屋顶，建筑主体采用灰色屋顶；整体建筑外立面为白色；山墙立面采用三段式划分，有尖拱窗、玫瑰窗等。材质为砖木结构，所有梁柱木材都用优质木头做成，现已废弃，正筹备修缮。

（4）细部装饰

佘山镇张朴桥天主堂屋顶具有西方特色的建筑形式，其顶部通常设计尖顶或尖塔，突显建筑崇高和向上的精神追求。花窗采用中式漏窗，透明圆形玻璃经过阳光的透射，创造出色彩斑斓、神秘而庄重的效果，同时也让大门在不同的时段呈现出不同的美感。

松江区佘山镇张朴村教堂顶视图

建筑形体：松江区佘山镇张朴村教堂（2023年8月）

9.5 特色要素与场景

9.5.1 传统老街

1.荷巷桥老街

荷巷桥老街位于闵行区马桥镇彭渡村和同心村。历史上，彭渡村因镇区周围有五条河流，形如荷花，故名荷溪镇；又因镇小如巷，进镇中央有座石拱桥，后人称之荷巷桥。荷巷桥老街形成于清代中期，至今已有300余年历史，街长约300米，连接同心村，街面宽约2米。

如今，老街长仅百米，一侧拆除，一侧衰败，现状建筑以1940年代、1950年代为主。巷口可以看到几户人家，房子陈旧，稍往里走是等待拆除的模样，房屋空无一人。现存4处区级文物保护单位，其中金氏宗祠旧址改为历史文化传承馆，顾言故居和金庆章故居空置，金家住宅仪门仅存砖木结构的仪门原型。

荷巷桥街：闵行区马桥镇彭渡村、同心村

2.甪钓湾老街

甪钓湾位于松江区新浜镇鲁星村甪杨自然村，早在明万历年间这里就是周边较为繁华的乡镇，名"六店湾"。据传后来从昆山来了一个叫甪里的隐士，并天天在镇南的南湾港钓鱼，久而久之小镇便更名甪钓湾。光绪《枫泾小志》称：六店湾镇属娄三保。一名甪钓湾，俗以为甪里先生垂钓地。整个村子面积不大，地处偏僻，北侧及西南有沪杭铁路环绕，南面、东面有新泾港、界泾港阻隔。以水路为主的旧时这里非常热闹，街上商肆连绵，铁匠铺、锡箔铺、裁缝铺、草药店、农药店等等，串联起满满的人间烟火气息。民国年间，集镇面积约为4公顷，镇区有南北两街，呈东西走向，中间隔一条小河，有石桥相连。街长约300米，宽约3米，街路用青砖铺成，街两旁建筑大多为两层，楼上住人，楼下开店。在石桥北面临街有一座节孝石牌坊，清乾隆十一年（1746）为诸涛妻朱氏立。这里就是新浜地区的经济、文化中心。20世纪80年代，随着交通方式的转变，水运衰退，小镇也开始慢慢走向萧条。

荷巷桥老街金氏宗祠

荷巷桥老街金庆章故居（2023年8月）

甪钓湾老街：松江区新浜镇鲁星村（2023年8月葛岩摄）

9.5.2 铁路桥遗迹

近代以来上海铁路事业发展迅猛，因此铁路桥也成为上海地区特色历史桥梁之一。

1.斜塘沪杭铁路戊申年引桥遗址

斜塘沪杭铁路戊申年引桥遗址位于松江区小昆山镇陆家埭村、新姚村交界处，现为松江区文物保护单位。该铁路桥遗址是清末苏浙绅商拒借英款、自办铁路的爱国"保路运动"的历史见证。20世纪80年代由于沪杭铁路单线改为双线，旧铁路桥爆破拆除建新桥，仅剩引桥遗址，如今在桥墩上仍能看到"光绪戊申年建"（1908）等字样。

2.沪杭甬铁路遗迹

沪杭甬铁路遗迹，位于松江区新浜镇鲁星村。沪杭甬铁路是中国早期铁路干线之一，曾是沟通苏、沪、浙三省市的交通干线。现存原沪杭甬铁路41号铁路桥旧址。

斜塘沪杭铁路戊申年引桥遗址（松江区地方志办公室）

斜塘沪杭铁路新铁路桥（沪杭铁路34号桥）（2023年8月）

原沪杭甬铁路41号铁路桥（松江区地方志办公室）

9.5.3 古树

1.彭渡村千年古香樟

闵行区马桥镇彭渡村有种植香樟的历史，村口现存一棵千年古香樟，被誉为"上海第一香樟"。该树主干高达 18 米，胸径 2.2 米，现处于韩湘水博园中，是镇园之宝。

2.泖新村古罗汉松

松江区石湖荡镇泖新村有一棵 700 岁的罗汉松，高约 20 多米，胸径 11.6 米，树冠遮阴约 60 平方米。据光绪《松江府志》，这棵罗汉松为元代文学家、诗人杨维桢（又名杨铁崖）手植在石湖塘楞严庵殿前，根盘半亩许。相传清康熙皇帝南巡时发现，被封为"江南第一奇松"（又传是乾隆皇帝下江南时封）。历史上，罗汉松遭受两次天灾，但枝茂叶盛傲然屹立。奇异的是，该松部分叶片上出现龙牌状规则小圆点。因 1994 年遭受火灾，现仅剩 5 米多高的残体枯干矗立在原址，但它的故事会一直被后人传记。

3.泾德村千年古银杏

松江区小昆山镇泾德村东南角有一株千年古银杏，编号为 0006 号，是上海现存 8 株千年古银杏之一。据《娄县志》记载，这株银杏原址在福田寺前埭天井里。这株古银杏充满传奇色彩。据传 1952 年夏天，因附近村民烟熏古银杏树洞内蚂蚁而不慎酿成大火，致使古银杏仅剩"躯壳"。翌年奇迹出现，古银杏烧剩的树皮又萌新枝，空洞的躯壳中长出一株小银杏树，犹如公公抱孙，成为名副其实的"公孙树"。

为了保护古树，现围绕古树建成"千年银杏园"。2022 年，古树名木管理部门对这株千年古银杏开展复壮保护，同时增加市花白玉兰为伴，形成春赏白玉兰白花、秋观古银杏金叶的特色景观。

千年古香樟：闵行区马桥镇彭渡村（闵行区）

江南第一奇松：松江区石湖荡镇泖新村（2023年8月）

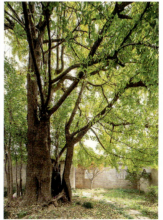

千年古银杏：松江区小昆山镇泾德村

9.5.4 古塔

1. 护珠塔

松江区佘山镇天马山中峰有一座比比萨斜塔还斜的塔，名护珠塔，建于北宋元丰二年（1079）。塔七级八面，高二十余米，原为砖木结构。清乾隆年间寺里演戏祭神，燃放爆竹，因而起火，烧去塔心木及扶梯楼板等，塔梯、腰檐、平座也都毁坏，仅剩砖砌塔身。后有人在砖缝中发现宋代元丰钱币，遂拆塔觅宝，使底层西北角塔身渐被拆毁，形成一个约2米直径的窟窿，塔底约三分之一的基石被毁掉。后仅以毛石垫补，由此造成塔身倾斜日趋严重。经勘测，现塔身向东南方倾斜6°51′52″，塔顶中心移位2.27米。1982年经市文物管委会修缮，保持了该塔斜而不倒的奇姿。

2. 华严塔

华严塔位于金山区亭林镇金明村松隐禅寺内，是上海市浦南地区现存唯一的古塔，被列为市级重点文物保护单位。华严塔始建于明洪武年间（1368—1398），砖木结构，高约50米。华严塔与方塔、西林塔、礼塔被誉为松江府四塔。

根据《松江府志》记载，华严塔与兴圣教寺塔（今松江方塔）、城西园应塔（今松江西林塔）以及西郊礼塔（今松江李塔）一起，形成四塔高低错落、庄严耸立、相互辉映的景象，远远望去，又与广袤的三泖湖面、苍翠连绵的九峰山融汇成"峰泖塔林"的壮观景色，远近闻名。

松江区佘山镇护珠塔（2022年1月，松江区文物局）

金山区亭林镇金明村松隐禅寺华严塔（2023年8月何欣翼摄）

9.6 典型民俗文化

松江与金山两区是全市范围内地势变化最大的区域，古有"九峰三泖"之称。该区域的民俗文化较多地体现江南山水文化特色，历代诗人画家在此地创作了许多描绘山水风光的诗画佳作，民俗内容和题材也多体现山水要素，体现当地人民的生活情趣和审美追求。

9.6.1 顾绣

顾绣，一种源自明代松江的绣艺，以其细腻的工艺和生动的色彩闻名，现为国家级非物质文化遗产。顾家女子为家计所创的绣法，逐渐成为一种独特的艺术形式。从宗教画像到日常生活，顾绣的题材不断扩大，体现了时代变迁下社会审美和习俗的变化。

顾绣的魅力在于其精细的针法和色彩的巧妙搭配，使得作品既有层次感又充满活力。它不仅追求艺术的美感，也强调实用性，广泛应用于服饰和日用品中。为了保护这一传统艺术，松江区通过建立研究所、技艺培训和艺术展览等方式，激发了年轻一代对顾绣的兴趣，确保其传承和发展。

顾绣不仅是手工艺的珍品，也是松江文化的一张名片，蕴含着深厚的历史文化内涵，对研究中国传统文化具有不可估量的价值。

9.6.2 舞草龙

中国传统民间信仰中，龙神主管降水，而降水是农业之根基，舞龙也就成为农业社会常见的一种民俗活动。以稻草、竹篾等地方材料编织的"草龙"，则体现了江南水乡的地域性特征。

松江的叶榭舞草龙，相传"草龙"的出现源自唐代的一场旱灾，传说"八仙"之一韩湘子是松江叶榭镇人，为解家乡旱灾，招来东海青龙，普降大雨，使得叶榭镇盐铁塘两岸久旱的禾苗喜逢甘霖。以后每年乡民都用金黄色的稻草扎成四丈四节的"草龙"，集牛头、虎口、鹿角、蛇身、鹰爪、凤尾于一身，祈求风调雨顺。叶榭舞草龙于 2008 年被列入第一批国家级非物质文化遗产扩展项目名录。

9.6.3 花篮马灯舞

花灯舞，又称"串马灯"，是以马灯和花篮为装饰的一种舞蹈，流行于松江区新浜镇一带，通常在元宵节和庙会上表演，现为市级非物质文化遗产项目。初期花篮马灯舞仅四马四花篮，灯队演员身穿戏服，模仿《水浒》《白蛇传》《吕纯阳三戏白牡丹》等戏曲故事人物。后经民间艺人充实，发展为六马六花篮、八马八花篮，以及两支灯队混合会串的形式。为使队形变位有条不紊，增添了黄绸大撑伞八顶、伞灯女八人、花灯女八人，起到队形变化时的定位作用。

松江区新浜镇曾有"山歌马灯乡"之称，镇上几乎每个村庄都有自己的马灯舞。元宵节时，各村都组织自己的灯队。第一天晚上，从庙里取来火种，在庙会上集体表演马灯舞。然后，灯队队员们手持花篮、彩马、水担、合钵、药箱、黄绸大伞等各种道具，点燃小红烛，伴随着民间的打击乐器"七字锣"，节奏时快时慢，队形变化多端，气氛热烈。他们进入村庄，逐户拜访；村民们则会准备饭菜和酒水，邀请亲友观看和品尝，同时还会准备红包，赠送给灯队。从第二天晚上开始，他们会按照接到的邀请顺序，去其他村庄进行交流表演。

奉贤区四团镇横桥村（2023 年 8 月阮尔家摄）

10

循水觅迹

特色村落风貌调查组织和技术方法

多元协同　精诚合作

市区协同，构建高效工作机制
镇村参与，全程支撑深入调研

多样方法　重塑认知

田野调查法，深入田间地头
座谈访谈法，聆听大众心声
文献研究法，寻根觅迹溯源
数字技术法，赋能高效调研

普查纪实　构建乡村风貌档案

访	谈	资	料	纪	实
数	字	影	像	资	料
调	研	感	悟	思	考

10.1 多元协同，精诚合作

10.1.1 市区协同，构建高效工作机制

按照市委、市政府关于开展沪派江南水乡特色风貌和乡村传统文化保护传承工作的部署，市规划资源局会同市规划院，研究形成特色村落风貌普查工作方案。在方案的基础上，制订技术指引，构建工作机制，组建调查团队，开展技术培训。2023年7月底，各区迅速召开动员启动会，全面开展乡村风貌调研普查工作。

10.1.2 镇村参与，全程支撑深入调研

本次调研得到各镇、村的大力支持和帮助，每个村都派出最熟悉情况的人员带领调研团队。从前期的座谈访谈，到过程中收集相关历史资料，以及后期高清影像和典型地区照片，均是不遗余力。每到一村，村干部都会引导团队到现场踏勘自然村，采集"田—水—路—林—村"相关信息，拍摄现场照片。团队们得到地方政府的后勤保障，整个调研才得以高效、安全、顺利地完成。

2023年7月21日全市启动会及技术培训会

2023年7月17日专家、部门意见会商会

10.2 多样方法，重塑认知

调研历时两个月，调研团队深入乡村的田间地头，采用无人机航拍、现场踏勘、问卷调查、座谈访谈、史料整理等多种调研方式，对上海全域1548个行政村风貌的方方面面进行如实记录，共访谈村民4000余人，召开座谈会1600余场。

10.2.1 田野调查法，深入田间地头

本次调研覆盖全市全域，各区调研团队在调研前充分进行调研准备和组内沟通，结合各区村庄特征，制订调研计划和工作分工，收集基础资料并完成前期判读工作，熟悉区域内的基本情况，学习调研手册，制订访谈提纲和调研计划，确保"无遗漏"。调研工作前，确定各镇对接人，建立各镇工作群，向各村发"乡村调研信息统计表"。在一周时间内，基本了解村庄基础信息、风貌价值以及各村保护发展等情况。在各村填写信息表的一周准备期内，各团队对部分典型村进行试点调研，以明确调研步骤、调试软件和设备。同时对流程、人员、时间、行程、内外业组织等有一个大致的了解，便于在正式调研开展阶段有效地组织安排。

华亭镇调研，住宿上海者雨型云民宿								
调研日期	时间	调研小组	村庄	方向	村域概况描述	历史文化关键调查素	村域面积	调研难度等级	调研难点
周一	15:00-18:00	第一组	毛桥村	中	0.8km	保护村之一，3、4处集中聚落	网红村、乡村旅游重点村、历史建筑非物质文化遗产较多	0.85平方公里	简单	历史遗存较多
	15:00-18:00	第二组	连俊村	西	2.3km	平均分布有13、14处小型聚落	美丽乡村示范村、烈士红色文化	4.07平方公里	难	面积大、聚落多
	15:00-18:00	第三组	北新村	北	1.9km	零散分布有2、30处聚落	花海、美丽乡村	6.5平方公里	难	面积大、聚落多
周二	9:00-12:00	第一组	双塘村	西	3.2km	占地狭长，西侧有5、6处小型集中聚落，东部有3、4处大型集中聚落	乡村旅游重点村、黄大成住宅文物保护单位、河阳文化	4.31平方公里	中	聚落多
	15:00-18:00	第一组	唐行村	西	2.8km	东侧为工业用地，其他部分分布有4、5处小型聚落，2、3处大型聚落	古树名木	2.08平方公里	中	聚落多
	9:00-12:00	第二组	华亭村	南	5.8km	零散分布有10余处聚落	非遗、美丽乡村	3.93平方公里	中	聚落多
	15:00-18:00	第二组	塔桥村	南	5.2km	南北方向为工业用地，中部沿河分布有8、9处小型聚落	华藏禅寺、美丽乡村	4.33平方公里	中	聚落多
	9:00-12:00	第三组	金苏村	东	7.4km	零散分布有10余处聚落	"聚金·锡宝"乡村轻休闲文化旅游区	3.74平方公里	中	聚落多
	15:00-18:00	第三组	联三村	东	6.6km	零散分布有10余处聚落	耕读节	3.7平方公里	中	聚落多
	机动	机动	联一村	东	5.5km	工业用地、建成区较多，有2、3处聚落	美丽乡村、示范村、诗意田园	3.18平方公里	简单	-

徐行镇西部村落调研，住宿上海中茂世纪智选假日酒店								
调研日期	时间	调研小组	村庄	方向	车行距离	村域概况描述	历史文化关键调查素	村域面积	调研难度等级	调研难点
周三	9:00-12:00	第一组	灯塔村	东	5.3km	零散分布有7、8处聚落	"等"丽灯塔、草帽经济、红色文化	4.47平方公里	中	聚落多
	15:00-18:00	第一组	旺泾村	西	2.6km	零散分布有4、5处聚落	陈爷庙、耘秀之乡	4.8平方公里	中	聚落多
	9:00-12:00	第二组	菜磨村	西	5.7km	零散分布有10余处聚落	市级美丽乡村党建	4.07平方公里	中	聚落多
	15:00-18:00	第二组	娄下村	东	4.1km	零散分布有7、8处聚落	百年古桥、李氏墙瑞墓	2.5平方公里	中	聚落多
	9:00-12:00	第三组	娄塘村	南	3.3km	【特殊】中间为娄塘古镇，但不在村域面积里，外围有少数聚落	娄塘历史文化风貌区外围部分	2平方公里	特殊	特殊
	15:00-18:00	第三组	赵厅村	东	4.1km	零散分布有7、8处聚落	创客驿站、科技菜园、水文景观、人民公社公共食堂旧址	3.4平方公里	中	聚落多

时间	8月7日 周一	8月8日 周二	8月9日 周三	8月10日 周四	8月11日 周五
上午	内业工作	第一小组：潘港镇（新建村、焦家村、潘港场）、新莞村） 第二小组：潘港镇（燕家村、腰泾村、田黄村、曹家浜村） 第三小组：叶榭镇（东勤村、堰泾村） 第四小组：叶榭镇（大庙村、马桥村）	第一小组：叶榭镇（同建村、东石村） 第二小组：叶榭镇（同建村、金家村）	联合团队：石湖荡镇（洙家桥村）	第一小组：车墩镇（南门村、东门村、香山村） 第二小组：车墩镇（新余村、汇桥村、高桥村）
下午	内业工作	第一小组：潘港镇（燕家村、腰泾村、田黄村、曹家浜村） 第二小组：叶榭镇（徐姚村、八字村） 第三小组：叶榭镇（大庙村、马桥村） 第四小组：石湖荡镇（金江村、金胜村、东港村、张庄村、新中村）	第一小组：车墩镇（长堤村、永福村） 第二小组：车墩镇（得胜村、联跃村） 第三小组：车墩镇（新姚村、新源村、东夏村、洙桥村）	第一小组：潘港镇（徐厍村、兴梨村） 第二小组：车墩镇（米市渡村、打铁桥、联民村） 第三小组：车墩镇（洋泾村、莘庄村、华阳村） 第四小组：石湖荡镇（历史文化风貌区）	内业工作

附件一：崇明区村庄基本情况调查表（表格略）

调研计划表样例

金山区调研团队调研场景

宝山区调研团队调研场景

青浦区调研团队调研场景

崇明区调研团队调研场景

奉贤区调研团队调研场景

嘉定区调研团队调研场景

浦东新区调研团队调研场景

松江区调研团队调研场景

闵行区调研团队调研场景

各团队调研场景

10.2.2 座谈访谈法，聆听大众心声

　　座谈访谈是乡村调研的重要手段。调查团队到每个村的第一件事就是和村支书进行座谈，重点了解这个村子的发展情况，以及历史久远的建筑、古桥、古树以及老人或者工匠的情况，然后请村支书或者村干部带领大家逐一走访，沿途会碰到热心的村民，驻足攀谈是非常普遍的情况。通常团队会事先安排2~3户人家进行访谈。其中非物质文化遗存的调研是非常重要的一环，通过提问引导村委工作人员介绍更多同类或相关信息，获得许多计划之外、未列入保护清单的新发现。例如发掘空置的传统风貌民居、梳理老一辈记忆中的历史老街、探寻非物质文化遗产项目等。同时，团队也借助此次大调研的机会，了解村民对于乡村发展的需求，以及当前乡村风貌保护存在的问题等。有时候，也会谈及村里的特色农作物、美食或者晚辈们最喜欢乡村的什么，等等；聆听基层村庄治理工作的经验教训、难点堵点，整理成为调研工作的重要外延成果。

10.2.3 文献研究法, 寻根觅迹溯源

乡村风貌调研的一个重要内容是村庄发展历史及其独特乡村文化形成的机制。调研团队首先从村民口中获得村落的历史情况以及农耕传统等, 为了更加深入的了解乡村, 通常会走访村史馆、借阅村志。几乎每个镇的镇志都是本次调研的资料。此外, 团队还注重收集名人、民间故事、老地图、老物件等有价值的史料。为了更整体地认知调研的地区, 还会到地方博物馆、文化馆、档案馆、图书馆查阅资料、文献等, 支撑调研报告的撰写。

罗南张士队志(手书)

各团队收集的镇志(部分)

调研中收集的资料

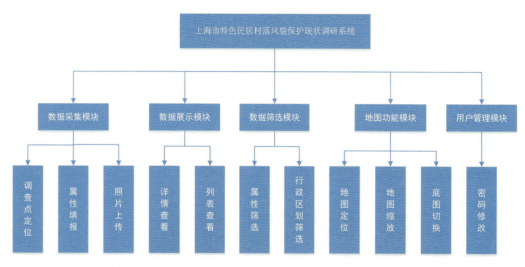

上海特色民居村落风貌保护调研普查系统模块

上海特色民居村落风貌保护调研普查APP系统示意

10.2.4 数字技术法,赋能高效调研

　　由于调研村落量大面广,为了提高效率,市测绘院制作了 1548 个行政村的上海 2000 坐标系工作底图,开发了上海特色民居村落风貌保护调研普查 APP 系统,主要包含点位筛选、新增调查点、编辑调查点、列表查看、属性查看、底图切换、实时定位等功能,提供了方便、快捷、准确的数字工具。经过调研团队的努力,最终形成 20014 个点位的空间信息数据。用无人机拍摄村落鸟瞰图,构建倾斜摄影模型,制作数字孪生成果,实现村落三维模型与调研成果的结合,生动地呈现上海村落风貌特征。

10.3 普查纪实，构建乡村风貌档案

通过本次全覆盖的调研普查，对乡上海乡村中具有重要保护价值的要素进行了系统识别和如实记录，构建了多载体、多层次的乡村风貌档案，包括文字类、数字类、感悟类等多种载体形式。

10.3.1 访谈资料纪实

调研团队通过实地走访、现场座谈等形式，访谈村民、村支书、村委代表，工匠、非遗传承人以及新村民等 4000 余人，召开座谈会 1600 余场，记录不同年龄、多样群体对传统农耕文化和传说故事的记忆，对当下乡村发展的认知和理解，整理成珍贵的一手文字资料。

10.3.2 数字影像资料

经过调研团队的努力，形成约 5 万张带拍摄地理信息点位的实景照片、900 余个村落的无人机航拍影像，典型村落的全景影像和四季风貌航拍照片，首次构建了上海市涉农区所有乡村在同一时间维度中，包含村域空间、村落、建筑、古桥、古树等特色元素、特色场景以及非物质文化遗产等丰富多元的纪实数字影像资料库。

10.3.3 调研感悟思考

调研普查的过程是深入认知上海乡村的宝贵经历，盛夏酷暑，来自 12 个团队的设计师、高校老师、同学走进乡村，发现上海乡村当下的美好，观察记录乡村发展的现实状况。调研结束后，团队成员把所思、所想、所见、所闻整理成文稿，汇集为调研感悟，是 2023 年暑期这一时间维度调研者对上海乡村的生动感知。

数字孪生平台示意

松江区佘山镇刘家山村（2024 年 4 月陈琳摄）

附 录

附录 A 上海乡村老街列表（部分）

附录 B 上海乡村传统风貌建筑列表（部分）

附录 C 上海乡村古桥列表（部分）

附录 D 上海乡村古树名木列表（部分）

附录 E 上海乡村古河道列表（部分）

附录 F 上海乡村其他历史遗存列表（部分）

附录 G 上海非物质文化遗产分类明细表

附录 H 调研感悟

附录 J 参考文献

附录 K 后记

附录A
上海乡村
老街列表（部分）

浦东新区（2）

宝山区（2）

闵行区（3）

嘉定区（1）

金山区（6）

青浦区（2）

奉贤区（6）

崇明区（21）

浦东新区（2）
川沙新镇（1）
纯新村

七灶老街

惠南镇（1）
六灶湾村

老街

宝山区（2）
罗店镇（2）
东南弄村

布长街

罗溪村

亭前街

闵行区（3）
华漕镇（1）
诸翟村

诸翟西街

浦锦街道（2）
芦胜村

中河老街

近浦村

许家桥老街

嘉定区（1）
嘉定工业区
娄塘古镇

人民街

金山区（6）
廊下镇（2）
中民村

邱移老街

山塘村

山塘老街

漕泾镇（1）
阮巷村

阮巷老街

枫泾镇（2）
下坊村

下坊渡老街

韩坞村

韩坞村老街

亭林镇（1）
后岗村

后岗老街

青浦区（2）
朱家角镇（1）
安庄村

安庄古集镇老街

练塘镇(1)

大新村

南巷老街

奉贤区(6)

柘林镇(2)

法华村

法华老街

金海村、南胜村

道院老街

奉城镇(1)

奉城村、南街村

奉城老街

头桥街镇(2)

东新市村

东新市老街

分水墩村

分水墩古街

金汇镇(1)

金汇村

金汇老街

崇明区(21)

三星镇(8)

海滨村

朱显谟院士故居周边街巷

新安村

新安古街

东安村

老鲜行镇

西新村

西新镇古街

永安村

永安镇古街

育德村

协隆镇古街

草棚村

草棚古街

沈镇村

沈镇古街

庙镇(1)

小竖村

小竖河镇老街

港西镇(2)

协兴村

协兴镇东街

排衙村

排衙老街

建设镇(2)

浜东村

浜镇东街、灵龙街

浜西村

浜镇西街

竖新镇(2)

响哃村

响哃老街

大椿村

大椿镇老街

新河镇(1)

群英村

谢家镇老街

向化镇(1)

向化村

向化老街

中兴镇(1)

七滧村

七滧镇老街

横沙乡(1)

丰乐村

丰乐镇老街

堡镇镇(2)

四滧村

四滧老街

五滧村

五滧老街

附录B
上海乡村 传统风貌建筑列表 （部分）

浦东新区（260）

宝山区（29）

闵行区（16）

嘉定区（35）

金山区（64）

松江区（42）

青浦区（115）

奉贤区（31）

崇明区（66）

建筑类别

民宅

公共建筑

宗教

祠堂

仓库

商业

纪念建筑

工厂

浦东新区（260）

周浦镇（9）

旗杆村

顾氏老宅

牛桥村

东湖山庄

北庄村

失修老宅

北庄村老宅

陆家宅

沈西村

赵家宅

姚桥村

杨家宅

红桥村

民治路北侧老宅

民治路西侧老宅

新场镇（10）

祝桥村

周氏老宅

黄氏老宅

宋氏老宅

沈氏老宅

仁义村

金沈家宅

新卫村

新卫村老宅

蒋桥村

蒋桥村老宅

众安村

众安村617号绞圈房

众安村民宅

坦西村

下盐路康桥公路西南侧老宅

合庆镇（32）

跃进村

陶家宅1号

勤奋村

百年老宅

百年老宅

人民塘一侧老宅

勤益村

勤益村一组老宅

勤益村东周家宅56号老宅

勤益村三组老宅

庆丰村

合庆吴氏宅

庆丰二队顾顺和6号老宅

庆丰村六队朱家宅24号老宅

庆丰村三队唐家宅29号老宅

庆云寺

华星村

华星村连氏民宅

华星村连宅

连宏生民宅

庆星村

顾家宅

庆星村六队顾家宅32号

庆星村一队顾家宅9号

夏家宅

共一村

共一村老宅

曹家宅

种福庵

蔡路村

蔡路村58号

蔡路村老宅1

蔡路村老宅2

杨阳庙

红星村

张秀宝奶奶房屋

益民村

合庆敬老院

青四村

青四村118号龚家宅

前哨村

前哨村老宅

海潮寺

春雷村

达明老堂遗址

泥城镇(4)

公平村

陈氏老宅

横港村

横港村民生574号

横港村民生802号

净心庵

曹路镇(27)

永利村

顾家宅54号

永和村

陆家宅

马家老宅

陆万村122-128号建筑

永乐村

永乐村海家宅23号

直一村

张贤生家宅

光明村

凌家圈民宅

光明村民宅

光明村顾家宅

永丰村

永丰村老宅

群乐村

张志良楼

黎明村

百年民宅

前锋村

前锋村47号

前锋村黄家宅36号

星火村

陆家宅

徐家宅

启明村

启明村老宅

杨家宅路与景观路交叉口

龙王庙

东海村

小梁山66号

明家宅64号

迅建村

季家宅36号

黄家宅53号

黄家宅33号

黄家宅63号

顾东村

潮音庵

大团镇(7)

车站村

车站村龙潭941号

周埠村

周埠村552号

邵宅村

邵宅村老宅1

邵宅村老宅2

扶栏村

扶栏村老宅

李家宅

唐家庵

惠南镇(15)

永乐村

惠南姚氏宅

六灶湾村

惠南顾家宅

鹤龄堂

濮家仓库

六灶湾村老宅

桥北村

桥北村桥西322号

惠东村

惠东村老宅1

惠东村老宅2

海沈村

海沈村老宅

长江村

长江村老宅

勤丰村

勤丰村724号老宅

四墩村

唐家宅

惠南更楼

陆楼村

吴家老宅

幸福村

幸福村老宅

川沙新镇(54)

长丰村

吴氏家祠

长丰村村委会南侧

陆家庙

大洪村

吴家宅

杨家宅唐家楼

菜九路与浦东运河交接处向东150米

纯新村二队已改造老宅

金家村

金家村陈家宅48号

其成村

其成村老宅1

饶家宅

连民村

符氏老宅

七灶天主堂

杜坊村

其成村老宅2

界龙村

界龙村戴家宅

其成村老宅2

虹桥村

康家宅

八灶村

四组94号

纯新村

纯新村五队绞圈房

杜坊村61号

杜坊村老宅

牌楼村

界龙村孙氏老宅

杜尹村

檐门头

虹桥村老宅

和平村

和平村老宅

黄楼村

八灶村老宅1

纯新村四队老宅

曹氏民宅

姚家庙

八灶村老宅2

高桥村

高桥路295号向西70米

纯新村七队民宅

纯新村二队老宅

七灶天主堂西侧老宅

新浜村

川沙傅家宅

太平村

太平村老宅

南宋家宅15号老宅

金家宅老宅

汤店村

九曲163号老宅

民利村

褚家宅

民利村301号

陶家宅

吴店村

郭家宅

吴家宅

朱家宅

陈行村

陈家宅白领公寓
北侧

川展路南新镇河
西老宅1

川展路南新镇河
西老宅2

陈行关帝庙

储店村

天主教堂

仙见庙

长桥村

万胜庵

湾镇村

洛迦山观音阁

蔡家庙

三官堂

小普陀寺

航头镇(8)

沈庄村

航头启秀堂

王楼村

傅雷故居

航头王氏宅

航头储家楼

储家宅309号

王楼村绞圈房

长达村

梓潼莲院

福善村

航头飞桥天主堂

唐镇(10)

一心村

培德商业学校旧址

新虹村

原村仓库

暮二村

费家宅126号

小丁家宅26号

虹二村

财神庙

三林镇(7)

天花庵村

陈家宅

天花庵

临江村

庞家宅151号
过街楼

庞家宅31号
筠园

庞信隆20号 庞松
舟、庞锦如旧居

三林村

三林村镇前队金
家宅45号

三民村

三林庙

祝桥镇(33)

新和村

陆家宅39-2号

森林村

森林路12号附近

望三村

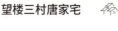

望楼三村唐家宅

望三村东唐家宅

望楼三村西唐家宅

中圩村

中圩村老宅1

中圩村老宅2

邓二村

邓二村老宅1

邓二村老宅2

营前村

营前村老宅

三八村

三八村老宅

道新村

道新村

西杜家宅84号

南金家宅54号

金星村

金星村老宅

虹二村老宅

小湾村

小湾区公所

长寿庵

唐镇村

赵家宅5号老宅

虹三村

沈家高房子

新生村

新生村老宅1

新生村老宅2

新营村

张刘家宅23号老宅

万家宅17号老宅

万家宅125号老宅

伽蓝寺

祝东村

祝东村老宅

包容寺

东立新村

张氏祖宅

立新村观音堂

邓一村

邓一村老宅

孟将堂庙

大沟村

大沟村老宅

星火村

红色庭院

六墩天主堂

共和村

顾兰洲祠堂

六角亭

新如村

姚家庙

高桥镇(9)

屯粮巷村

屯粮巷村潘家桥
110号

屯粮巷村老宅

陆凌村

陆家宅

新农村

新农村老宅

凌桥村

居委会

谢氏宅

范氏宅

三岔港村

陆家宅老宅

镇北村

钟家祠堂

宣桥镇(7)

宣桥村

宣桥村李桥389号

腰路村

腰路村760号

腰路村老祖屋

项埭村

项埭村924号

项埭村施桥1032号

光辉村

光辉村老宅

三灶村

施家天主堂

张江镇(15)

环东村

环东村桥弄宋家宅

环东村老宅1

环东村老宅2

环东村老宅3

碧云净院

长元村

长元村顾家宅64号

徐家宅116号老宅

顾家宅18号、37号等老宅

长元村曹家宅123号老宅

长元村徐家宅76号老宅

新丰村

万翔宅

竹节观音堂

中心村

艾氏民宅

中心村老宅

中心村小桥宅120号

北蔡镇(2)

卫行村

朱家队朱家宅

老港镇(5)

欣河村

欣河村老宅

建港村

建港村港西841号

成日村

成日村老屋会客厅

成日村日新1735号

成日村日新1705号

顾家队张家老宅

高东镇(2)

金光村

王剑三故居

沙港村

沙港村道观

康桥镇(3)

怡园村

看守人居所

天主教领报堂

沿北村

浦东老宅

书院镇(1)

黄华村

40年代红砖天主堂 🏛

宝山区(29)

罗店镇(16)

罗溪村

承恩堂 🏠

梵王宫 🏛

花神堂 🏛

敦友堂 🏠

王质彬门楼 🏠

朱履谦门楼 🏠

潘家门楼 🏠

潘氏墙门 🏠

金家墙门 🏠

东南弄村

沈氏旧宅 🏠

远景村

远景村王宅 🏢

张士村

知青老宅 🏠

张士村百年老宅 🏠

蔡家弄村

蔡家弄村北王宅 71号 🏠

蔡家弄村南王宅 52号 🏠

蔡家弄村北王宅 87号 🏢

顾村镇(4)

顾村村

顾太路435号 住宅 🏠

鸿昌面粉厂旧址 🏭

顾村轧花厂旧址 🏭

俭丰织染厂 🏭

罗泾镇(5)

新陆村

跃龙化工厂 宿舍旧址 🏠

跃龙化工厂旧址 🏭

合建村

合建村民宅 🏠

洋桥村

西杨老宅 🏠

方何老宅 🏠

杨行镇(1)

泗塘村

上海宝山钢铁总厂 🏭

月浦镇(3)

长春村

长春村民宅1 🏠

长春村民宅2 🏠

月狮村

姚宅

闵行区(16)

浦江镇(8)

革新村

礼耕堂

奚氏宁俭堂宅院

梅园

奚氏瑜住宅

赵元昌商号宅院

正义村

徐氏宗祠旧址

永丰村

永丰村老宅1

永丰村老宅2

浦锦街道(4)

芦胜村

康家师济堂

庞家诵德堂

庞家南荫堂住宅

塘口村

丁家住宅

吴泾镇(1)

塘湾村

彭佳花园洋房

马桥镇(3)

同心村

金家宗祠旧址

金庆章故居

顾言故居

嘉定区(35)

华亭镇(10)

毛桥村

毛桥村老宅1

毛桥村老宅2

许氏住宅

毛氏住宅

金吕村

金吕村老宅

双塘村

伏虎司祠

秦大成民宅

华亭村

孙氏手工作坊遗址

连俊村

连俊村260号

连俊村363号

徐行镇(5)

曹王村

曹王村老宅

红星村

红星村老宅

伏虎村

伏虎村444号

大石皮村

大石皮村291号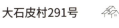

草庵村

草庵村549号
袁家宅

马陆镇(1)

大裕村

涵春堂

嘉定工业区(8)

娄东村

先塘262号袁
氏民宅

李楼194号

李氏怀德堂

娄塘古镇

印氏住宅

娄塘天主堂

中大街中段东侧

工农街70-80号

工农街22号

安亭镇(2)

星明村

星明村754号陆氏
民宅1

星明村785-787号
陆氏民宅2

外冈镇(9)

葛隆村

药师殿

萧氏住宅

王氏住宅

仁润堂

陈氏住宅

吴氏住宅

严氏住宅

张氏住宅

浦氏住宅

金山区(64)

吕巷镇(9)

夹漏村

夹漏村蒋古4064
号老宅

夹漏村蒋古4080
号老宅

姚家村

姚家村厍浜
2040号老宅

厍浜学堂

马新村

马新村栖凤
2119号老宅

蔷薇村

蔷薇村泖湾
3039号老宅

和平村

和平村3113号
老宅

白漾村

白漾村十五组8159
号王再明屋

白漾村十六组
6058-2号沈杰才屋

张堰镇(3)

秦望村

秦望村二组6181
号老宅

秦阳村

秦阳村十五组
9039号老宅

建农村

建农村九组3130
号老宅

廊下镇(6)

勇敢村

勇敢村321号老宅

勇敢村3031号老宅

中民村

中民村3039号老宅

山塘村

山塘村1030、
1032、1033号老宅

中华村

中华村1100号老宅

光明村

光明村2052号老宅

漕泾镇(3)

阮巷村

阮巷镇阮巷街道
116号老宅

沙积村

茶庵

营房村

营房村工农街111
号老宅

枫泾镇(27)

菖梧村

菖梧村九组5012
号老宅

韩坞村

观音堂

韩坞村2112、2113
号老宅

韩坞村2105号老宅

韩坞村3110号老宅

泖桥村

泖桥村五组5088
号老宅

泖桥村十二组
1043号旁老宅

农兴村

农兴村十一组老宅

和平居委老宅

团新村

团新村9030号老宅

团新村潮枫街
32号老宅

团新村潮枫街1号
老宅

五星村

五星村蒋浜十组
4076号老宅

五星村蒋浜八组
6010号老宅

五一村

五一村潜庄2080
号老宅

下坊村

下坊村老宅

下坊村2087号老宅

新华村

新华村1093号老宅

新黎村

新黎村新光6027
号老宅

新元村

新元村4032号老宅

新元村4071-4072
号老宅

新元村三组老宅

俞汇村

俞汇村老宅

中洪村

中洪村五组4026
号老宅

中洪村老宅

中洪村十六组
1045号老宅

中洪村十六组
1055号西侧老宅

金山卫镇（2）

横召村

横召村联合2110
号老宅

星火村

星火村老宅

山阳镇（2）

九龙村

荣欣书院

渔业村

渔业村3127号
妈祖庙

亭林镇（8）

后岗村

后岗村32号老宅

龙泉村

龙泉村二十一组
盛梓庙

南星村

南星村1042号老宅

亭东村

亭东村廿四组5032
号老宅

新巷村

新巷村2009号老宅

欢兴村

欢兴村老宅

立新村

立新村横泾2074
号老宅

新街村

新街村2023号老宅

朱泾镇（4）

大茫村

大茫村增产十五组
4035-1号老宅

待泾村

待泾村蒋泾9039号老宅

牡丹村

秦启文旧居

秀州村

秀州村前进3053号老宅

松江区(42)

车墩镇(8)

永福村

永福村老宅

长溇村

长溇村老宅

华阳村

华阳村老宅

汇桥村

汇桥村老宅

洋泾村

洋泾村老宅

高桥村

高桥村老宅

东门村

地藏古寺

东禅古寺

佘山镇(3)

横山村

横山村老宅

江秋村

江秋村老宅

张朴村

张朴桥天主堂

小昆山镇(2)

大港村

大港村老宅

周家浜村

周家浜村老宅

泖港镇(5)

徐厍村

徐厍村老宅

曹嘉浜村

曹嘉浜村老宅

茹塘村

茹塘村老宅

范家村

龙王庙

腰泾村

龙王庙

石湖荡镇(13)

泖新村

泖新村老宅1

泖新村老宅2

泖新村老宅3

新源村

新源村老宅1

新源村老宅2

新源村老宅3

洙桥村

洙桥村老宅1

新中村

新中村老宅

同建村老宅2

东勤村

东勤村老宅

四村村

昙花庵

山湾村

山湾村老宅

洙桥村老宅2

洙桥村老宅3

新浜镇(3)

胡家埭村

胡家埭村老宅

青浦区(115)

夏阳街道(2)

王仙村

王仙村老宅

庆丰村

庆丰村老宅1

井凌桥村

普善讲寺

基督教教堂

鲁星村

隆庆寺

叶榭镇(8)

同建村

同建村老宅1

大庙村

大庙村老宅1

大庙村老宅2

大庙村老宅3

塔湾村

万寿塔

朱家角镇(21)

周荡村

周荡村老宅1

周荡村老宅2

庆丰村老宅2

安庄村

安庄村老宅1

东勤村老宅

东港村

东港村老宅1

东港村老宅2

张庄村

张庄村老宅

安庄村老宅2

先锋村

先锋村老宅

张马村

泖塔

李庄村

李庄村老宅1

李庄村老宅2

李庄村老宅3

建新村

建新村老宅1

建新村老宅2

王金村

王金村老宅

张巷村

张巷村老宅1

张巷村老宅2

张巷村老宅3

新胜村

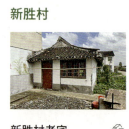
新胜村老宅

薛间村

薛间村老宅

淀峰村

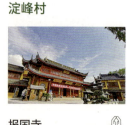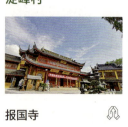
报国寺

练塘镇（53）

泾花村

泾花村老宅

练东村

练东村老宅1

练东村老宅2

天光寺

泾珠村

泾珠村老宅

北埭村

北埭村老宅1

北埭村老宅2

城照庵

金前村

金前村老宅1

金前村老宅2

太北村

太北村老宅1

太北村老宅2

叶港村

叶港村老宅

朱庄村

朱庄村老宅

东泖村

东泖村老宅1

东泖村老宅2

东泖村老宅3

东田村

东田村老宅

联农村

联农村老宅1

联农村老宅2

东淇村

东淇村老宅1

东淇村老宅2

东淇村老宅3

东淇村老宅4

东淇村老宅5

东淇村老宅6

长河村

长河村老宅1

长河村老宅2

长河村老宅3

大新村

大新村老宅1

大新村老宅2

东厍村

东厍村老宅

庄严寺

徐练村

徐练村老宅

浦南村

浦南村老宅1

浦南村老宅2

浦南村老宅3

浦南村老宅4

浦南村老宅5

浦南村老宅6

蒸浦村

蒸浦村老宅1

蒸浦村老宅2

蒸浦村老宅3

东庄村

东庄村老宅1

东庄村老宅2

东庄村老宅3

蒸夏村

蒸夏村老宅

芦潼村

芦潼村老宅1

芦潼村老宅2

351

芦花庵

星浜村

星浜村老宅

张联村

罗琦庵

张联天主堂

金泽镇（20）

岑卜村

岑卜村老宅

河祝村

河祝村老宅1

河祝村老宅2

河祝村老宅3

爱国村

爱国村老宅1

爱国村老宅2

龚都村

龚都村老宅1

龚都村老宅2

龚都村老宅3

钱盛村

钱盛村老宅1

钱盛村老宅2

钱盛村老宅3

莲湖村

莲湖村老宅1

莲湖村老宅2

淀湖村

淀湖村老宅1

钱盛村

淀湖村老宅2

南新村

南新村老宅

雪米村

雪米村老宅1

雪米村老宅2

淀西村

淀西村老宅

华新镇（1）

朱长村

朱长村老宅

重固镇（6）

章堰村

章堰村老宅1

章堰村老宅2

章堰城隍庙

新联村

新联村老宅

中新村

中新村老宅1

中新村老宅2

白鹤镇（10）

青龙村

青龙塔

青龙古寺

塘湾村

塘湾村老宅1

塘湾村老宅2

塘湾村老宅3

胜新村

胜新村老宅

朱浦村

朱浦村老宅

杜村村

杜村村老宅1

杜村村老宅2

王泾村

布金禅寺

赵巷镇（2）

崧泽村

崧泽村老宅

方夏村

小东圩天主堂

奉贤区（31）

柘林镇（8）

金海村

陆家天主堂钟楼

翁家天主堂

迎龙村

徐兆奎宅

姜同生宅

南胜村

郁邦杰宅

上真道院旧址

三桥村

叶永梅宅

王家圩村

王藕英宅

南桥镇（1）

张翁庙村

三女冈

金汇镇（3）

金汇村

旃檀庵旧址

白沙村

白沙庙旧址

天福庵

奉城镇（10）

高桥村

高桥古戏台

高桥村712号老宅

奉城村

奉城古城墙 📍

万佛阁 🛕

奉贤县署旧址 🏛

杨六宅 ⌂

侵华日军守备 🏛
司令部旧址

南街村

张惠均宅 ⌂

路氏宅 ⌂

朱新村

朱新村老宅 ⌂

头桥街道(1)

东新市村

头桥天主堂 🛐

西渡街道(1)

灯塔村

李家阁小学 🏛

庄行镇(2)

浦秀村

"客乐浦"万国商 ⌂
团夜总会CLUB

潘垫村

潘垫村老宅 ⌂

四团镇(4)

长堰村

邵海松宅 ⌂

横桥村

三圣庵 🛐

四团村

华根堂宅 ⌂

镇西村

朱天一宅门头 ⌂

青村镇(1)

钱中村

钱中村古建筑 ⌂

四团镇(4)

崇明区 (66)

建设镇(8)

浜东村

浜东村老宅 ⌂

浜西村

浜西村老宅1 ⌂

浜西村老宅2 ⌂

三星村

三星村老宅 ⌂

三星村719号老宅 ⌂

富安村

富安村老宅 ⌂

白钥村

白钥村老宅 ⌂

淡东村

淡东村老宅 ⌂

三星镇(3)

育德村

育德村老宅 ⌂

平安村

平安村老宅 ⌂

草棚村

草棚村老宅

通济村

通济村老宅

港沿镇(6)

建华村

建华村老宅

金桥村

金桥村老宅

汲浜村

汲浜村老宅

庙镇(9)

猛西村

猛西村老宅

和平村

和平村老宅

窑桥村

窑桥村老宅

米洪村

米洪村古寺

周河村

周河村老屋

镇东村

东村老宅

庙中村

庙中村老宅

小竖村

小竖村老宅

跃马村

跃马村老屋

建中村

天主堂

鲁东村

鲁东村老宅

合东村

合东村老屋

向化镇(3)

米新村

米新村老宅

卫星村

卫星村老宅

向化村

向化村老宅

中兴镇(3)

北兴村

北兴村老宅

中兴村

中兴村古寺

堡镇(6)

米行村

米行村老宅

四滧村

四滧村老宅

五滧村

五滧村老宅

瀛南村

瀛南村老宅

新隆村

新隆村老宅

陈家镇（5）

鸿田村

鸿田村古寺

港西镇（3）

排衙村

排衙村老宅

城桥镇（5）

山阳村

山阳村老宅1

永和村

永和村老宅

强民村

强民村老宅

永和村

永和村老宅

富民村

富民村老宅

山阳村老宅2

老滧渔业村

堡港村

堡港村老宅

井亭村

井亭村老宅

瀛东村

瀛东村老屋

盘西村

盘西村老宅

老滧渔业村老宅

新河镇（7）

天新村

天新村1211号
老宅

天新村老宅

群英村

群英村老宅

永丰村

永丰村老宅

八滧村

八滧村老宅

先锋村

先锋村老宅

横沙乡（2）

丰乐村

丰乐村老宅

兴隆村

兴隆村老宅

侯南村

侯南村老宅

推虾港村

推虾港村老宅

竖新镇（6）

堡西村

堡西村老宅

大东村

大东村老宅

明强村

明强村老宅1

明强村老宅2

响哃村

响哃村老宅

油桥村

油桥村老宅

附录C
上海乡村
古桥列表（部分）

浦东新区（44）

宝山区（18）

闵行区（12）

嘉定区（4）

金山区（14）

松江区（13）

青浦区（55）

奉贤区（124）

崇明区（2）

浦东新区（44）

川沙新镇（5）

新浜村

节母桥

其成村

松鹤桥

长春桥

汤店村

石板桥

湾镇村

湾镇村古桥

宣桥镇（6）

宣桥村

宣桥兴隆桥

张家桥村

宣桥裕丰桥

项埭村

万安桥

中心村

宣桥永庆新桥

宣桥广安桥

宣桥三德桥

新场镇（8）

仁义村

九如桥

宝善桥

金建村

十八里桥

众安村

新场众安桥

斗姥阁桥

新场界河桥

蒋桥村

象佳桥

王桥村

新场禄荫桥

曹路镇（1）

安基村

"安基桥"旧桥体

惠南镇(2)

西门村

惠南永安桥

惠东村

惠东桥

航头镇(3)

沈庄村

永济桥

航东村

德芳桥

福善村

长春桥

大团镇(1)

邵村村

大团莲贤桥

合庆镇(6)

勤益村

文登桥

公济桥

永安桥

水泥桥

春雷村

华德桥

跃丰村

四幅桥

张江镇(2)

新丰村

新丰村古桥

长元村

张家桥

祝桥镇(5)

森林村

立新村

梯云桥

六顺桥

共和村

济桓桥

作古桥

唐镇(3)

小湾村

报恩桥

重庆桥

虹三村

洪德桥

康桥镇(1)

沿北村

承启桥

周浦镇(1)

北庄村

连笔华桥

宝山区(18)

罗店镇(8)

罗溪村

大通桥

东南弄村

丰德桥

金星村

来龙桥

王家村

积福桥

五房桥

359

南周村

塘南桥

同仁桥

联合村

联合村古桥

罗泾镇(5)

合众村

瑞方桥

肖泾村

长春桥

合建村

合建村古桥1

合建村古桥2

牌楼村

太平桥

顾村镇(3)

白杨村

梦熊桥

广福村

杨娥桥

星星村

聚龙桥

杨行镇(1)

北宗村

万寿桥

大场镇(1)

葑村村

万年桥

闵行区(12)

华漕镇(2)

杨家巷村

天助桥

杨家巷村村西南侧

诸翟村

鹤龙桥

双鹤浦与蟠龙港汇合处

浦锦街道(1)

浦江村

顺兴桥

浦江村东北角

浦江镇(9)

革新村

道南桥

纯佑弄与保南街交叉口东约500米

益民桥

钟鹤路一号桥附近革新村

礼耕桥

召稼楼平西街22号附近

资训桥

兴东街10号附近

复兴桥

兴东街与复兴街交叉口附近

正义村

长寿桥

浦江镇正义村村东侧

延寿桥

浦江镇正义村村东南侧

永丰村

老闸港桥

金闸路与闸航路交叉口

汇东村

农民桥

汇东村村委附近

嘉定区(4)

徐行镇(1)

伏虎村

伏虎村古桥

安亭镇(2)

罗家村

彩虹桥

钱家村

万福桥

外冈镇(1)

葛隆村

太平桥

金山区（14）

吕巷镇（2）

颜圩村

福寿桥

龙跃村

绿荷潭桥

张堰镇（1）

鲁堰村

洞桥

漕泾镇（3）

金光村

彩虹桥

济渡桥

护塘村

工农桥

山阳镇（1）

九龙村

万安桥

金山卫镇（2）

八字村

八字桥

卫城村

定南桥

亭林镇（2）

油车村

雨粟庵桥

浩光村

怀公桥

廊下镇（3）

勇敢村

福安桥

山塘村

山塘桥

景阳村

成美桥

松江区（13）

石湖荡镇（1）

新姚村

铁路引桥遗址

泖港镇（1）

新建村

来凤桥

叶榭镇（6）

八字桥村

虹桥

东勤村

东勤古桥

马桥村

大洋泾桥

四村村

四村村古桥

徐姚村

老桥

堰泾村

清朝古桥

小昆山镇（2）

永丰村

永兴桥

陆家埭村

斜塘沪杭铁路戊申年引桥遗址

车墩镇（3）

永福村

永福村古桥

东门村

东杨家桥

打铁桥村

聚龙桥

青浦区（55）

白鹤镇（17）

南巷村

官庄桥

马巷桥

响新村

永福桥

响板桥

沈联村

管浦桥

白鹤村

青龙桥

赵屯村

安愚桥

朱浦村

水桥

青龙村

艾祁桥

江南村

赵屯万安桥

新溇桥

塘湾村

陈岳万安桥

塘湾桥

胜新村

白鹤万年桥遗址

曙光村

赵屯万寿桥

毓秀桥

太平村

福善桥

重固镇（9）

福泉山村

贰善桥

新联村

水桥

徐姚村

重固馀庆桥

章堰村

金泾桥

兆昌桥

汇福桥

水桥

新丰村

子成桥

中新村

重固高陞桥遗址

金泽镇（4）

双祥村

永宁桥

岑卜村

永寿桥

王港村

福庆桥

新港村

庆丰桥

华新镇（4）

淮海村

乐善桥

马阳村

遗善桥

嵩山村

思古桥

杨家庄村

通义桥

香花桥街道（4）

新桥村

襄臣桥

金米村

麟趾桥

爱星村

同善桥

燕南村

太平桥

赵巷镇（4）

方夏村

孔巷桥

沈泾塘村

十字河桥

新镇居委

四角桥

和睦村

闸桥

夏阳街道（2）

太来村

善禄桥

聚金桥

盈浦街道（1）

天恩桥村

天恩桥

朱家角镇（3）

小江村

九峰桥

安庄村

秦公圣祠桥

建新村

永兴桥

练塘镇（6）

北埭村

长明桥

金前村

还清桥

联农村

莲寿桥

馀庆桥

理济桥

363

东厍村

瑞龙桥

徐泾镇（1）

金联村

嵩塘桥

奉贤区（124）

柘林镇（30）

海湾村

景福桥

海湾路欣奉路南

北龙第二桥

海湾村奉海十一组向北1公里

人寿桥

海湾村西湾1一组1110号西侧50米

奉海马鞍水桥

海湾村奉海二组212号门前

新塘村

通津桥

新寺社区新塘村1218号

北宅石驳岸和马鞍水桥

北宅517号往南300米处

流芳桥

北宅517号往南300米处

徐吴桥

新塘村608号往东10米处

法华村

法华桥

法华街34号

法华仁寿桥

立新四组408号门前

三元桥

法华村513号南2米

金海村

济渡良桥

金海村光明村东方红三组鱼塘交界

仁寿桥

金海村翁家304号西侧200米

迎龙村

沙晏桥

迎龙村永革324号东边300米

遇文桥

迎龙村迎新632号后面20米

曹家桥

迎龙村永革221号后面20米

胡桥村

世德桥

胡桥村孙桥625号东北40米

孙桥永安桥

胡桥村万华路、胡滨公路路口西北70米

小石桥

胡桥村大树911号南65米

姜家水桥

胡桥村大树320号小屋后

朱家桥

胡桥村大树703号北150米

柘林村

安心桥

柘林村郊南724号往西300米

太平桥

柘林村555号南侧

南胜村

永安桥

南胜村南宅926号往西200米

护龙桥

南胜村南宅813号向南100米

集贤桥

南胜村南宅1049号往西100米

新寺村

四家泾桥

新寺村寺胡路与三桥村交界处南50米

蓉港桥

新寺村骑塘1107号北80米

王家圩村

常兴永秀桥

王家圩村八桥624号家北100米

临海村

万寿桥

临海村黄沙1045号门前

南桥镇（10）

曙光村

庙泾桥

江海路西侧G1501南侧100米

瑶墩桥

江海路西侧G1501南侧100米

永寿桥

曙光村跃进四组

诒安桥

曙光树浜五组

六墩村

退孽第一桥

红星1210号西侧，巨龙房地产公司旁

宝善桥

六墩村二组

青龙桥

门墩村红星十七组

杨王村

济新桥

杨王村西胡八组

八曲桥

杨王村西胡九组

德顺桥

西胡村七组

金汇镇（36）

墩头村

飞云桥

墩头村六组

禄羡桥

墩头村一组

培德桥

墩头村一组

倪家桥

墩头村六组

同善桥

华星村三组

乐善村

泰日木行桥

乐善村木行134号

乐善村积善桥

乐善村木行1135号

乐善桥

乐善村木行1109号

明星村

望声桥

国光村十组

荣阳桥

明星村十一组

百曲村

管泾桥

沿港村九组百曲村村民委员会往东300米

金星村

延寿桥

继光村五组

梅园村

衍庆桥

梅园村一组

腾龙桥

梅园村二组

种福桥

梅园村三组

南山桥

梅园村六组

仁寿桥

梅园村九组

长春桥

梅园村五组

麟趾桥

梅园村光星村二组

东星村

长春水闸桥

辉煌路/金钱公路口西北
角上

梁典村

寿凯桥

面丈村二组

长春桥

梁典村四组

壁龙桥

梁典村十四组

周家村

连福桥

周家村六组

求福桥

周家村八组

周家村积善桥

周家村七组

自度桥

姚堂村三组

北丁村

寿民桥

北丁村五组

资福村

善兴桥

资福村五组

永宁桥

资福村八组

资福村积善桥

资福村十一组

万寿桥

吴窑村六组

巽隆桥

吴窑村十四组

宁寿桥

吴窑村十四组

金汇村

金汇桥

金汇村十一组1156号东10米

南行村

保安桥

南行新苑万顺路2475号

奉城镇（7）

高桥村

高桥

高桥村223号

青龙桥

高桥村十二组

人寿桥

上海友益机械厂东南角

洪东村

平安桥

洪东村柴场四组

八字村

奉城八字桥

八字村二组

塘外村

塘外村古桥

胜聚路东110米

路口村

路口村古桥

路口村居民五组

头桥街道（7）

东新市村

重建新市桥

刘港二组

北宋村

弘智桥
北宋村建国十组

蔡家桥村

民主桥
蔡家桥村和平九组

陆家桥村

读谏桥(读稼桥)
陆家桥村陆桥十二组

酬天桥
陆家桥村花厅二组

南宋村

太和桥
南宋村民爱四组

戴家村

具庆桥
戴家村十一组

西渡街道(3)

金港村

环秀桥（拱桥）
金港村刘港二组

灯塔村

古秦塘桥
灯塔村十组

益民村

渭阳桥
益民村九组

庄行镇(7)

吕桥村

履祥桥
吕桥村四组

杨溇村

戴家桥
杨溇村牛溇六组牛溇老年
活动室西300米

潘垫村

潘东人民桥
潘垫新穗路平庄西路西
150米(潘垫村二组)

同乐桥
潘垫村潘南八组(上海浩成
水产养殖场内部西面与金
山交界处)

马王庄桥
潘垫村潘南四组

新华村

西陈行桥
新华村陈行九组

东陈行桥
新华村陈行七组

金海街道(4)

石家村

绥禄桥
石家村七组

陈谊村

丰乐桥
陈谊村五组

达观桥
陈谊村六组

丁家村

秀龙桥
丁家村六组

四团镇(8)

夏家村

咸兴桥
沈家村九组、夏家村五组
交界处

济南桥
夏家村1013号

小荡村

咸庆桥
小荡村一组

百禄桥
小荡村二组

长寿桥
小荡村蒲基一组

新桥村

顺德桥
新桥村金洋四组

金漾桥
三团港西约50米(金黄路南
约100米)

大桥村

延龄桥

大桥村张家四组

青村镇（12）

陶宅村

仁寿桥

陶宅村809号

南袁桥

陶宅村905号西面

寿宁桥

陶宅村1101号

永锡桥

陶宅村王家

吴家村

贻善桥

吴家村624号北面

北唐村

种德桥

北唐村与奉城镇卫季村
交界

李窑村

永福桥

李窑村512号

解放村

长寿桥

解放村141号南面

永丰桥

解放村407号南面

朱店村

朱店村古桥

朱店村观光路南面

新张村

唐江桥

新张村西张251号南面

姚家村

十字桥

姚家村青溪小学的北侧

崇明区（2）

绿华镇（1）

华星村

华星村古桥

建设镇（1）

运南村

运粮河古桥

运南村运粮河旁

附录D
上海乡村古树名木列表（部分）

浦东新区（38）

宝山区（7）

闵行区（1）

嘉定区（12）

金山区（29）

松江区（11）

青浦区（29）

奉贤区（10）

崇明区（29）

级别

一级保护 ────────── ●

二级保护 ────────── ● ●

浦东新区（38）

川沙新镇（8）

纯新村

榉树

榉树

榉树

榉树

榉树

连民村

榉树

长丰村

桂花

陈行村

榉树

宣桥镇（3）

三灶村

枣树

枣树

季桥村

榉树

曹路镇（1）

光明村

香樟

惠南镇（2）

永乐村

榉树

陆楼村

榉树

大团镇（1）

周埠村

香樟

合庆镇（1）

勤奋村

瓜子黄杨

张江镇（3）

新丰村

银杏

中心村

枣树

榉树

老港镇（2）

建港村

榔榆

成日村

榉树

三林镇（4）

三民村

银杏

银杏

临江村

香橼

黑松

高桥镇（3）

凌桥村

瓜子黄杨

榉树

三岔港村

黄杨

祝桥镇（7）

森林村

榉树

新生村

榆树

立新村

朴树

榉树

皂荚树

新营村

榉树

星火村

皂荚树

北蔡镇（1）

榉树

榉树

唐镇（2）

虹三村

银杏

银杏

宝山区（7）

罗店镇（5）

罗溪村

银杏

银杏

东南弄村

瓜子黄杨

毛家弄村

银杏

银杏

杨行镇（1）

城西二村

银杏

月浦镇（1）

月狮村

榉树

闵行区（1）

梅陇镇（1）

许泾村

榉树

景西路森马工业园北侧约200米

嘉定区（12）

华亭镇（3）

双塘村

银杏

塔桥村

银杏

银杏

嘉定工业区（4）

灯塔村

银杏

银杏

雨化村

银杏

旺泾村

银杏

徐行镇（1）

钱桥村

南天竹

外冈镇（1）

葛隆村

银杏

安亭镇（2）

光明村

银杏

银杏

马陆镇（1）

立新村

银杏

金山区（29）

吕巷镇（8）

颜圩村

银杏

白漾村

银杏

银杏

和平村

银杏

银杏

太平村

银杏（2株）

龙跃村

银杏

荡田村

银杏

漕泾镇（1）

海涯村

朴树

枫泾镇（2）

贵泾村

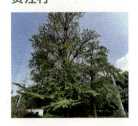

银杏（2株）

卫星村

银杏（2株）

亭林镇（3）

欢兴村

皂荚

金明村

银杏（2株）

周栅村

广玉兰

廊下镇（8）

勇敢村

银杏

中联村

榉树

银杏

银杏

中民村

银杏

中华村

桂花

南塘村

银杏

牡丹

张堰镇（2）

甪里村

榉树

臭椿

朱泾镇（5）

民主村

香樟

银杏

五龙村

紫藤

银杏

银杏

松江区（11）

石湖荡镇（2）

洙桥村

银杏树

泖新村

罗汉松

树龄约700年

新浜镇（2）

鲁星村

牡丹

树龄约140年

胡家埭村

水杉

叶榭镇（2）

井凌桥村

古树

八字桥村

银杏

泖港镇（3）

黄桥村

古树群（桂花、水杉、冷杉、金合欢、梧桐等）

2000余株古树，其中桂花树 400 余株，水杉、冷杉、金合欢、梧桐等树种达 300 余种

腰泾村

银杏

朱定村

古树

小昆山镇（1）

泾德村

银杏

车墩镇（1）

南门村

古树

青浦区（29）

白鹤镇（7）

南巷村

银杏

响新村

银杏

银杏

王泾村

银杏

朱浦村

石榴树

青龙村

银杏

银杏

金泽镇（5）

雪米村

银杏

钱盛村

银杏

西岑村

榉树

373

任屯村

榉树

榉树

重固镇（1）

毛家角村

榉树

香花桥街道（1）

天一村

银杏

朱家角镇（2）

山湾村

古树

淀峰村

银杏

练塘镇（10）

泾珠村

古树

泖甸村

银杏

金前村

银杏

联农村

银杏

银杏

东厍村

银杏

徐练村

银杏

浦南村

古树

星浜村

榉树

芦潼村

枫杨

夏阳街道（3）

太来村

瓜子黄杨

桂花树

城南村

榉树

奉贤区（10）

奉城镇（4）

奉城村

罗汉松　●●

编号：1702，曙光中学旧址内部，树龄约150年，二级保护

卫季村

桂花树　●●

编号：1497，卫季十四组，树龄约100年，二级保护

盐行村

桑树 ●●
编号：1489，盐行十一组，树龄约100年，二级保护

榉树 ●●
编号26-013，盐行十一组，树龄约80年，二级保护

四团镇（3）

长堰村

枣树 ●
编号1495，长堎三组，树龄约100年，二级保护

榉树 ●●
编号1402，秦树村六组，树龄约200年，双生，二级保护

镇西村

银杏 ●
编号0031，天鹏路62号，树龄约620年，一级保护

青村镇（1）

南星村

银杏 ●●
编号0387，草庵二组钱桥路315号，树龄约150年，二级保护

金汇镇（1）

资福村

银杏 ●
编号0018，堂富路/港航路口，树龄约700年，一级保护

柘林镇（1）

新塘村

桑树 ●●
编号1487，新塘七组西株，树龄约100年，二级保护

崇明区（29）

新村乡（1）

新中村

苦楝

三星镇（4）

邻江村

国槐

西新村

榆树

柿子树

育德村

榆树

庙镇（3）

永乐村

榉树
永新路村域公园内，共三棵

保东村

榆树
永新路北侧民居旁

启瀛村

银杏
西南位置

港西镇（1）

双津村

龙柏
陈龙章故居东侧

建设镇（1）

蟠南村

朴树
陈海公路与东皮河西侧

竖新镇（4）

春风村

瓜子黄杨
崔家河北侧一私人民居内

明强村

龙柏
1929年中共崇明县委机关旧址内

油桥村

朴树
新烈公路与油桥公路交叉西北侧民居附近

竖河村

菩提树
九队921号

城桥镇（2）

元六村

柏树
近元六北路

长兴村

榆树
兴家路

新河镇（3）

天新村

榕树
天新北路

银杏
天新北路

古树
天新路

港沿镇（2）

港沿村

广玉兰

富国村

古树
草港公路西侧支路

陈家镇（1）

裕西村

榆树

长兴镇（1）

建新村

柏树
潘石七路

横沙乡（4）

增产村

香橼树
在增产路和增联路之间

新永村

银杏
西兴路

红旗村

柿子树
丰乐路

兴盛村

银杏
兴胜六路与文兴河西北角

堡镇（2）

桃源村

榉树
江边北路北侧

永和村

榉树
灵山路与花永东路东南角

附录E
上海乡村
古河道列表（部分）

宝山区（4）

嘉定区（5）

青浦区（1）

崇明区（10）

宝山区（4）

随塘河

罗泾镇新陆村

走马塘

大场镇五星村

沙浦河

顾村镇广福村

月浦塘

月浦镇沈巷村

嘉定区（5）

盐铁塘

外冈镇、安亭镇

娄塘河

华亭镇、徐行镇、
嘉定工业区、外冈镇

吴淞江

安亭镇、江桥镇

马陆塘

马陆镇、安亭镇

横沥河

嘉定工业区、
菊园新区街道、马陆镇、
南翔镇

青浦区（1）

大蒸港

练塘镇大新村

崇明区（10）

环岛运河

各乡镇

团旺河

农场

庙港

庙镇、农场、新村乡

鸽龙港

庙镇、农场

老滧港

城桥镇、建设镇、农场

新河港

新河镇、农场

堡镇港

堡镇、港沿镇、农场

四滧港

堡镇、港沿镇、农场

六滧港

向化镇、农场

八滧港

中心镇、陈家镇、农场

附录F
上海乡村
其他历史遗存列表
（部分）

浦东新区（23）

宝山区（2）

嘉定区（5）

金山区（7）

松江区（8）

青浦区（16）

奉贤区（13）

类别

石碑 ⸺ 🪦

水桥 ⸺ ⌓

牌坊 ⸺ ⛩

古井 ⸺ ⬯

遗址 ⸺ 📍

陵墓 ⸺ 🪦

水闸 ⸺ ⛫

碉堡 ⸺ ⬯

纪念碑 ⸺ ☆

其他 ⸺ ○

浦东新区（23）

川沙新镇（2）

东明村

三林镇赵氏节孝坊 ⛩

陈行村

双拼水桥 ⌓

宣桥镇（2）

腰路村

饮水思源古井 ⬯

张家桥村

宣桥邵氏牌楼 ⛩

新场镇（1）

众安村

元宝堰 ○

曹路镇（4）

光明村

古井 ⬯

赵桥村

陈氏、吴氏、冯氏 ⛩
三节妇牌坊

直一村（2）

直一村北街17号 🪦

直一村北街61号 🪦

惠南镇（2）

陶桥村

雕刻石板 ○

三眼灶 ○

泥城镇（3）

龙港村

碉堡 ⬯

横港村

泥城暴动党支部活 📍
动遗址

南汇县保卫团第二 📍
中队遗址

老港镇（1）

成日村

老港杨定故居遗址 ⏚

三林镇（1）

临江村

古井 ⏚

高桥镇（4）

新农村

古井 ⏚

三岔港村

碉堡 ⏚

碉堡 ⏚

镇北村

高桥烈士墓 🪦

祝桥镇（3）

立新村

烈士纪念碑 ✪

共和村

金解元墓 🪦

杜尹村

南汇县保卫团第四
中队遗址 ⏚

宝山区（2）

罗店镇（2）

毛家弄村

钱世桢墓 🪦

罗溪村

罗店三官堂旧址 ⏚

嘉定区（5）

外冈镇（1）

周泾村

立新泵闸 🏠

徐行镇（1）

伏虎村

塌桥碉堡 ⏚

华亭镇（1）

华亭村

星桥碉堡 ⏚

安亭镇（1）

方泰村

方泰西街水井 ⏚

嘉定工业区（1）

娄塘古镇

娄塘纪念坊 🏛

金山区（7）

吕巷镇（1）

龙跃村

姚氏敦仁堂墓地遗址 🪦

张堰镇（1）

旧港村

节孝坊 🏛

廊下镇（1）

南陆村

南陆村土窑 ⏚

亭林镇（2）

欢兴村

欢庵古镇遗址 ⏚

周氏墓碑 🪦

枫泾镇（1）

泖桥村（1）

澄鉴寺旗杆石 ○

朱泾镇（1）

待泾村

朱氏船坊遗址 ⏚

松江区（8）

新浜镇（3）

鲁星村

日占时期碉堡遗址 📍

甪钓湾牌坊 🏛️

南杨村

老水闸 📞

泖港镇（1）

新建村

塘口渡口

车墩镇（1）

打铁桥村

古碑 📑

小昆山镇（2）

汤村村

汤村庙古文化遗址 📍

荡湾村

夏氏父子之墓 🪦

佘山镇（1）

北干山村

北干山古文化遗址 📍

青浦区（16）

白鹤镇（2）

青龙村

青龙遗址 📍

塘湾村

新四军宣传标语 ⭕

重固镇（2）

新丰村

任仁发家族墓 🪦

中新村

骆驼墩遗址 📍

金泽镇（1）

任屯村

任屯血防陈列馆 ⭕

赵巷镇（4）

崧泽村

崧泽遗址 📍

上海格致中学
学农基地旧址 📍

方夏村

刘夏古文化遗址 📍

千步村

千步村遗址 📍

香花桥街道（1）

天一村

寺前村古文化遗址 📍

华新镇（2）

火星村

东乡革命烈士陵园 🪦

坚强村

王家坟 🪦

练塘镇（3）

联农村

明因寺遗址 📍

泾花村

旧窑厂 📍

张联村

民国屈氏墓 🪦

朱家角镇（1）

张巷村

杨方来墓 🪦

380　附录

奉贤区（13）

柘林镇（1）

营房村

华亭海塘奉贤段
奉柘公路南侧

南桥镇（1）

江海村

江海古文化遗址
沪杭公路以西、南庄路以
北、G1501高速以南

奉城镇（2）

奉城村

日军刑场
奉城东街56弄16号北侧

东门村

李主一烈士纪念碑
川博路100号（曙光中学
校园内）

头桥街道（3）

北宋村

**北宋抗日时期烈士
纪念碑**
北宋村大叶公路8662号

东新市村

勑封坊

蔡家桥村

野人村遗址
蔡家桥村和平一组

青村镇（1）

陶宅村

陶宅古井
陶宅村1301号东100米

西渡街道（2）

灯塔村

李待问墓
灯塔村九组

李昭祥墓
灯塔村鸿宝九组

庄行镇（3）

长堤村

潘葛妻李氏墓
长堤村穗轮一组

张塘村

王明时墓
张塘村七组

潘垫村

潘垫油坊旧址
潘垫村316号

附录G

上海非物质文化遗产分类明细表

类别	名称	级别	批次	主要区域
民间文学	吴歌	国家级	第一批（2007）	青浦区
	沪谚		第一批（2007）	闵行区
	上海田山歌	市级	第四批（2013）	金山区
	白杨村山歌		第一批（2007）	奉贤区
	浦东地区哭嫁哭丧歌		第一批（2007）	浦东新区
	崇明山歌		第二批（2009）	崇明区
	新浜山歌		第三批（2011）	松江区
	杨瑟严的故事		第三批（2011）	崇明区
	萧泾寺传说		第四批（2013）	宝山区
	小刀会传说		第四批（2013）	青浦区
	川沙民间故事		第五批（2015）	浦东新区
	淀山湖传说		第五批（2015）	青浦区
	崇明俗语		第五批（2015）	崇明区
	曹路民间故事		第六批（2019）	浦东新区
	灯谜		第七批（2024）	浦东新区
			第七批（2024）	嘉定区
传统音乐	泗泾十锦细锣鼓	国家级	第一批（2007）	松江区
	琵琶艺术（瀛洲古调派）		第一批（2007）	崇明区
	琵琶艺术（浦东派）		第一批（2007）	浦东新区
	上海港码头号子		第一批（2007）	浦东新区
	江南丝竹	市级	第一批（2007）	闵行区
			第一批（2007）	嘉定区
			第一批（2007）	崇明区
			第一批（2007）	奉贤区
			第二批（2009）	浦东新区
			第二批（2009）	宝山区
			第二批（2009）	青浦区
	上海道教音乐		第一批（2007）	嘉定区

类别	名称	级别	批次	主要区域
传统音乐	孙文明民间二胡曲及演奏技艺	市级	第一批（2007）	奉贤区
	海派锣鼓		第一批（2007）	宝山区
	华漕小锣鼓		第二批（2009）	闵行区
	崇明吹打乐		第三批（2011）	崇明区
	浦东山歌		第四批（2013）	浦东新区
传统舞蹈	奉贤滚灯	国家级	第一批（2007）	奉贤区
	马桥手狮舞		第一批（2007）	闵行区
	浦东绕龙灯		第一批（2007）	浦东新区
	舞草龙		第一批（2007）	松江区
	吕巷小白龙		第三批（2011）	金山区
	卖盐茶	市级	第一批（2007）	浦东新区
	花篮马灯舞		第二批（2009）	松江区
	打莲湘		第二批（2009）	金山区
			第二批（2009）	浦东新区
			第五批（2015）	奉贤区
	花篮灯舞		第三批（2011）	浦东新区
	调狮子		第三批（2011）	崇明区
	腰鼓		第四批（2013）	金山区
	鲤鱼跳龙门		第四批（2013）	闵行区
传统戏剧	沪剧	市级	第五批（2015）	宝山区
			第六批（2019）	浦东新区
			第六批（2019）	浦东新区
	皮影戏		第一批（2007）	闵行区
			第一批（2007）	奉贤区
			第二批（2009）	松江区
	奉贤山歌剧		第一批（2007）	奉贤区
	扁担戏		第一批（2007）	崇明区
曲艺	锣鼓书	国家级	第一批（2007）	浦东新区
	浦东说书		第一批（2007）	浦东新区
	浦东宣卷		第四批（2013）	浦东新区
	宣卷	市级	第一批（2007）	青浦区
			第二批（2009）	闵行区
	上海说唱		第五批（2015）	浦东新区

类别	名称	级别	批次	主要区域
传统体育、游艺与杂技	鸟哨	市级	第一批(2007)	浦东新区
			第三批(2011)	崇明区
	摇快船		第一批(2007)	青浦区
	海派魔术		第二批(2009)	浦东新区
	益智图		第三批(2011)	崇明区
	船拳		第四批(2013)	青浦区
	太极拳		第五批(2015)	浦东新区
			第六批(2019)	
	形意拳		第六批(2019)	松江区
	绵拳		第七批(2024)	嘉定区
	华拳		第七批(2024)	浦东新区
传统美术	顾绣	国家级	第一批(2007)	松江区
	嘉定竹刻		第一批(2007)	嘉定区
	徐行草编		第一批(2007)	嘉定区
	上海绒绣		第二批(2009)	浦东新区
	上海绒绣	市级	第二批(2009)	浦东新区
	上海剪纸		第二批(2009)	闵行区
			第四批(2013)	松江区
	农民画 (金山农民画)		第一批(2007)	金山区
	灶花		第一批(2007)	浦东新区、
			第一批(2007)	崇明区
	奉贤乡土纸艺		第一批(2007)	奉贤区
	罗店彩灯		第一批(2007)	宝山区
	吹塑纸版画		第一批(2007)	宝山区
	石雕		第一批(2007)	浦东新区
	烙画		第三批(2011)	青浦区
	上海细刻		第三批(2011)	闵行区
	瓷刻		第三批(2011)	浦东新区
	奉城木雕		第三批(2011)	奉贤区
	海派盆景技艺		第五批(2015)	浦东新区
	微型明清家具制作技艺		第五批(2015)	浦东新区
	琉璃烧制技艺		第六批(2019)	奉贤区

类别	名称	级别	批次	主要区域
传统美术	顾绣	市级	第七批（2024）	嘉定区
	木雕		第七批（2024）	奉贤区
	水印版画		第七批（2024）	青浦区
传统技艺	南翔小笼馒头制作技艺	国家级	第一批（2007）	嘉定区
	钱万隆酱油酿造技艺		第一批（2007）	浦东新区
	上海民族乐器制作技艺		第二批（2009）	闵行区
	鼎丰乳腐酿造工艺	市级	第一批（2007）	奉贤区
	钩针编织技艺		第一批（2007）	闵行区
	三林刺绣技艺		第一批（2007）	浦东新区
	罗泾十字挑花技艺		第一批（2007）	宝山区
	枫泾丁蹄制作技艺		第一批（2007）	金山区
	高桥松饼制作技艺		第一批（2007）	浦东新区
	羊肉加工技艺（江桥羊肉加工技艺）		第三批（2011）	嘉定区
	马陆篾竹编织技艺		第一批（2007）	嘉定区
	郁金香酒酿造技艺		第二批（2009）	嘉定区
	崇明老白酒传统酿造技法		第二批（2009）	崇明区
	三阳泰糕点制作技艺		第二批（2009）	浦东新区
	酱菜制作技艺（涵大隆酱菜制作技艺）		第二批（2009）	青浦区
	酱菜制作技艺（崇明甜包瓜制作技艺）		第五批（2015）	崇明区
	酱菜制作技艺（草头盐齑制作技艺）		第五批（2015）	崇明区
	酱菜制作技艺（闻万泰酱菜制作技艺）		第七批（2024）	金山区
	传统戏曲服装制作技艺		第二批（2009）	奉贤区
	土布染织技艺		第二批（2009）	奉贤区
			第三批（2011）	青浦区
			第五批（2015）	金山区
			第五批（2015）	崇明区
			第六批（2019）	金山区
	药斑布印染技艺		第二批（2009）	嘉定区
	手工织带技艺		第二批（2009）	浦东新区
	本帮菜肴传统烹饪技艺		第三批（2011）	浦东新区
	本帮菜肴传统烹饪技艺（宝山鮰鱼烹饪技艺）		第六批（2019）	宝山区

类别	名称	级别	批次	主要区域
传统技艺	本帮菜肴传统烹饪技艺（金山堰菜烹饪技艺）	市级	第六批（2019）	金山区
	本帮菜肴传统烹饪技艺（徐泾汤炒烹饪技艺）		第六批（2019）	青浦区
	神仙酒传统酿造技艺		第三批（2011）	奉贤区
	上海米糕制作技艺		第三批（2011）	松江区
			第五批（2015）	闵行区
			第五批（2015）	金山区
			第五批（2015）	崇明区
			第六批（2019）	嘉定区
	漆器制作技艺		第四批（2013）	闵行区
	漆器制作技艺（揩漆）		第七批（2024）	闵行区
	兰花栽培技艺		第四批（2013）	浦东新区
	传统木结构营造技艺（宝山寺木结构营造技艺）		第六批（2019）	宝山区
	古船模型制作技艺		第五批（2015）	浦东新区
			第七批（2024）	闵行区
	风筝制作技艺		第五批（2015）	奉贤区
	簖具制作技艺		第五批（2015）	青浦区
	下沙烧卖制作技艺		第五批（2015）	浦东新区
	精制花茶制作技艺		第五批（2015）	嘉定区
	青团制作技艺		第五批（2015）	奉贤区
	崇明水仙栽培技艺		第六批（2019）	崇明区
	崇明酒曲制作技艺		第六批（2019）	崇明区
	花格榫卯制作技艺		第六批（2019）	宝山区
	丝毯织造技艺		第六批（2019）	金山区
	陶瓷修复技艺（镉瓷）		第六批（2019）	奉贤区
	传统木船制作技艺		第六批（2019）	奉贤区
	芦苇编织		第六批（2019）	浦东新区
	杆秤制作技艺		第六批（2019）	浦东新区
	古琴斫制技艺		第七批（2024）	嘉定区
	传统家具制作技艺（镶嵌家具制作技艺）		第七批（2024）	青浦区
	书画装裱修复技艺		第七批（2024）	闵行区
	香囊制作技艺		第七批（2024）	闵行区
	黑陶制作技艺		第七批（2024）	金山区
	传统面点制作技艺		第七批（2024）	嘉定区
	酒酿制作技艺		第七批（2024）	浦东新区
			第七批（2024）	崇明区

类别	名称	级别	批次	主要区域
传统医药	余天成堂传统中药文化	市级	第二批(2009)	松江区
	敛痔散制作技艺		第二批(2009)	金山区
	针灸疗法(杨氏针灸疗法)		第三批(2011)	浦东新区
	张氏风科疗法		第三批(2011)	浦东新区
	竿山何氏中医文化		第三批(2011)	青浦区
	益大中药饮片炮制技艺		第四批(2013)	浦东新区
	妇科疗法(郑氏妇科疗法)		第六批(2019)	嘉定区
	喉吹药制作技艺		第六批(2019)	浦东新区
	杞柳支具制作技艺		第七批(2024)	宝山区
民俗	端午节(罗店划龙船习俗)	国家级	第一批(2007)	宝山区
	阿婆茶	市级	第一批(2007)	青浦区
	天气谚语及其应用		第一批(2007)	崇明区
	小青龙舞龙会		第二批(2009)	嘉定区
	羊肉烧酒食俗		第二批(2009)	奉贤区
	圣堂庙会		第四批(2013)	浦东新区
	三林老街民俗仪式		第五批(2015)	浦东新区
	朱泾花灯会		第五批(2015)	金山区
	金山嘴渔村生活习俗		第六批(2019)	金山区
	庙会(金泽庙会)		第六批(2019)	青浦区
	茶艺		第七批(2024)	嘉定区
			第七批(2024)	金山区

H1　孕育希望的上海乡村

　　进入乡村之前，我和大多数人想法类似，上海这样的超大城市，乡村怎能建设得不好？进入之后，却被乡村面临的诸多无可奈何震惊了。当我们和许多村干部、乡贤、村民深入交流之后，我意识到，上海的乡村就像一片铺满落叶的森林，看似凋敝，实则孕育着新的希望。而这份希望，也是本次调研以及后续工作的最大牵引力，因为它需要我们去播种、去引导，或许不会长出参天大树，却能生出让人幸福的花。

　　上海乡村的希望在于"天然"的风景。记得在青浦区金泽镇岑卜村调研时，一家民宿老板告诉我，他曾参加村庄改造设计，后来慢慢喜欢上这座村子。我问他，现在开民宿很难挣钱，为什么还要来这里？他说，记得有天傍晚，一个人划着桨，穿梭在村子旁边的湖荡中，天蒙蒙亮，四周水草很高，看不到远处的城市，仿佛天地间只有他一人。仰面躺在桨板上，任由它在湖中漂浮，不会到哪里，也不会迷路，此时他觉："这或许就是我想要的生活吧？"我们一行人都听得入迷了。在我们眼中看似平平无奇的乡村风物，当你真正沉浸其中，竟成了最真、最美、最无可替代的风景。上海很多乡村都保留着这样"天然去雕饰"的风景，无需过多的雕琢，或许本来的样子就很好。

　　上海乡村的希望在于"质朴"的文化。上海的乡村在文化、语言、民间信仰等很多层面都保存着质朴的传统，甚至因其流动性较弱，比邻近的江苏、浙江乡村更为淳朴。记得在青浦金泽商榻地区调研时，当地热心的乡贤叶老师带着我们进入本地社区，探访各种非遗文化。印象最深的是赶上农历七月半的"青苗会"。尽管那天阴雨连绵，但在村里一座平平无奇的现代庙宇建筑中，人们支起临时的"勃倒厅"，全村和邻近乡村的老人和妇女纷纷赶来，通过祭神、拜神、宴神、娱神等各种习俗，为逝去的亲人祈福，也为即将到来的粮食收获季节祈福。我们甚至在这里看到罕见的"绕境"仪式，虽然道具、服装都是日常的质朴打扮，但这些民俗行为无疑在反复强化着当地人与土地、与聚落空间、与社会网络的依恋关系。这些非遗文化，是乡村生活焕发生机的希望所在。

　　上海乡村的希望还在于"纯真"的人们。在青浦金泽调研时，遇到一位坐在河浜边的阿婆，热情地跟我们说："我在金泽长大，小时候这里很繁华，现在老了，虽然这里居民越来越少，但依然喜欢住在这里。"除了当地人，我们还看到很多"新村民"。一位三十多岁的年轻咖啡店主来自湖南，原本是美术老师，追随表姐来金泽生活已经七年，她很享受这里由艺术家、设计师、数字游民等年轻人构成的"新村民社群"，社群之间密切的交流和丰富的活动让生活丰富多彩。当然，金泽得天独厚的原始生态更是让她决定扎根于此的原因，她说："有些村子因为新村民的初期投入而被选中开发，但一旦开发旅游，村子变味了，我们这些新村民往往就走了……哈哈，是不是有点矫情。"还有一位六十多岁返乡创业的大学退休教授，他说："生于斯，长于斯，不忍心看着村子一天天衰败，能够落叶归根，做些力所能及的贡献是自己最大的心愿。"无论乡贤返乡，还是艺术青年下乡，挣钱大多不是目的，他们向往返璞归真的生活。这些纯真的人们，让上海的乡村充满了希望。

2013 年日本东北地区发生"3·11"大地震，当时我还在读研究生，通过救灾设计工作坊来到一个毫无名气、也没有旅游资源的普通日本乡村。那个村子老龄化十分严重，很多老人在震后住在临时修建的避难屋里已有一年多，然而却抱着积极的态度享受生活：避难屋修建得质量很高，每户人都把自家屋子维护得干干净净，屋前还有精心修剪的小花圃；村里虽没什么大项目、大建筑，但配备了综合性超市、全家和罗森便利店，自动售货机也很普及，能够买到和东京等大都市一样的日用品，生活品质并无太大落差，而自然环境、空气质量的优势却很突显——这是那些老人愿意长久守护着乡村、一些城市退休人士乃至年轻人愿意回流乡村的原因。

联想这次的上海乡村风貌调研，似乎那些"平凡而不平凡的乡村"正与我们的目标不谋而合。上海乡村，谋求的大概不是大拆大建、旅游景区式的乡村更新。上海乡村的最大优势在于背靠 2500 万人口，其最核心的价值也在于其质朴的原貌，在于物质空间背后丰厚的历史、文化、社会内涵共同构成的生活世界。今天的都市人，大多厌倦了刻意营造出来的、不见一丝现代痕迹的古村落，也厌倦了每年能吸引几十万人打卡拍照的网红景点；未来的乡村，或许重在为本地人、为都市人提供的"精神价值"，用其"天然去雕饰"的生活，"小桥、流水、人家"的自然意蕴，让那些被现代生活压得透不过气的人们放慢脚步，松口气。"去伪存真"，或许已足够好了。

黄华青（上海交通大学设计学院 副教授）

H2 十年一遇的寻宝之旅，初心不忘地守护上海乡村

认识乡村的价值，使乡村地区享有与城镇同等的发展机会，是乡村规划师的目标。2014年的全市乡村大调研工作，让我对上海的乡村有了独特的感情。在调研时发现的现实问题，如崇明县五效乡撤制之后，不少公共设施废弃，缺乏生机，令人痛心。然而，乡村的乡土文化和景观资源是践行生态文明的主空间，也是上海推进城乡统筹的主战场。只有建设一个城乡融合的美丽上海，才能真正实现全球城市的美好愿景，也是中国梦的有力诠释！

城市规划师习惯把城市作为自己学习、研究和工作的主要对象，而在乡村地区，社会、经济与环境的关联更直观，居民诉求的表达更直白，我们熟练掌握城市空间规划的理论和技术未必都能用上。2014年盛夏，我们被金山区吕巷镇和平村的美丽景致吸引——大片桃林掩映着错落村庄。村支书告诉我们，满树成熟的蟠桃常常苦于没有销路，农民增收困难是他们最大的问题。此刻，我深切地体会到为美丽乡村建设还需要做得更多。

2023年的上海特色民居风貌保护普查调研，作为技术团队负责人的我有幸再一次走入全市9个涉农区108个镇。不同的是，2014年全市有1600个行政村，3.6万个自然村，现在为1556个行政村和2.5万个自然村。十年间，上海的乡村特别是自然村数量少了。有

人说，"上海就没有什么好看的乡村，普查结果肯定还不如2014年。"但我认为，导致这些村落和自然肌理消失的原因正是缺乏对乡村价值的认知，因此需要我们以敬畏之心去认识与理解弥足珍贵的本土文化和特色村落。

我们的调研是在克服高温、热浪、暴雨、台风等极端天气模式下进行的。每一个调查小分队配备至少一名规划师、一名建筑师、一名大学生，各个村庄的乡村责任规划师也均全程加入，团队精诚合作，专家全程指导。白天到田间地头调查；晚上集中办公、写报告，采集了大量一手资料。调查让规划师、建筑师、高校学生、责任规划师们一同走到乡下，走到田间地头，记录下乡村风貌的点滴和乡村的生动时刻。调研中的交流与碰撞，加深了我们对乡村的认知。看到12个团队的每一位同志全程投入，全力以赴，保证节奏和质量，完成每周简报，调研成果一村一册、一区一册，我倍感欣喜。9月28日（和十年前一样，也是国庆节前的最后一个工作日），厚厚的成果提交至市规划和自然资源局。

上海的乡村依水而生，村庄聚落形态与环境契合较好，顺应地形自然展开，体现出"天人合一"的特征。这是千年来乡村生产、生态、生活空间相互适应，与地景、文化、民俗相互融合的产物。

调研中充满不期而遇的惊喜和收获。村干部带着我们劈开杂草，踏过泥路，来到一座古桥前——历尽岁月洗礼的它，静静地在河上守护着。我们十分兴奋地围着它从不同角度拍照，谈论着应该如何利用这个空间。类似的历史老街、古树、古河道、古码头等传统水乡元素，都是值得传承的乡村文化和风貌要素，未来加以梳理，可以打造富有特色的记忆场所空间，让世人了解和认知。

寻找传统建筑时，通常我们会对村干部说："你们村里有没有快要塌了的民居，或者是最破的民居？"在村民心目中，那样的房子既不保暖也不防潮，更加不现代，为了体现经济实力，大多数农民会把老房子拆了，换做琉璃瓦、瓷砖墙和欧式风格。通过调研普查，我们找到一些具有保护价值的建筑，其中有代表上海沪派民居特征的落库屋和绞圈房。对其建筑细部构造，如仪门、梁架、色彩等都记录在册，希望能够提供历史文化要素传承的依据，充分彰显上海沪派民居特色。

我们应对乡村肌理、乡土文化充满敬畏，想尽办法传承与保护，未来除了调研普查，还会开展建设指引、试点示范、建筑设计等，通过一系列行动，培养一支热爱乡村的、对乡村有深刻认知与理解的、有丰富乡村建设经验的建筑师和规划师队伍。

建设城乡融合的美丽上海，一方面要搭建乡村地区融入城市发展的渠道，让城市的资源能够反哺乡村建设；另一方面要改善村落的建成环境。相比日益完善和精致的市区，乡村不仅需要同样高品质的文教体卫养老等公共服务，还须推行高标准的生态环保技术，将文化艺术融入乡村，彰显和美宜居的特质。更重要的是弘扬乡土文明，重构乡村治理体系，让自然地脉和历史文脉成为培育乡土认同和吸引城市要素的源泉，让乡村居民更加深爱自己的家园，让城市居民有更多零距离感知春华秋实、夏种冬藏的机会。

变化的时代里，总是需要一些不变的风景。上海的乡土不是哪一代人的乡土，是代代人的乡土。田野调查让我深深地了解和热爱上海的乡村，希望能长期陪伴、长期投入乡村风貌的保护和传承，为更广泛的乡村风貌的社会价值认同努力，也为乡村注入更多活力。当自然文脉和历史地脉融合，成为培育乡土认同和吸引城市要素的源泉，我们乡村也一定会更美好。

陈琳（上规院乡村规划设计分院/生态绿色发展规划促进中心　院长）

H3　三种视角探讨上海松江乡村的历史保护与乡愁记忆

　　乡村聚落是由自然禀赋、地理条件、人力资源、经济基础、文化礼俗等多元要素组成的复杂系统，在一定历史条件下，系统受到相邻聚落和外部城市环境影响而不断演变，如区域发展政策、工业化和城市化等，同时通过地方政府、企业、农村精英、农民等行为主体等共同发挥作用，影响着乡村地理空间演变和经济社会发展。

　　坐落于上海西南隅，"冈身"以西的松江，宛如一颗璀璨明珠，镶嵌于本土江南沪派乡村风光的画卷之中，以其悠久的历史底蕴、肥沃的良田沃土、密布交织的河网水系、珍贵的历史遗存以及绚烂多彩的非遗民俗，在自然生态地貌变迁影响和社会文化的精心雕琢下，绽放出沪派民居村落的万千姿态，构筑了独具韵味的江南景致典范。

　　据《松江府志》所载，古冈身之迹可追溯至五六千年前，日沙冈、竹冈、紫冈共绘大地脉络。而松江小昆山等地，更发掘出距今约六千载的崧泽文化遗址，见证了文明的悠远与辉煌。松江，这座承载着"上海之根、浦江之首、沪上之巅"美誉的土地，历史悠久，文化繁荣，经济昌盛，自古便是江南鱼米之乡的典范，古称华亭，亦名云间、茸城、谷水，名扬四海。在上海历史发展的浩瀚长河中，松江占据了举足轻重的地位，6000 年文明史、1300 年设县历程、750 年府治沿革，松江府先于上海滩而兴，曾是上海地区的政治、经济与文化中心。黄浦江及其三大源流在松江乡村地区蜿蜒流淌，塘浦交织，构成了松江独特的地理风貌，其成陆史与河道的变迁紧密相连，而"九峰三泖"，这一独特地理景观，铸就了松江独特的地域文化。九峰耸立，实为丘陵地带，昔日远眺西南，长泖、大泖、圆泖烟波浩渺，美不胜收。岁月流转，三泖历经沧桑巨变，长泖、大泖逐渐淤塞成田，唯圆泖得以保存，今称"泖河"，与斜塘相接，汇入黄浦江，成为滋养上海的生命之源。而在这片广袤的松江大地上，历史建筑如星辰般散落，它们不仅是时间的见证者，更是文化的承载者。

　　首先，从规划师的视角深探松江，这是一幅穿越历史地理与当代风貌的斑斓画卷。松江，古有"九峰耸翠，三泖汇流"之胜景，九峰依旧屹立，而三泖则历经沧桑，化作泖田、泖河，最终汇聚成黄浦江之源——浦江之首，江水浩渺，烟波浩荡，尽显自然之雄浑与柔美。运用图像类型学的笔触，我们解构松江乡村聚落的独特肌理，呈现组团式、行列式、散点式三大风貌。朱桥的紧凑团聚，曹家浜的星点散落，叶脉状的别致组团，八子桥村的井然行列，联庄村的自由散点，每一幅画面都是松江乡村独有的风情画。我们致力于将松江的历史文化遗产融入保护与发展的蓝图，精选村庄，以专业之力，重塑松江乡村的未来图景。

第二种以一位城市居民的视角，松江则是一幅充满温度与故事的生动画卷。老建筑的沧桑与新生交织，墙门、仪门的精致细节诉说着往昔的辉煌；七八十年代农民房的质朴之美，亦是时代留下的珍贵印记。乡村间，庙宇林立，古桥、古树、碉堡遗址，则是历史的见证者，静默地诉说着过往。漫步松江，稻香、荷香、花香交织成自然的芬芳，偶尔夹杂的农家气息，更添几分生活的真实与质朴。耳畔，是捡豆老人的欢笑、木匠的电锯轻吟，还有那熟悉的松江乡音，声声入耳，温暖人心。味蕾上，松江的味道丰富多彩。既有传承百年的鲁星村八大碗，承载着老松江的记忆；也有胡家埭村新创的茉莉茶香与茶点，引领着生活的新风尚。

第三种回归松江本地人的视角，松江亦面临老龄化与空心化的挑战。老房子里，是坚守故土的老人；松江非遗传承人沈伯灵先生，以匠心传承文化，女儿跟随学习，续写家族荣耀。年轻人则因寻求更好的发展机遇而纷纷离乡。浦南地区尤为突出，发展诉求强烈。村民们渴望改善居住条件，手艺人期盼技艺传承与发扬，村干部则寄望于通过旅游开发，激活乡村经济，重振乡村活力。我们调研过程中查阅史料的时候翻阅了大量书籍，发现这些书的作者很多是松江人，他们才华横溢，用满腔的热爱在书写松江，他们以松江为骄傲，并希望通过努力，不断宣传推广自己的家乡。

最后，探讨乡村问题离不开城乡关系，特别是上海作为超大城市的乡村地区。反思乡村的定位，乡村不仅是城市的后花园，更是传承文化、发展经济的重要基地。在推进乡村振兴的过程中，我们应该注重保护乡村的自然环境和传统文化，同时也要关注乡村经济的发展和居民的生活改善。本质上来说，人力、土地和资本是构成影响乡村发展的三大关键要素。传统乡村由于经济地位上的弱势也经历着对城市的输出劳动力、土地等，乡村如何避免自身特色资源的过度消耗和乡土价值的失落，如何激活乡村内生动力，如何经营处理好政府与市场、村民之间的关系，村民主体能力的培育至关重要。

村民作为乡村的主人，培养较高村民主体意识和能力是乡村长效发展的基础条件。学界需加强城乡要素流动下村民视角的乡村发展研究，业界需要加大乡村地区的专业设计投入，设计过程需要村民的充分参与，要提升乡村地区空间品质与资源集聚度，进而推动乡村振兴。这也是在调研之后，继续推动的系列行动的主要目的和初衷，希望规划设计的力量能够为乡村风貌保护传承、乡村的长远发展振兴助力。

葛岩（上规公司 总工程师）

H4　去崇明乡间枕月眠风、去闵行村野拥抱自然

八月酷暑，夏日的热风催促我们赶紧前行。可真到了崇明乡间、闵行村里，随之而来的清风，让人如同压紧的弹簧骤然放松了。

从汽车驶出江底隧道的一刹那，城市的边界消失在崇明无边的田野里。海风伴着淤积漫滩边的茫茫芦苇，散布的村庄与辽阔的田野交织呼应，还原沙岛上最原生态的自然风貌和原乡土的特色景观。水塘里的伯伯招呼我们，果树上未成熟的翠冠梨惹人垂涎欲滴；村内老人编织着一张张独特花纹的土布，在梭子来回穿梭间，土布的纹理在光影下展现出无穷的张力，唤醒着农耕时代的时光印记。

闵行是另一幅图景。从城市到乡村，是渐进的转变。进入浦江郊野公园，便有进入"桃花源"的错觉：林田交融，村落掩映，塘前屋后，偶有犬吠。我们心里是高兴的，高度城市化、追求速度的闵行，也有如此安静的一面。"一望二三里，烟村四五家；蓝天白鹤飞，野塘春草肥"是大治河以南原生态连片村庄的生动写实；"灯火千家夜畔长，晓烟十里芷汀芳；满船故梦通仓廪，一路新风入浦江"是黄浦江东岸体现水利航运与农耕文化的村庄最好描绘；"一里龙江市，沿堤植紫薇；争开迎夏景，摇落尽秋晖"是华漕镇都市乡愁的记忆。

一个会讲上海话的村支书或者村长，是我们调研"标配"，降低了村民的陌生感；同时，真诚地阐明意图，与村民做朋友，让村民愿意聊天。在调研过程中，重点关注了三类群体：一类是村里的老人，他们更愿意跟我们娓娓道来村庄的历史和一草一木一街一物；一类是年轻人，包容性强，也代表村庄的未来；一类是老旧建筑中的居民，他们的诉求是当前村庄工作的重点。令我们深受感动的是在崇明浜镇，村里八十多岁的老人，凭借记忆，在草图上标注了一幅"历史要素地图"，他担心，自己若离世，也就没人知道了。

乡村风貌"好"与"不好"的标准，到底是谁说了算？现代乡村整齐、适应机动化交通方式和当代生活方式，但似乎有些过于"整齐"，尽管灰瓦、白墙、马头墙等要素都有，但缺少差异性；传统的老街，建筑各异，但村民抱怨停不了车、装不了抽水马桶……生活水平上不去。几轮村庄改造，已经解决了村庄的基础设施与公共服务设施问题，建筑风貌问题不是"统一"标准可以解决的。

在"水陆并行、河街相邻"的古村中漫步，在浜镇、排衙、新安老街的青瓦建筑面前停驻，遥想几百年前曾紧靠海岸线的繁华港口，镇上坊肆栉比，商贾云集，庄、楼、馆、园、坊、当、铺琳琅满目……彼时开放的航运商贸带来的海派文化、江南文化与沙岛本地文化融合，如今仍可在遗存建筑中窥见一二，"观音兜、五峰山墙"代表着徽派元素，"圆山花、宝瓶状栏杆、三角窗花"展现出西洋风格，"一窗一闳、鱼鳞门"更是彰显着崇明人民之于建筑创新的智慧。这些通过典型建筑、聚落空间所承载的文化切片，为崇明未来更好地活化利用特色风貌村落提供有力的支持。

费孝通先生为了"了解内地农村的社会经济结构，寻找改革内地农民生活状况的办法"，52 年内三赴云南进行调研。对于上海的郊区乡村而言，崇明区的乡村变化相对缓慢些，闵行区的乡村可以用巨变来形容，但稍许"不留神"，村庄就"留下遗憾"。持续跟踪调研和调查非常有必要，如此才能更清晰地理解乡村的"生命力"。

郑铄 吴春飞（中规院上海分院 规划师）

H5　留住属于金山的乡愁

穿梭在各式旧街老巷中，仿佛看见街上曾经的熙攘纷繁。无形的历史沁入有形的建筑，往昔的种种留在木石之上。时间有灵，见证一切。踏着石板铺就的小路，循着时间的痕迹，蓦然回首，风吹起屋顶房前已暗淡的酒旗，发出猎猎声响，夹带着酒香与吆喝声，直直地传入心间。

山塘村一位老人在铺中做手中的活计，抬起时手略有颤抖，落下时又重又稳定。时光似乎倒流而去，这里热闹了起来，叫卖声、行走声、欢笑声、闲聊声，一旁的小学徒仔细地看着老师傅手中的动作……老人将完工的物件放下，周遭的喧闹退去，余下老人的双眼中倒映着物件，身后的乌漆木门被摸到发亮。

一页页地翻看村志，了解村子的前世今生。与书记告别，离开村委会，微风吹过，仿佛没有留下一丝痕迹，内心却是充盈的。我们继续踏步走在田间小路上，逼仄难行。环视四周，尽是碧绿的水稻，向后见不到来时道路的起点，往前看不出此行道路的终点。道路尽头是三两间老旧的平房，不算颓垣败井，但能看出不少东拼西凑的痕迹，想来已是几经修缮，依旧风雨飘摇的模样。河沟对岸的一排房子，形制各异。远处，几栋房子若隐若现在不见边际的稻田之中。

行走在村中小道上，头顶炽阳，迎面暖风，脚边青草，路旁绿树，身侧白墙，耳畔鸟鸣，每一样都极有生机，入眼尽是一片静寂。村里的狗极多，而且好像有些两极分化，要么一见到人就会一路追来狂吠不止，直到那人远去；要么便是始终守在一个地方静静地盯着每一个路过的人，随后又等着下一个人的到来。偶尔，也会在路上遇到村中的老人，总是很热心，主动上来询问需求提供帮助。村里的老人身体大都硬朗得很，带着农具从家中一路走到田头，也不见休息。农田中忙碌的除了大型机械，便只有这些老人，汗水湿透了衣背，满怀希望。他们说，只有劳动才能创造美好的生活，这是他们世代坚守的信念，我们感受到人与自然的和谐共生。

乡村的落库屋、小楼房、小别墅，建造于不同年代，有着不同风格。村民家中，液晶电视、空调与缝纫机、樟木箱，乃至汤婆子、箩筛等都和谐共存。乡村似乎有着一种包容性，什么样的东西都能毫不突兀地出现在这里。梁上的雕花，灶上的绘画，院中的老树，林中的小庙，河上的旧桥，口口相传的故事，代代继承的技艺……似乎村子每一个角落中都可能藏着特别的瑰宝，像是一粒粒砂金，沉淀在这处河床的砂砾底层上，一年又一年，一代又一代，在阳光下熠熠光亮，淘漉之后更展真容。

刘玚　张威　潘勋　汤春杰（上规院　规划师）

H6   村居载乡情，链接多元宝山

说起宝山，我们有不少固有的城镇线形元素印象：宝钢园区的钢铁构件、淞沪铁路轨道等。通过调查，我们发现了宝山乡村的线形元素：高乡圩田中交织的泾浜水系、连接村居的石板桥等等。这些或工业或农业，或软或硬的元素，组成多元宝山的线形印象。

为什么要说线形元素呢？在调研小队穿梭于乡村调研的过程中，探访村居、调研产业、看时空变化和发展，整个过程就像穿针引线一样。这种穿引是伴随着愈来愈浓的乡情一起完成的，从具体到抽象，从空间到时间的多层次的连接。线形元素，指代了乡情与村居、与产业、与时空的相连。

村居的相连体现在村居的肌理和特色上。筛查的重点村落主要是集中在北部的团状集聚和集中在中部的带状集聚，南部只有零星的分布。而北部和中部的两种聚集形态刚好代表两种完全不同的聚落肌理：位于宝山区中部是河街并行、沿河设市的集镇聚落，位于宝山区北部是泾浜圩田、村居相错的村落肌理。集中度高的集镇规模，以及横塘纵浦的水乡特色共同组成宝山特色的乡村肌理。

集镇因水而兴，正如宝山罗店老街附近的村落——东南弄村、罗溪村。在漫长的历史演变中，集镇的肌理慢慢沿大型河道发展，以蕰藻浜、练祁河等为主干，河道沿岸民居多为联排长屋和两层合院。

如果说集镇的肌理是沿大型河道发展而成，那么泾浜圩田则是滋养村落肌理的毛细血管。以罗泾镇洋桥村、塘湾村为例，泾浜体系的发展，有效解决了干旱与淤堵的场地问题，利于生产生活，以泾为核心的水环境聚落逐步形成。泾浜圩田肌理较为破碎、分散，聚落团状围绕断头泾浜，成片集中，村落呈团块状散落于农田之中。

根据宝山乡村地域和产业特性，有三类产村融合的村落：一是历史风貌突显类村落，以位于中部的罗店五村联动发展圈为例；二是生态乡村（特色农业）振兴类，以罗泾五村联动发展圈为例；三是休闲旅游带动类，以月浦三村联动发展圈为例。

哈虹竹（同济建筑院 景观设计师）

H7　沪派民居——细节中的上海腔调

作为上海的标志性建筑风格，沪派民居见证了上海的历史变迁和文化传承。多元化使得难以在风格上定义沪派民居。如山墙上常见徽派建筑特有的观音兜装饰，与此同时，西式风格也渗透到乡村建筑中，真实展现了上海"海纳百川，兼容并蓄"的城市文化。

沪派民居兼顾实用与装饰。整体风格保持朴素，门窗、挂落、梁枋、云板等构件的细节处理上不乏精美雕饰。或许是上海人寻求理性与感性平衡的精神内核表达。

沪派民居中采用可获取的自然材料，展示出上海人的聪明才智，以及融入自然的随和性格。同时乡村居民也会自主地还原历史，有保护历史和见证发展的意识。

在调研中我们惊喜地发现，由于建筑更替速度不同，河畔的一些民居自然形成多个时期建筑的组合。不同时代的建筑形态巧妙连接，呈现出独特而和谐的景象。这种自发的保护和有机的更新，是沪派民居对文化的见证和独特贡献。带有历史感的延展立面，犹如一幅画卷，生动展现沪派民居各个时代的特色。

我们试图用"上海腔调"总结沪派民居的三大特点：多元风格共融、实用美观兼备、自然随性共生。这些特点不仅体现了上海的历史和文化传承，也展现了上海人的性格和审美，使得沪派民居成为上海文化的重要组成部分。未来我们应该注重保护和传承沪派民居的文化遗产，不断创新和发展，使其更好地适应现代社会与生活的需求和变化，让沪派民居在新时代继续发挥其独特魅力，为城市发展注入更多的活力和灵感。

钟晟（上海院新城分院　总建筑师）

H8　嘉定乡村调研偶记

嘉定的农村十分可人。碧绿的稻田一望无际，柳树轻拂着清浅的河水，村居散而不乱。民风淳朴、热情。听我们说"这里让我想起了我奶奶家"，便送上一大捆甜芦粟。以前，农村小孩子嘴馋了，大人就砍下几根田头屋前种的甜芦粟，小孩子握在手里"咔嚓咔嚓"地啃着吃，有一点淡淡的甜味。

有一座村宅，"三上三下"，属于七八十年代的典型，二楼的预制栏杆上镂空花纹图样、檐口马赛克砖拼贴出菱形纹样，想必当年也是主人精挑细选定下的款式，在上梁请酒的那天出足风头。如今，房子依然敞亮，内外干干净净。屋里有老两口，老奶奶七八十岁，背依然挺得很直，眼里的笑意让脸上的皱纹也变得柔和了。她从小就住在这片农村。收麦，脱粒，插秧。雨天也不闲着，黄草在她手里编织成茶杯套、拖鞋、坐垫……如今，年轻人不肯受这份罪，多去城市里谋发展了。

现有的村落也面临着集中平移——我们走访的几处平移点，环境优美，房舍俨然，更像是城市的联排住宅而非村居。那种被湾流和绿树的掩映中、有机生长的村宅肌理，只会越来越少，越来越少，直到变成景区，标本似的供人参观、供人追忆。

带回家的甜芦粟，小孩子咬了一口摇摇头，都放下了。倒是从小生活在乡下的老公颇为惊喜，拿过来"咔嚓咔嚓"。

汤群群（同济规划院　规划师）

H9 　来浦东，探寻灶港盐田的水乡魅力

近年来，全市积极推进乡村振兴示范村的建设，浦东新区已有 26 个村已经评为或正在创建乡村振兴示范村，乡村居住环境更宜人、配套设施更完善、特色产业更丰富、居民生活水平和品质不断提升，焕发出新的活力。以 2020 年被评为乡村振兴示范村的惠南镇海沈村为例，该村为自行车奥运冠军钟天使的故乡，地铁 16 号线可直达。村内有观景平台可欣赏稻田艺术景观，可乘坐游船体验乡间水韵，可租赁自行车来一场乡村骑行，有十二工坊可体验传统沪派风味，不同的季节还有特色应季活动，正打造为集生态、骑行、乡村主题于一体的特色旅游村，成为远近闻名的网红村。

村庄与城市的互动越来越紧密，尤其是临近中心城的村庄，大量年轻人来到村庄，给乡村带来新的活力。例如，张江镇新丰村将闲置民宅统一改造成乡村人才公寓，租赁给张江科学城内的青年白领，广受欢迎。乡村人才公寓既给企业青年人才提供了栖息之地，又有效规范房屋租赁行为，给当地村民带来稳定收益，还给乡村引入大量青年人才，乡村实现了新生。

赖志勇（浦东规划院　规划师）

附录J
参考文献

[1] 上海市规划和自然资源局. 上海乡村空间历史图记[M]. 上海: 上海文化出版社, 2022.

[2] 上海市规划和自然资源局. 上海乡村传统建筑元素[M]. 上海: 上海大学出版社, 2019.

[3] 顾建祥, 安介生. 上海市测绘院藏近代上海地图文化价值研究[M]. 上海: 上海辞书出版社, 2019.

[4] 魏子新, 翟刚毅, 严学新等编. 上海城市地质图集[M]. 北京: 地质出版社, 2010.

[5] 褚绍唐. 上海历史地理[M]. 上海: 华东师范大学出版社, 1996.

[6] 陈桥驿. 吴越文化论丛[M]. 北京: 中华书局, 1999.

[7] 上海通志编纂委员会编. 上海通志第1册[M]. 上海: 上海社会科学院出版社; 上海: 上海人民出版社, 2005: 406.

[8] 谭其骧. 上海得名和建镇的年代问题[N]. 文汇报, 1962-6-21.

[9] 上海松江县地方史志编纂委员会. 松江县志[M]. 上海: 上海人民出版社, 1991.

[10] 缪启愉. 太湖塘浦圩田史研究 [M]. 北京: 农业出版社, 1985.

[11] 郑肇经. 太湖水利技术史[M]. 北京: 农业出版社, 1987.

[12] 陈国灿. 略论南宋时期江南市镇的社会形态[J]. 学术月刊, 2001(2): 65-72, 59.

[13] 陈恒力编著, 王达参校. 补农书研究[M]. 北京: 中华书局, 1958.

[14] 陈耀东, 马欣堂, 杜玉芬. 中国水生植物[M]. 郑州: 河南科学技术出版社, 2012.

[15] 贾继用. 元明之际江南诗人研究[M]. 济南: 齐鲁书社, 2013.

[16] 黎翔凤撰, 梁运华整理. 管子校注: 卷19[M]. 北京: 中华书局, 2004.

[17] 王利华主编. 中国环境史研究, 第2辑[M]. 北京: 中国环境出版社, 2013.

[18] 王建革. 水乡生态与江南社会(9—20世纪)[M]. 北京: 北京大学出版社, 2013.

[19] 王建革. 江南环境史研究[M]. 北京: 科学出版社, 2016.

[20] 王毓瑚编. 中国农学书录[M]. 北京: 中华书局, 2006.

[21] 王子今. 秦汉时期生态环境研究[M]. 北京: 北京大学出版社, 2007.

[22] 吴静山. 吴淞江[M]. 上海: 上海市通志馆, 1935.

[23] 吴明等编. 杭州湾湿地环境与生物多样性[M]. 北京: 中国林业出版社, 2011.

[24] 李伯重. 江南农业的发展1620-1850[M]. 王湘云译. 上海: 上海古籍出版社, 2007.

[25] 萧铮主编. 民国二十年代中国大陆地地问题资料. 第74册[M]. 台北: 成文出版社, 1977.

[26] 谢湜. 高乡与低乡: 11—16世纪江南区域地理研究[M]. 北京: 生活·读书·新知三联书店, 2015.

[27] 毕旭玲. 上海港口城市文化遗产的历史地理内涵研究[J]. 中国海洋大学学报(社会科学版), 2014(3): 32-36.

[28] 耿波. 当代艺术民俗学发展的城市化语境[J]. 民族艺术, 2009, 95(2): 72-81.

[29] 张修桂. 上海地区成陆过程概述[J]. 复旦学报(社会科学版), 1997(1): 79-85.

[30] 刘苍字, 吴立成, 曹敏. 长江三角洲南部古沙堤(冈身)的沉积特征、成因及年代[J]. 海洋学报, 1985(1): 55-67.

[31] 谭其骧. 上海市大陆部分的海陆变迁和开发过程[J]. 考古, 1973(1): 2-10.

[32] 张修桂. 上海浦东地区成陆过程辨析[J]. 地理学报, 1998, 53(3): 228-237.

[33] 黄宣佩, 周丽娟. 上海考古发现与古地理环境[J]. 同济大学学报(人文·社会科学版), 1997, (2): 54-58.

[34] 祝鹏. 上海市沿革地理[M]. 上海: 学林出版社, 1989: 2, 10.

[35] 黄宣佩, 张明华. 上海地区古文化遗址综述[M]//上海博物馆集刊编辑委员会. 上海博物馆集刊·建馆三十周年特辑. 1983: 211-231.

[36] (明) 张国维撰. 吴中水利全书. 明崇祯九年刻本[M]//《四库提要著录丛书》编纂委员会编. 四库提要著录丛书, 史部245. 北京: 北京出版社, 2010: 132.

[37] 姚金祥主编; 周正仁, 张明楚副主编; 上海市奉贤县县

志编纂委员会编. 上海市奉贤县志[M]. 上海: 上海人民出版社, 1987.

[38] 上海市地方志办公室, 上海市奉贤区人民政府地方志办公室编. 上海府县旧志丛书奉贤县卷[M]. 上海: 上海古籍出版社, 2009.

[39] 雍正崇明县志: 卷首舆地志·附独分水面以涨补坍说, 卷7田制·涂荡招佃种菁[M]//上海地方志办公室, 上海市崇明县地方志办公室编, 上海府县旧志丛书·崇明县卷: 上. 上海: 上海古籍出版社, 2011.

[40] 康熙崇明县志: 卷2区域志·沿革, 卷4赋役志·田制[M]//上海书店出版社编, 中国地方志集成·上海府县志辑: 10. 上海: 上海书店出版社, 2010.

[41] 民国崇明县志: 卷6经政志·田制[M]//上海书店出版社编, 中国地方志集成·上海府县志辑: 10. 上海: 上海书店出版社, 2010.

[42] (明) 张国维. 吴中水利全书[M]. 扬州: 广陵书社, 2006.

[43] 周之珂主编, 上海市崇明县县志编纂委员会编. 崇明县志[M]. 上海: 上海人民出版社, 1989: 43, 49.

[44] 缪启愉. 太湖塘浦圩田史研究[M]. 北京: 农业出版社, 1985.

[45] 郑肇经. 太湖水利技术史[M]. 北京: 农业出版社, 1987.

[46] 郑肇经. 中国之水利[M]. 上海: 商务印书馆, 1939: 192.

[47] 范成大撰, 陆振岳校点. 吴郡志: 卷十九水利下[M]. 南京: 江苏古籍出版社, 1986: 279.

[48] 张修桂. 中国历史地貌与古地图研究[M]. 北京: 社会科学文献出版社, 2006.

[49] 薛振东主编, 上海市南汇县县志编纂委员会编. 南汇县志[M], 上海: 上海人民出版社, 1992: 242.

[50] 姚元祥主编, 青浦县县志编纂委员会编. 淀山湖[M]. 上海: 上海人民出版社, 1991: 71.

[51] 王建革. 泾、浜发展与吴淞江流域的圩田水利(9—15世纪)[J]. 中国历史地理论丛, 2009, 24(2): 30-42.

[52] 戴鞍钢. 内河航运与上海城市发展[J]. 上海城市发展, 2004.

[53] 樊树志. 江南市镇: 传统的变革[M]. 上海: 复旦大学出版社, 2005.

[54] 民国《嘉定县续志》卷1疆域志·市镇[M]//上海市地方志办公室、上海市地方史志学会编. 上海方志研究论丛第3辑. 上海: 上海书店出版社, 2017: 180, 182.

[55] 王大学. 防潮与引潮: 明清以来滨海平原区海塘、水系和水洞的关系[M]//中国地理学会历史地理专业委员会《历史地理》编辑委员会编. 历史地理第25辑. 上海: 上海人民出版社, 2011: 309.

[56] 陈少能. 上海市浦东新区地名志[M]. 上海: 华东理工大学出版社, 1994.

[57] 冯学文. 青浦县志[M]. 上海: 上海人民出版社, 1990: 2-110.

[58] 于定. 青浦县续志[M]. 上海: 成文出版社, 1934.

[59] 上海市地方志办公室, 上海市松江区地方志办公室编. 松江县卷中[M]. 上海: 上海古籍出版社, 2011: 579.

[60] 李伯重. 简论"江南地区"的界定[J]. 中国社会经济史研究, 1991(1): 100-105.

[61] 朱炎初. 金山县志[M]. 上海: 上海市人民出版社, 1990.

[62] 满志敏. 上海地区城市、聚落和水网空间结构演变[M]. 上海: 上海辞书出版社, 2013.

[63] 娄承浩, 朱亚夫. 上海绞圈房揭秘: 真正的本地老房子[M]. 上海: 上海教育出版社, 2020.

[64] 刘刚, 李冬君. 文化的江山卷1—6[M]. 北京: 中信出版集团, 2019.

[65] 黄数敏, 谢屾, 孙恒瑜. 冈身、水系与上海乡土民居[J]. 建筑遗产, 2020(2): 27-41.

[66] 曹永康, 陈晓琳, 金沁. 上海古桥研究[J]. 古建园林技术, 2019(4): 75-80.

[67] 施晨露. 上海古桥背后的文化密码[N]. 解放日报, 2021-07-24: 6.

[68] 夏逸民. 落库屋[N]. 松江报文艺副刊, 2021-12-03: 8.

[69] 国民一员. 因虔诚之心而得的地名——川沙新镇纯新村[EB/OL]. 2018-07-29/2024-04-26.

[70] 唐镇史韵. 只是因为在这里拐了个小小的"湾"[EB/OL]. 2019-03-13/2024-04-26.

[71] 徐征伟撰, 李程锦编. 嘉定的冈身印迹[EB/OL]. 2024-01-03/2024-04-26.

[72] 中国国家地理. 一张图告诉你，江南何以为江南[EB/OL]. 2021-04-11/2024-04-26.

[73] 中国国家地理.地理知识|何处是江南？[EB/OL]. 2017-10-24/2024-04-26.

[74] 金山规划资源. 海岸遗迹：古冈身[EB/OL]. 2021-10-25/2024-04-26.

[75] 澎湃新闻. 侵华日军罪证|松江甪钓湾、斜塘桥碉堡遗址 [EB/OL]. 2022-12-10/2024-04-26.

附录K
后记

　　从传统水乡到国际化大都市，乡村见证了上海嬗变的历程，是上海探寻沪派风貌特征、探索面向未来特色化发展路径的宝贵资源。走进乡村、认识乡村、记录乡村、学习乡村，是认知上海乡村传统风貌特色、理解沪派江南基因最朴素、最有效的途径。丛书编写组参与的乡村普查调研历经两个多月，覆盖全市 1548 个行政村，与调研组一起深入乡村的田间地头，通过现场勘察、调研问卷、人物访谈等多种形式结合，真实、详细地记录了上海乡村的自然环境、聚落肌理、传统建筑风貌、生产生活、历史文化、乡风民俗等内容，对上海乡村具有保护价值的特色要素进行普查梳理、记录在案，并尝试对上海乡村特色风貌进行归纳和提炼，完成上述阶段性成果，为上海乡村特色风貌保护和发展、乡村文化振兴和传承提供了大量珍贵的一手资料，也为后续对上海乡村风貌的深入研究提供了资料支撑，使上海乡村特色风貌的保护和传承有案可稽、有源可寻。

　　然而，对于上海乡村特色风貌的记录和研究是一个持续的、无终止的过程，日后我们将继续对上海乡村进行持续跟踪和深入研究，也希望借此调研呼吁更多的人关注乡村、走进乡村，对乡村价值进行再认知和再思考。调研工作虽力求全面、真实、准确，但受限于时间紧、范围广、资料缺失等客观因素，调研成果中难免出现缺漏和错误，后续仍有赖于社会各方的持续补充和纠错。此外，本次调研的侧重点是上海乡村风貌的如实记录和归纳总结，因而未对乡村特色风貌的保护、传承、利用方法作过多的阐述，有待社会各方就上海乡村风貌传承发展的对策和方案作进一步的探讨和研究，共同为讲好中国故事、打造乡村振兴"上海样本"作出贡献。

图书在版编目（CIP）数据

上海乡村聚落风貌调查纪实. 上海卷/ 上海市规划
和自然资源局编著. -- 上海：上海文化出版社，2024.
9. --（沪派江南营造系列丛书）. -- ISBN 978-7-5535
-3037-6

I. K925.15

中国国家版本馆CIP数据核字第2024V0W675号

出 版 人　姜逸青
责任编辑　江　岱
装帧设计　孙大旺　万秀娟　劳嘉诺

书　　名　上海乡村聚落风貌调查纪实·上海卷
作　　者　上海市规划和自然资源局　编著
出　　版　上海世纪出版集团　上海文化出版社
地　　址　上海市闵行区号景路 159 弄 A 座 3 楼　201101
发　　行　上海文艺出版社发行中心
地　　址　上海市闵行区号景路 159 弄 A 座 2 楼　201101
印　　刷　上海雅昌艺术印刷有限公司
开　　本　889mm×1194mm　1/16
印　　张　25.5
版　　次　2024 年 9 月第 1 版　2024 年 9 月第 1 次印刷
书　　号　ISBN 978-7-5535-3037-6/TU.029
审 图 号　沪S〔2024〕102号
定　　价　248.00 元

告 读 者　如发现本书有质量问题请与印刷厂质量科联系。联系电话：021-68798999